W0304740

SCHÄFFER
POESCHEL

Die Bedeutung von Strategieentwicklung heute

von Prof. Dr. Fredmund Malik

Wirtschaft und Gesellschaft gehen durch einen der größten Transformationsprozesse, die es geschichtlich je gab. Alle Organisationen sind mit Wandel, mit Komplexität und mit Unsicherheit konfrontiert. Das betrifft sowohl For-Profit- als auch Non-Profit-Organisationen, Konzerne genauso wie mittelständische und kleine Unternehmen. In einigen Jahren werden nicht mehr sehr viele Dinge so sein wie heute. Wie sie aber sein werden, ist heute fast völlig unklar. Eine gute Unternehmensstrategie war noch nie so wichtig wie jetzt, gerade weil so vieles nicht prognostiziert werden kann und wir mit so vielen Risiken konfrontiert sind.

Der Zweck einer Strategie ist es, die Existenzfähigkeit und den Erfolg eines Unternehmens zu sichern. Heute bereits bestehende Erfolgspotenziale müssen bestmöglich erhalten werden. Gleichzeitig sind neue Erfolgspotenziale aufzubauen, neue Lösungsmöglichkeiten für Kundenanliegen und neue Wettbewerbsvorteile. Eine Strategie beginnt mit dem Geschäftszweck: Es ist die Frage nach dem Kundenanliegen – unabhängig von der heute vorhandenen Lösung. Der Geschäftszweck definiert, wer die Kunden bzw. Konkurrenten sind und wie das Geschäft betrieben werden soll. Die Kernfrage lautet: «Wofür bezahlt der Kunde wirklich?»

Jede Organisation braucht eine Strategie. Alles andere bedeutet Fahrlässigkeit oder Zufall. Jede ergebnisverantwortliche Führungskraft muss für eine solide Strategie sorgen. Alles andere gefährdet Marktstellung und Zukunft. Die operative Führung hat die Aufgabe, den Unternehmenserfolg zu realisieren, das heißt: die heutigen Erfolgspotenziale auszuschöpfen. Es geht um Gewinn von Geld. In der strategischen Führung müssen die Erfolgspotenziale identifiziert und aufgebaut werden. Das kostet Geld, führt aber zu einem Gewinn von Zeit. Für die strategische Führung werden daher andere Orientierungsgrundlagen benötigt als rein monetäre. Ich schlage die sechs Schlüsselgrößen für die Gesundheit eines Geschäftes vor: Als erstes ist dies die Marktstellung, zweitens die Innovationsleistung als Fähigkeit, künftige Erfolgspotenziale zu verwirklichen. Drittens handelt es sich um die Produktivitäten des Geldes, der Arbeit, des Wissens und der Zeit. Die vierte Schlüsselgröße ist die Attraktivität für gute Leute. Fünftens geht es um die Liquidität und sechstens um das Gewinn-Erfordernis. Letzteres beantwortet folgende Frage: Wie viel Gewinn müssen wir im Minimum erzielen, um nachhaltig im Geschäft zu bleiben? Damit orientiert sich eine Strategie an der langfristigen Lebensfähigkeit von Organisationen und nicht an der kurzfristigen Maximierung von Geldgrößen. Mit operativen Zahlen hat sich noch keine einzige richtige strategische Entscheidung treffen und rechtfertigen lassen.

Strategisches Management ist keine Kunst, keine Inspiration oder angeborene Fähigkeit. Es hat sehr viel mit gesundem Menschenverstand, Methodik und Handwerk zu tun. Für die Erarbeitung und Umsetzung einer Strategie sind Branchenerfahrung, die Kenntnis des eigenen Unternehmens und die Fähigkeit notwendig, sich hin und wieder von den aktuellen Tätigkeiten zu lösen und das Geschäft grundsätzlich auf den Prüfstand zu stellen. Aufgrund wissenschaftlicher und praktischer Durchbrüche auf dem Gebiet des strategischen Managements verfügen wir heute über eine viel solidere Grundlage, als dies noch vor dreißig oder vierzig Jahren der Fall gewesen ist. Ich betone das, weil noch immer zu viele Führungskräfte in entscheidenden Positionen die Arbeiten und Erkenntnisse etwa eines Gälweiler oder von PIMS nicht kennen, geschweige denn anwenden. Seit über dreißig Jahren weise ich auf diese Themen in Wort und Schrift hin. Sie werden in meiner Buchreihe »fredmund malik management-handwerk« in Band 2 »Corporate Governance« und Band 3 »Strategie« vorgestellt und zusammengefasst.

Das vorliegende Buch will das Thema Strategie nicht zeitgeistig neu erfinden, sondern umsetzungsfähig machen. Es zeigt über einen einfachen Strategieprozess auf, wie eine Strategie erarbeitet und umgesetzt werden muss. Eben weil das Buch für die praktische Umsetzung geschrieben ist, baut es auf einer bewährten wissenschaftlichen Grundlage auf: dem St. Galler Management Modell. Dieser Ansatz bildet das Fundament des Buches, steht aber als solcher nicht im Vordergrund. Der Praxisbezug wird in jedem Kapitel durch Beispiele aus unterschiedlichen Branchen, durch Checklisten und durch methodische Anleitungen hergestellt. Damit entsteht etwas, was heute bei vielen Management-Publikationen leider abhanden gekommen ist: der Schritt vom Wissen zum Nutzen, von der Erkenntnis zur Anwendung. Strategisches Know-how ist für jeden erlernbar. Zudem ist es wichtig genug, um es für jede Führungskraft zu einem Muss zu machen, ohne das kein Beruf verantwortungsvoll ausgeübt werden kann. Das Buch zeigt, wie es gemacht wird und dass es nur eine Art des strategischen Managements gibt, nämlich richtiges und gutes.

Vorwort des Autors zur zweiten Auflage

von Dr. Roman Stöger

Strategie ist ein Dauerthema und Strategie ist Führungsaufgabe. Gerade die Ereignisse der letzten Zeit haben auf dramatische Weise gezeigt, wie wichtig eine robuste Strategie und eine solide Grundorientierung sind. Längst sind nicht mehr nur einzelne Unternehmen vom richtigen strategischen Management abhängig, sondern die Gesellschaft als Ganzes. Wenn Finanzmärkte zusammenstürzen, komplette Branchen gestützt werden müssen, so mag das für das Hier und Jetzt gut sein. Es beschädigt aber die politische Gestaltungsfähigkeit von Morgen durch zu leistende Zinsen und Zinseszinsen. Politik für die Gesellschaft wird nicht mehr eine Politik des Wollens sein, sondern eine Politik des Müssens. Gestaltungsspielräume werden noch enger und die Gefahr von politischer Demagogie noch größer.

Spätestens jetzt erkennen viele, dass verantwortungsvolle Unternehmensführung viel mehr zum Bestand einer Bürgergesellschaft beiträgt als nur Steuern und Arbeitsplätze. Daher muss es in aller Interesse sein, dass die strategische Steuerung der Organisationen auf einer stabilen und vor allem dauerhaften Grundlage steht. Eine Gesellschaft hat nur Bestand über funktionierende Organisationen. Und jede Organisation, die funktionieren will, braucht eine Strategie.

„Strategieentwicklung für die Praxis“ geht innerhalb von kurzer Zeit in die zweite Auflage. Über neunzig Prozent der Leser sind Führungskräfte in verantwortlichen Positionen, die meisten davon in kleinen und mittelständischen Unternehmungen; also solchen, die nach wie vor über achtzig Prozent der Arbeitsplätze stellen und ebenso viel Beitrag zum Bruttosozialprodukt leisten. Nicht die kurzfristige Gewinnmaximierung von heute oder das Schielen auf den nächsten Quartalsbonus sind dort die Themen, sondern ein dauerhaft lebensfähiges Geschäft, konsequente Kundenorientierung und eine erkennbare Perspektive für die Mitarbeiter. Das vorliegende Buch stellt die richtigen und bewährten Ansätze zur Verfügung, es vermittelt die Methoden über neutralisierte Beispiele und Arbeitsunterlagen zur selbstständigen Umsetzung.

Die zweite Auflage behält den roten Faden und den Aufbau der ersten bei. Eigene Abschnitte bilden einzelne Themen, die in der ersten Auflage angesprochen, aber nicht vertieft wurden: Ein Strategieaudit dient dem raschen und umsetzungsbezogenen Beurteilen einer vorhandenen Strategie. Mit der Substitutions-Kurve kann die Dynamik des Marktes geprüft und die eigene Position im Markt geklärt werden. Das Thema des Kundennutzens wird mit dem Thema Kernkompetenzen verbunden und vertieft. Die Wertkette wird noch stärker marktseitig gedreht und mit dem Thema Kundenbindung verknüpft. Die Optionen zur Innovationsleistung werden erweitert um die Steuerung von Innovationen. Mit der Erfahrungskurve wird die Verbindung zwischen der Marktstellung und der Kostenposition hergestellt. Die exakte Zielformulierung und detaillierte Checklisten zur Funktionalstrategie vertiefen die handwerkliche Dimension der Strategieentwicklung. Für das Strategiecontrolling wird das Werkzeug des Strategieberichts eingeführt. Das Literaturverzeichnis ist um die wichtigsten, neuen Strategiebeiträge ergänzt worden.

Strategie als Daueraufgabe, Strategie als Führungsaufgabe – vor allem aber Strategie als Grundlage funktionierender Organisationen für unsere Gesellschaft: Dies sind die Ziele des vorliegenden Buches.

Vorwort des Autors zur ersten Auflage

von Dr. Roman Stöger

Der Titel des vorliegenden Buches lautet «Strategieentwicklung für die Praxis», der Untertitel »Kunde-Leistung-Ergebnis«. Dies drückt den Inhalt, vor allem aber das Ziel der Publikation aus: Es geht um ein praxisorientiertes Strategiebuch für ergebnisverantwortliche Führungskräfte. In turbulenten Zeiten braucht jede Organisation eine solide Strategie. Dies gilt für alle Branchen, alle Unternehmensgrößen und für jede gesellschaftliche Institution. Eine Strategie konkretisiert den Geschäftszweck, sie schafft Klarheit über die Ziele, bündelt die Umsetzungsstärke und stellt Orientierung sicher. Damit ist eine Strategie das wichtigste Instrument für Führungskräfte und der Dreh- und Angelpunkt praktisch aller Managementfragen.

Wie kaum ein anderes Führungs-Thema wird Strategie von Modewellen heimgesucht. Immer neue Wortkreationen oder vermeintlich noch nie da gewesene Ansätze lassen vergessen, dass es praxiserprobte Methoden gibt, die sich über Jahrzehnte bewährt haben. In diesem Buch sind die wichtigsten zusammengefasst und anhand eines einfachen, transparenten Prozesses dargestellt. Das wissenschaftliche Fundament des Buches bilden das St. Galler Management Modell eines Ulrich, das Strategieverständnis eines Drucker oder Gälweiler, die Schlüsselgrößen von Malik, die Durchbrüche in der Strategieforschung von PIMS und das kybernetische Managementverständnis eines Beer.

Ziel des Buches ist die Vermittlung des »Strategiehandwerks« für ergebnisverantwortliche Führungskräfte. Im Grundlagenteil geht es um die Entwicklungsgeschichte, strategische Orientierungsgrößen, Funktionen und verbreitete Irrtümer zum Thema Strategie. Der Strategieprozess wird in seiner Grundlogik vorgestellt und bildet den roten Faden bis zum Ende des Buches. Damit der Prozess starten kann, braucht es einen normativen Unterbau in Form des Leitbildes einer Organisation. Die erste Phase behandelt die Segmentierung und Geschäftsabgrenzung in Form eines Marktcockpits, die Ausrichtung am Kundennutzen und die Wertkette als Geschäftsmodell. Im Zentrum stehen dabei Analyse, Erarbeitung der künftigen Herausforderungen und eine abschließende Zusammenfassung und Bewertung der Ausgangslage. In der zweiten Phase geht es um Strategieoptionen, d.h. um mögliche Aktivitäten für ein Geschäftsfeld. Anhand von Beispielen werden Marktdurchdringung, Markt- und Leistungsentwicklung, Start-up-Geschäft, Kostengestaltung und systematische Müllabfuhr vorgestellt. Die Optionen sind zu bewerten und als sogenannte strategische Stoßrichtungen zusammenzufassen. Auf Grundlage dieser Stoßrichtungen werden in der dritten Phase Geschäftsstrategien erarbeitet und anschließend zu einer Unternehmensstrategie verdichtet. An dieser Stelle ist zu prüfen, in wieweit die Organisation anzupassen ist und welche Funktionalstrategien zu entwickeln sind. Mit den ausgearbeiteten Strategien kann die Umsetzung starten. Die vierte Phase zeigt auf, was bei der Umsetzung und der Weiterentwicklung einer Strategie zu beachten ist. Strategie endet nicht mit dem Beschluss zur Umsetzung, sondern ist ein permanenter Prozess. Vorgestellt werden die Ansätze des Strategiecontrollings, Aufgaben beim Umsetzen und Projektmanagement als Hebel für Schlüsselthemen. Nicht zuletzt geht es um bewährte Grundsätze und Methoden des Change-Managements.

Jedes Kapitel verbindet Input, Anleitung zur Umsetzung und entsprechende Beispiele. Die Beispiele sind neutralisiert und stammen aus unterschiedlichen Branchen und Unternehmensgrößen. Alle dargestellten Werkzeuge und Beispiele können direkt beim Verlag per Internet-Adresse abgerufen werden. Neben dem Inhaltsverzeichnis dient das Stichwortverzeichnis als Navigationshilfe. Alle Schlüsselbegriffe sind darin enthalten. Fachausdrücke, Fremdworte und Anglizismen werden grundsätzlich vermieden und nur dort eingesetzt, wo sie allgemeiner Sprachschatz geworden sind. Am Ende des Buches sind die wichtigsten Publikationen in einem Literaturverzeichnis zusammengefasst.

Die Qualität einer Strategie bemisst sich an den Resultaten, die erreicht werden. Ein so verstandenes Strategiehandwerk kann in hohem Maße erlernt werden und gilt branchenübergreifend für alle Organisationen. Dieses Buch wendet sich an alle Führungskräfte, die ihre Organisation weiterentwickeln wollen und dabei mit bewährten Ansätzen arbeiten möchten. Strategie ist nie ein akademisches Fach gewesen, sondern immer eine praktische Disziplin. Als solche richtet sie sich konsequent an einem aus: an der langfristigen Lebensfähigkeit einer Organisation und an der Umsetzungsstärke. Für diesen Zweck ist das Buch geschrieben.

Inhaltsverzeichnis

Verzeichnis der Abkürzungen

AGB	Allgemeine Geschäftsbedingungen
AKV	Aufgaben, Kompetenzen, Verantwortlichkeiten
AVOR	Arbeitsvorbereitung
BPO	business process outsourcing
BPR	business process reengineering
BR	Betriebsrat
BSC	balanced scorecard
bzgl.	bezüglich
bzw.	beziehungsweise
CBV	capability based view
CF	cash flow
CG	corporate governance
CRM	customer relationship management
DB	Deckungsbeitrag
DLZ	Durchlaufzeit
DV	Datenverarbeitung
EBIT	earnings before interest and taxes
EVA	economic value added
EVE	ergebnisverantwortliche Einheit
FdZ / FmZ	Führen durch Ziele / Führen mit Zielen
f.	folgende
ff.	fortfolgende
four P`s	vier P`s des Marketing (Marketing-Mix): product, price, promotion, place
F&E	Forschung & Entwicklung
ggf.	gegebenenfalls
GL	Geschäftsleitung
Hrsg.	Herausgeber
HRM	human resource management
inkl.	inklusive
ISO	industrial standard organization
IT	Informationstechnologie
JIT	just in time
KBV	knowledge based view
KMU	klein- bzw. mittelständisches Unternehmen
KVP	kontinuierlicher Verbesserungsprozess
M&A	mergers and acquisitions
MbO	management by objectives
MBV	market based view
Mio	Millionen

MIS	Management Informationssystem
Mrd	Milliarden
NPO	Non-Profit-Organisation
OEM	only equipment manufacturer
p.a.	per annum
PIMS	profit impact of market strategies
PL	Projektleiter
POS	point of sale
PR	public relations
QFD	quality function deployment
QM	Qualitätsmanagement
RBV	resource based view
ROCE	return on capital employed
ROI	return on investment
ROS	return on sales
RW	Rechnungswesen
SCM	supply chain management
SGF	strategisches Geschäftsfeld
SIV	Soll-Ist-Vergleich
SMART	spezifisch, messbar, ableitbar (aktiv beeinflussbar), realistisch, terminiert
SWOT	strenghts, weaknesses, opportunities, threats
TQM	total quality management
USP	unique selling proposition
va.	vor allem
VBM	value based management
vgl.	vergleiche
www	world-wide-web, oder: »Wer macht was bis wann«
z.B.	zum Beispiel
ZDF	Zahlen, Daten, Fakten

Verzeichnis der Werkzeuge

Verzeichnis der Beispiele

Angaben zum Autor

Dr. Roman Stöger ist Associate Partner und Leiter der Expert Group Strategie am Malik Management Zentrum St. Gallen. An der Universität St. Gallen ist er als Dozent und in einem Unternehmen als Beirat tätig. Zu seinen Beratungsmandaten gehören Unternehmen aus Industrie, Banken, Handel und NPO aller Unternehmensgrößen. Er hat in den letzten Jahren zahlreiche Bücher und Artikel zu den Themen Strategie, Prozesse, Organisation, Führung und Projektmanagement verfasst. Roman Stöger ist verheiratet und hat zwei Kinder.

Strategieentwicklung für die Praxis

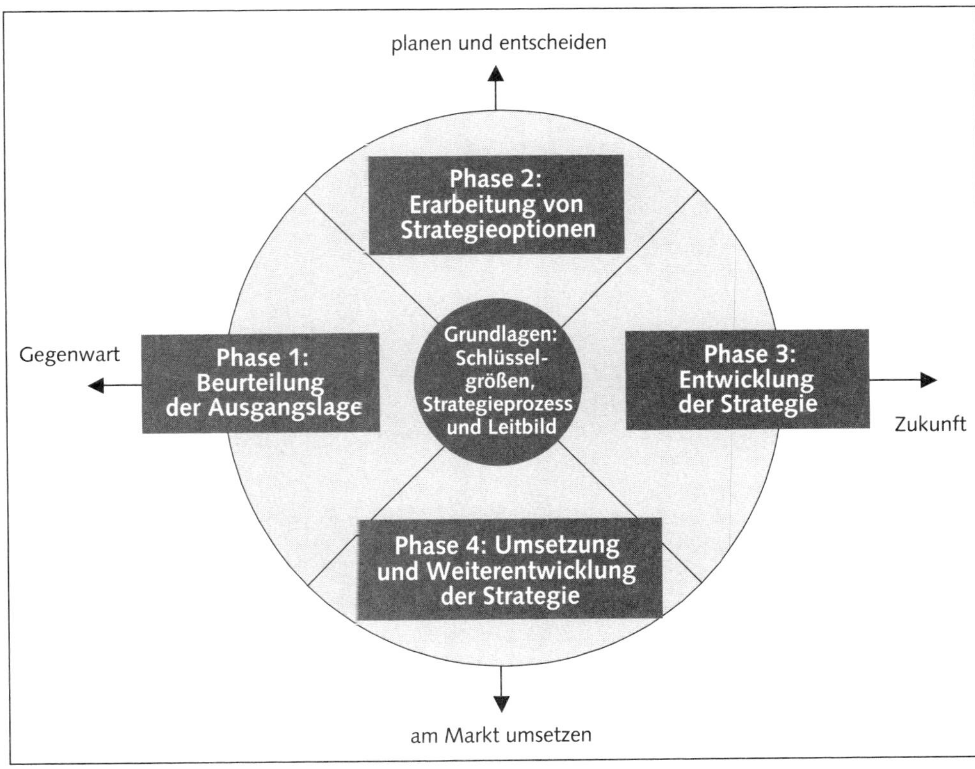

Grundlagen: Schlüsselgrößen, Strategieprozess und Leitbild

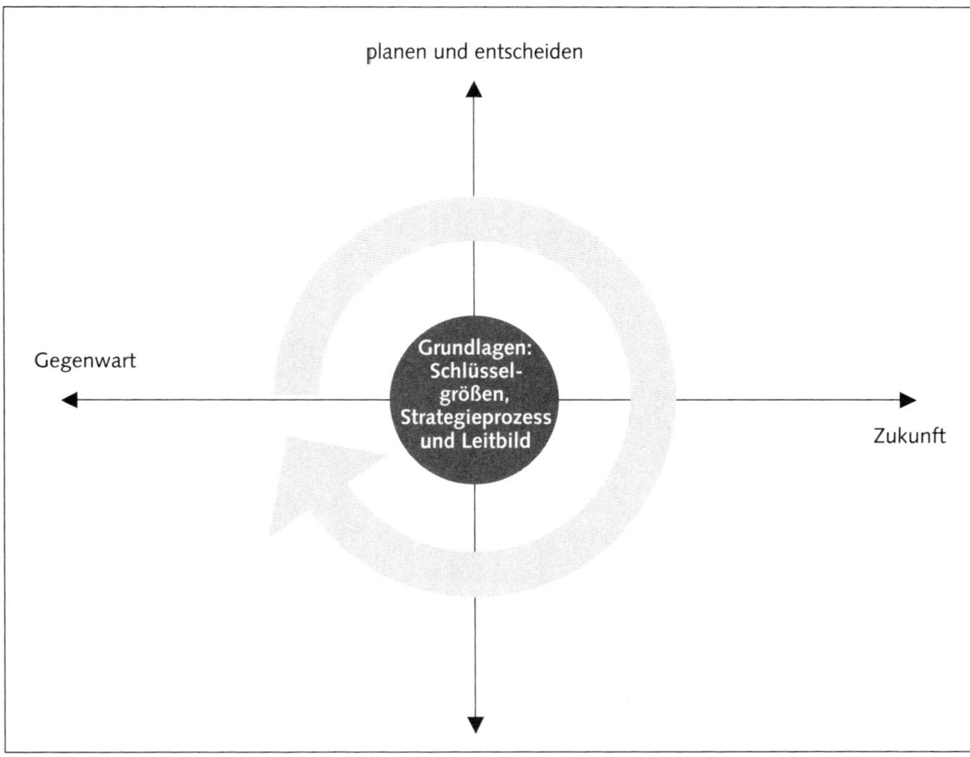

1 Das richtige Verständnis von Strategie

Wir sind mit einem der größten **Transformationsprozesse**[1] konfrontiert, die es geschichtlich gesehen je gegeben hat. Betroffen sind Kunden, Märkte, Verfahren, Technologien, Funktionen und unsere bisherigen Geschäftsmodelle. Die letzten Jahre waren von massiven Fehlentwicklungen in der Unternehmensführung geprägt. Nach der New Economy, dem Börsen-Lärm und der blinden Wachstumsgier sind wieder robuste Strategien gefragt, in denen der Kunde und der Wettbewerb im Vordergrund stehen. Eine gute Unternehmensstrategie war noch nie so wichtig wie jetzt, gerade weil so vieles nicht vorhergesagt werden kann. Entscheidend sind Stärke, Tempo und Qualität – nicht Masse, blindes Wachstum und Größe. Dies alles gilt nicht nur für Profit-, sondern auch für Non-Profit-Organisationen.

Heute besteht ein höher entwickelter Stand an **Strategiekenntnissen** und an Methoden als dies noch vor einigen Jahren der Fall gewesen ist. Beispielsweise können heute Strategien mit den Erkenntnissen der PIMS-Forschung[2] auf einer belastbaren qualitativen und quantitativen Basis entwickelt werden. Die richtigen Verfahren zur Erarbeitung und Umsetzung einer Strategie sind bekannt und ermöglichen ein zielgerichtetes Vorgehen. Um eine Strategie zu erarbeiten und auch umzusetzen braucht es eine solide Grundlage. In diesem Zusammenhang geht es um zwei wichtige Themen.

1. *Geschichte und Gegenwart von Strategie,*
2. *Schlüsselgrößen für die dauerhafte Lebensfähigkeit eines Geschäftes.*

1. Geschichte und Gegenwart von Strategie
Das Thema »**Strategie**« hat in den letzten fünfzig Jahren eine interessante und aufschlussreiche Entwicklung durchlebt[3]. Wurde der Begriff »Strategie« vorher militärisch verstanden, so ändert sich das Mitte des 20. Jahrhunderts grundlegend. Es war die Zeit der Professionalisierung des Managements und des Wachstums großer Organisationen, wie etwa General Electric, General Motors, Daimler, Siemens oder Toyota. Rückblickend gab es in den einzelnen Jahrzehnten immer wieder typische Strategiethemen, die aufgekommen sind und die Wissenschaft bzw. Praxis nachhaltig geprägt haben.

Die fünfziger Jahre waren in den entwickelten Volkswirtschaften vom Nachkriegs-Wirtschaftswunder gekennzeichnet. Strategische Schwerpunkte bildeten damals vor allem **Produktion**, Rationalisierung und Produktivität. Dies rührte aus dem Mangel an Ressourcen, kompetente Arbeitskräfte und nicht – wie heute – aus gesättigten Märkten. Parallel dazu ging die Professionalisierung in Kostenrechnung, Controlling und generell der Betriebswirtschaftslehre einher. Aus dieser Zeit stammt noch die Meinung, dass Strategie eine Disziplin der BWL sei, was viel zu kurz gegriffen ist. In den fünfziger Jahren entstanden die Erfahrungskurve und der Stakeholder Value, der in seiner kontinentaleuropäischen Variante auch als Sozialpartnerschaft bezeichnet wurde. Eine Strategie hatte damals das Problem der knappen Ressourcen zu lösen und das Unternehmen klar in den Dienst des Interessenausgleichs zwischen den Stakeholdern zu stellen.

Die sechziger Jahre brachten zum ersten Mal die Rationalisierung und **Systematisierung** des Themas »Strategie«. Heute selbstverständliche Konzepte und Denkweisen wurden damals geprägt, wie etwa Unternehmens- und strategische Planung, der Ansatz der strategischen Geschäftsfelder (SGF) und der Profit Centers. Auch setzte sich die Auffassung durch, dass es Werkzeuge, d. h. »Tools«, braucht, um eine Strategie zu erarbeiten. Drei Kernfragen hatte eine Strategie zu lösen: erstens die Vorhersage und Planung der Zukunft, zweitens die Identifikation von Erfolgsfaktoren und Erfolgsrezepten und drittens die Anwendung einer besonderen Methodik in Strategieprozessen. In Summe waren die sechziger Jahre eine konsequente Fortentwicklung der fünfziger. Strategie ist etwas Analytisch-Deduktives mit dem Anspruch auf Exaktheit und »harte« Fakten.

In den siebziger Jahren änderte sich dieses Paradigma. Parallel zu den ersten Wirtschaftskrisen, dem Ölpreisschock und den Grenzen des Wachstums bekam auch die Strategielehre eine andere Ausrichtung. Es ging um die Beherrschung von Komplexität, um Navigation in eine unsichere Zukunft und um eine systemische Sicht des Themas. Gleichzeitig begannen auch die Psychologisierung und »Rezeptliteratur« fortzuschreiten, wie etwa die vielen »Management by«-Konzepte, Motivation oder Führungsstil. Strategie hatte die Frage zu beantworten, wie eine Organisation in gesättigten und nicht prognostizierbaren Märkten gesteuert werden kann. Kompetente Führung wurde als ein Schlüsselfaktor erkannt, die **Lebensfähigkeit eines Systems** sicherzustellen.

Die achtziger Jahre trieben die Psychologisierung des Themas Strategie weiter und machten teilweise eine Metaphysik daraus. Konzepte wie Vision oder Ethik wurden ebenso mit Strategie verknüpft wie die Ausrichtung am Shareholder Value und dem Value-Based-Management. Die neuen technologischen Möglichkeiten wie etwa Data Warehouse oder MIS (Management Information System) gewannen ebenso Bedeutung wie die lernende Organisation. Nicht zuletzt kam Qualitätsmanagement (ISO, TQM, JIT) in die Strategiedebatte. Die Kernfragen der Strategie betrafen den **Unternehmenszweck**, den Dienst am Shareholder, die einhergehende Gewinnmaximierung, »Business Intelligence«, Innovation und Diversifikation als Antwort auf stagnierende Märkte.

Die neunziger Jahre brachten eine Fülle von modischen Managementthemen in die Strategiedebatte ein. In der strategischen Steuerung kamen Konzepte wie etwa die Balanced Scorecard (BSC), Kernkompetenzen, Sourcing oder Wertsteigerung. Vermeintliche oder tatsächlich neue wirtschaftliche Gegebenheiten fanden in praktisch allen Strategien ihren Niederschlag, etwa die New Economy, e-Management oder die

Globalisierung. Auf Seiten der Prozesse bzw. der Produktivität kamen Ansätze des Business Process Reengineering (BPR), Supply Chain Management (SCM) oder Lean Management. Nicht zuletzt wird nun von Leadership an Stelle von Management gesprochen. Bei aller Kritik an modischen Entwicklungen im strategischen Management und der wertorientierten Führung sind vor allem zwei positive Entwicklungen aufzunehmen. Zum einen ist dies die Frage nach der **Umsetzungsfähigkeit** einer Strategie. Zum anderen kommt ein integratives Strategieverständnis in die Diskussion, welches sowohl die Markt- als auch die Produktivitätsseite einbezieht.

Die Gegenwart ist durch zwei an sich gegenläufige Tendenzen gekennzeichnet. Nach wie vor bestimmen verschiedene **Modeerscheinungen** die Diskussion, wie etwa Customer Relationship Management (CRM), Geschäftsmodell (Business Model) oder akademische Dehnungsübungen wie etwa der Streit um »Market Based View« oder »Resource Based View«. Gleichzeitig ist aber auch zu beobachten, dass sich die Praktiker nicht mehr von jedem neuen Konzept bluffen lassen. Viele Führungskräfte besinnen sich auf bewährte Orientierungspunkte, wie etwa Kundennutzen, Marktanteil und Konzentration auf das Kerngeschäft. Damit einher geht die Erkenntnis, dass Strategie viel mit der richtigen Methodik der Erarbeitung und Umsetzung zu tun hat. Change-Management ist nicht zufällig in den letzten Jahren in die Strategie eingeflossen.

Zusammenfassend lässt sich aus der **Strategiedebatte der Gegenwart** Folgendes festhalten: Strategie ist ein Instrument der Lenkung und Steuerung von Organisationen, um langfristige Lebensfähigkeit sicherzustellen[4]. Für die Erarbeitung und Umsetzung steht die kompetente Prozessführung im Mittelpunkt, d. h. Strategie als Handwerk und nicht als Kunst. Die Ausrichtung erfolgt am besten und einzigen Unternehmenszweck, nämlich der Schaffung von Nutzen für einen Kunden. Der Test und Qualitäts-Check jeder Strategie ist die Umsetzung in Ziele, Mittel und Maßnahmen. Und schließlich sind alle modischen Ansätze immer auf ihren tatsächlichen Fortschritt, nach Verständlichkeit und Realisierbarkeit zu prüfen.

Jahrzehnte der Strategie

Jahrzehnt	Strategiethemen	Kernfragen
die Fünfziger	• Produktion/Rationalisierung/ Produktivität (Erfahrungskurve) • Kostenrechnung/Controlling/BWL • Stakeholder Value/Sozialpartner	• Produktion/Produktivität • Zahlenorientierung • Unternehmenszweck: Interessens- ausgleich
die Sechziger	• Unternehmens- und strategische Planung • SGF-Gedanke/Profit Center • Tools (Analyse-Tools, Portfolio, Benchmarking...)	• Vorhersage und Planung der Zukunft • Erfolgsrezepte • Methodik/Systematik
die Siebziger	• Grenzen des Wachstums, Krise • Komplexität/Navigation/Prog- nosen • Motivation, Psychologisierung • »Management by«, Führungsstil	• Lenkung in eine unsichere Zukunft • Lebensfähigkeit • Führungskompetenz
die Achtziger	• Vision, Ethik • Shareholder Value • MIS, Data Warehouse, lernende Organisation • Qualitätsmanagement (TQM, JIT)	• Shareholder, Gewinnmaximierung • Business Intelligence (Wissensmanagement) • Innovation, Diversifikation
die Neunziger	• BSC, Kernkompetenzen, Sourcing, Wertsteigerung • New Economy/»e«/Globalisierung • BPR, SCM, Lean Management • Leadership	• Umsetzung von Strategien • Integratives Strategieverständnis: Markt und Produktivität • wertorientierte Führung
die Gegenwart	• CRM, Business Model • Rückbesinnung auf bewährte Ansätze: Kundennutzen, Markt- anteil, Konzentration • Prozessführung, Change • Strategie als Handwerk	• Langfristige Lebensfähigkeit von Organisationen • Strategieprozess • Ausrichtung am Kundennutzen • Umsetzungsorientierung

2. Schlüsselgrößen für die dauerhafte Lebensfähigkeit eines Geschäftes

Erster Anknüpfungspunkt einer Strategie ist nicht ein Unternehmen, sondern ein **Geschäft**. Nur in Geschäften besteht Wettbewerb, nur in Geschäften gibt es Kunden, Konkurrenten und in weiterer Folge Marktattraktivität und Wettbewerbsvorteile. Daher ist eine Strategie auf Basis eines Geschäftes zu entwickeln und umzusetzen. Wie die einzelnen Geschäfte in einem Unternehmen organisiert sind, ist eine andere Frage. Bei KMUs kann das Unternehmen mit dem Geschäftsfeld identisch sein. Große Konzerne sind eine Summe unterschiedlicher, ergebnisverantwortlicher Einheiten, die in sich wiederum eine Strategie brauchen, um lebensfähig zu sein. Das Gesamtunternehmen hat vor diesem Hintergrund die Aufgabe, die Finanzierung der einzelnen Geschäfte sicherzustellen, Schlüssel-Personalentscheide in der Führung der Geschäfte zu treffen und Risiko-Politik zu betreiben. Eine Wettbewerbs-Strategie existiert für diversifizierte Konzerne per definitionem nicht, sondern nur für die einzelnen Geschäfte.

Ziel einer Strategie ist es, die dauerhafte Lebensfähigkeit eines Geschäftes sicherzustellen. Dieser Strategieansatz folgt den Erkenntnissen von Gälweiler und Malik[5]. Es gibt sechs **Schlüsselgrößen**, die diese Lebensfähigkeit entscheidend beeinflussen. Jede Strategie baut auf diesen Schlüsselgrößen auf, unabhängig von Branche oder Größe der Organisation. Als erstes ist die Marktstellung zu nennen, zweitens die Innovationsleistung als Fähigkeit, künftige Erfolgspotenziale zu verwirklichen. Drittens geht es um die Produktivitäten des Geldes, der Arbeit, des Wissens und der Zeit. Der vierte Faktor ist die Attraktivität für gute Leute. Fünftens geht es um die Liquidität und sechstens um das Gewinn-Erfordernis.

Strategie ist der Gewinn von Zeit. Der Gewinn von Geld ist nicht Ursache, sondern Folge einer guten Strategie. Mit **operativen Daten**, wie etwa Cashflow, Ebit etc., lassen sich keine strategischen Entscheide treffen. Es ist schierer Unsinn zu sagen »Heute haben wir eine ausgezeichnete Rendite, also stimmt unsere Strategie.« Gewinne können noch gemacht und alle Kriterien der Finanzanalysen erfüllt werden, obwohl das Geschäft strategisch sehr krank ist. Umgekehrt sind erfolgreiche Strategien oft über Jahre hinweg mit der Verschlechterung von operativen Zahlen verbunden. Keine echte Innovation wäre je realisiert worden, wenn von Anfang an die Zahlen des Rechnungswesens dominiert hätten. Medici, Fugger, Siemens, Edison, Ibuka, Duttweiler oder Gates – sie alle hätten innerhalb kurzer Zeit aufgegeben, wenn sie nach den heutigen Mechanismen der Börsen beurteilt worden wären. Die großen Innovatoren und Strategen der Wirtschaftsgeschichte haben auf Kunden und Märkte geschaut – und nicht auf den Börsenkurs oder in die Berichte von Analysten.

Gewöhnliche Fehler gehören zum Wesen des Wirtschaftens. Sie sind zwar mit Rückschlägen, Opfern und Enttäuschungen verbunden, gehen aber nicht an die Existenzgrundlage einer Organisation. **Strategische Fehler** tun das immer, weil meistens keine Zeit mehr besteht, um gegenzusteuern. Wenn überhaupt, dann kann nur mit Kostensenkung, Massenentlassungen, Aufgabe von Geschäftsfeldern, Verlust von

Schlüsselgrößen für die Lebensfähigkeit

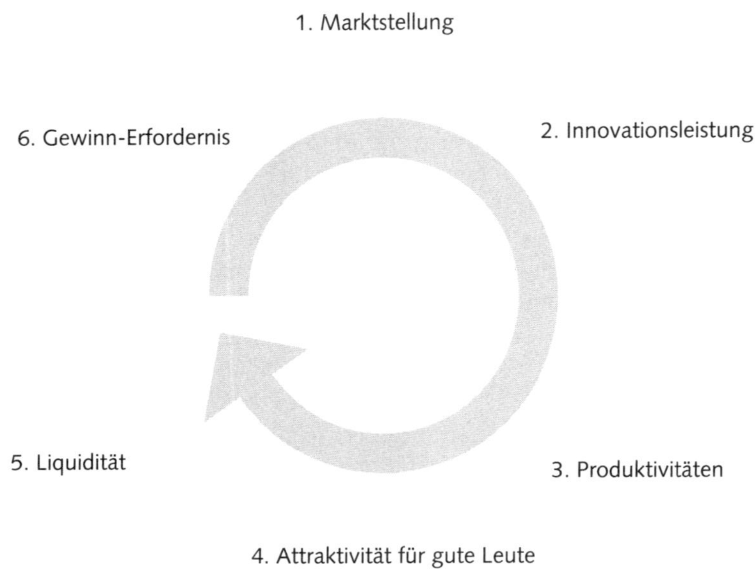

Selbständigkeit oder Hereinnahme von Banken reagiert werden. Was eine solche Situation verursacht hat, war nicht der Mangel an Geld, sondern das Fehlen von Zeit.

Die erste Schlüsselgröße ist die **Marktstellung**. Es geht um die Performance des Geschäftes hier und heute, d.h. um den Marktanteil oder den Kundennutzen als Kombination aus relativem Qualitäts- und Preisvorteil. Der Kundenutzen erfolgt konsequent nach den Qualitätsansprüchen des Kunden im Sinn kaufentscheidender Kriterien. Letztlich fällt nur durch den Kaufentscheid die Beurteilung einer Organisation und einer Strategie. Eine Strategie muss eine klare Einschätzung der heutigen Erfolgspotenziale für die Marktstellung liefern und diese auch über konkrete Maßnahmen umsetzbar machen.

Die zweite Schlüsselgröße betrifft die **Innovationsleistung** einer Organisation. Einerseits ist dies die Ausgestaltung künftiger Leistungen und der Aufbau der dafür nötigen Kompetenzen. Andererseits geht es um die Art und Weise, wie das Geschäft in seinen Wertschöpfungs-Aktivitäten betrieben werden soll. Stichworte sind die Fragen von Sourcing (In-, Outsourcing), Veränderungen im Geschäftsmodell oder Kooperationen. Die Anstöße für Innovation in Richtung neuer Geschäftsfelder, neuer Produkte oder Dienstleistungen müssen selbstverständlich aus der Strategie kommen. Zusätzlich muss sichergestellt sein, dass der Prozess des Innovierens vorhanden ist, damit Entscheidungen getroffen und umgesetzt werden.

Die **Produktivitäten** sind die dritte Schlüsselgröße. Oft wird von »Kosten« gesprochen, was aber nur ein Teil der Produktivität ist. Streng nach dem Wirtschaftlichkeitsprinzip bedeutet Produktivität entweder gleiches Leistungsniveau (Output) bei geringeren Kosten (Input), oder gleich bleibendes Kostenniveau (Input), dafür aber deutlich mehr Leistung (Output). Bewusst wird in der Mehrzahl gesprochen. Mit der Produktivität des eingesetzten Kapitals ist u.a. die Investment-Intensität gemeint, d. h. das Verhältnis von investiertem Kapital zu erzielter Wertschöpfung (Umsatz minus Vorleistung). Letztlich geht es um die Frage, wie sich das eingesetzte Geld verzinst. Die Produktivität der Arbeit wird etwa als Umsatz, Wertschöpfung oder Anzahl Transaktionen pro Vollzeit-Arbeitskraft gemessen. Die Produktivität des Wissens und die Produktivität der Zeit sind in Praxis und Wissenschaft noch nicht befriedigend erschlossen. Dies steht in krassem Gegensatz zur Bedeutung dieser Themen für Wissensorganisationen. Anhaltspunkte können beispielsweise sein: Fähigkeit und Zeit zum Markt, zur Produktentwicklung, zur Generierung neuer Lösungen etc. In jeder Strategie ist die Produktivitätsseite gleichberechtigt neben die Marktseite zu stellen.

Bei der vierten Schlüsselgröße wird von der **Attraktivität für gute Leute** gesprochen. Marktstellung, Innovationsleistung und Produktivitäten können nur dann gegeben sein, wenn die entsprechenden Mitarbeiter und Führungskräfte vorhanden sind. Mit der Attraktivität ist gemeint, in welcher Art und Weise eine Organisation für gute Leute ein interessantes und vor allem sinnerfülltes Tätigkeitsfeld darstellt. Was gute Leute üblicherweise suchen, ist die Möglichkeit zur Leistung, klare Aufgaben, Kompetenzen und Verantwortlichkeiten (AKV). Eine genaue Prüfung von Bewerbungen und der Fluktuation kann hier interessante Ergebnisse bringen. Untersucht wird in beiden Fällen, wer sich bewirbt und wer geht. Wenn es gute Leute sind, die kommen, und die schlechten, die gehen, dann liegt ein »gesunder« Zustand vor. Ist es umgekehrt, dann hat eine Organisation ein massives Problem. Insbesondere sind es die umsetzungsstarken Führungskräfte, welche den Ausschlag geben. Das Sprichwort, viele Unternehmen seien nicht »underfinanced but undermanaged« gehört in diese Kategorie. Verbessert sich die Kompetenz der Führung nicht, bewirken die anderen Ansätze nichts. Gute Führungskräfte müssen entwickelt, an kompetenter Führung muss permanent gearbeitet werden. Fehlt in einer Strategie die Ausrichtung und Weiterentwicklung von guten Leuten, dann ist eine Organisation in höchstem Grad gefährdet.

Die fünfte Schlüsselgröße ist die **Liquidität**. Sie bedeutet in ihrem Kern nichts anderes, als dass eine Organisation fähig ist, Zahlungsverpflichtungen zu begleichen. Dies können Rechnungen von Lieferanten, Löhne, Gehälter, Sozialversicherungsbeiträge oder Ähnliches sein. Die Fälligkeit hängt vom Charakter der jeweiligen Schuld ab, die Zahlungsfähigkeit vom Charakter des Geschäftes. Im Lebensmittel-Einzelhandel sind Umsätze und Cashflow im Prinzip gleichmäßig über das Jahr verteilt, im Tourismus gibt es typischerweise saisonale Spitzen und im Anlagengeschäft wiederum sind Zahlungseingänge oft über mehrere Jahre verteilt. Die Liquidität muss sicherstellen, dass die Suche, der Aufbau und der Erhalt von Erfolgspotenzialen finanziell möglich sind. Es macht wenig Sinn, über Marktentwicklung oder Leistungsentwicklung zu reden, wenn für diese langfristigen, strategischen Vorhaben keine ausreichende Liquidität vorhanden ist. Die Finanzierung eines Geschäftes muss aus sich selbst, aus anderen Geschäften oder durch fremde Kapitalgeber erfolgen. Im Sinn der autonomen unternehmerischen Entscheidungsfreiheit ist die Eigenfinanzierung immer vorzuziehen.

Der Gewinn bzw. das **Gewinn-Erfordernis** ist die sechste Schlüsselgröße. In vielen Fällen wird die Gewinnmaximierung als erster Orientierungspunkt von Unternehmen angesehen und dies landläufig als Kern des Kapitalismus bezeichnet. Diese Anschauung ist in zweifacher Hinsicht grundfalsch. Erstens ist das Gewinnmaximum eine unpräzise und nicht operationalisierbare Größe. Es gibt keine Strategie, keine Mittelfristplanung, keine Bilanz und keine Rendite-Erwartung der Welt, in der definiert ist, wie hoch das Maximum sein soll. Viel besser ist es, von einem Gewinnminimum zu sprechen. Es geht um die Frage, wie viel Gewinn im Minimum erzielt werden muss, damit das Geschäft langfristig finanzierbar bleibt und Ansprüche von Kapitalgeberseite befriedigt werden können. Zweitens zeigt die Geschichte der über einen längeren Zeitraum erfolgreichen Unternehmen dieser Welt, dass es andere Faktoren sind, die den Erfolg eines Geschäftes ausmachen, als die Maximierung von Gewinnen. Im Zentrum stehen Marktanteile, Kundennutzen, Innovationen oder Produktivitäten. Diese sogenannten Erfolgspotenziale aufzubauen und zu verteidigen, braucht Erfahrung, Zeit und Geld. Die Kernfrage lautet, welchen Gewinn eine Organisation benötigt, um das heutige und künftige Geschäft finanzieren zu können. Damit orientiert sich eine Strategie an der langfristigen Lebensfähigkeit von Organisationen und nicht an der kurzfristigen Maximierung von Geldgrößen. Es ist einfach, den Gewinn über eine gewisse Zeitdauer zu maximieren. Ein nach Gesichtspunkten des Shareholder Value geführtes Unternehmen mit kurzfristigen Managerverträgen auf Gewinnbonus ist in beständiger Versuchung, die Gegenwart in Form des Gewinnes zu maximieren und darüber hinaus nichts in die Zukunft zu investieren. Die echte unternehmerische Leistung besteht aber im nachhaltigen Ausbalancieren der sechs Schlüsselgrößen in Gegenwart und Zukunft.

Ziel der Strategie ist die langfristige Lebensfähigkeit von Organisationen und niemals die kurzfristige Optimierung von Geldgrößen[6]. Im Zentrum jeder Strategie steht die konsequente Ausrichtung an den sechs **Schlüsselgrößen**. Diese Grundlogik strukturiert die Diskussion und die Erarbeitung einer Strategie. Strategie heißt in diesem Zusammenhang die Konkretisierung des Geschäftes auf Basis der Schlüsselgrößen. Das ist das Lastenheft für jede robuste Strategie. Die Schlüsselgrößen können aber auch als Basis für Bereichsziele oder Zielvereinbarungen Verwendung finden. Sie können als Tagesordnung für Führungsworkshops eingesetzt werden oder auch das Berichtwesen strukturieren. Zudem stellen sie ein Anforderungsprofil für die Prüfung der Organisation dar. Ablauf- und Aufbauorganisation müssen sich nach diesen sechs Zielfeldern richten.

Mit der Verwendung der Schlüsselgrößen wird der **Strategieprozess** auch einfacher und schneller, weil es keine Diskussion um Nebenthemen, Psychologisierung oder Hobbys von Führungskräften gibt. Durch den klaren Leitfaden der sechs Schlüsselgrößen, durch gute Vorbereitung und durch den Einbezug der Entscheider bzw. Umsetzer wird der Prozess produktiv: Tempo in der Erarbeitung, die richtigen Inhalte und substanzielle Entscheide als Basis für die Umsetzung.

Schlüsselgrößen für die Lebensfähigkeit eines Geschäftes	**Checkliste**
	Elemente
1. Marktstellung	• Markt und Wettbewerb im heutigen Geschäft (Marktabgrenzung, Konkurrenten, Marktanteile...) • Kundennutzen und Wettbewerbsvorteile im heutigen Geschäft (Qualitäts- und Preisposition, Kompetenzen...) • Kunden und Leistungen im heutigen Geschäft (Kundengruppen, Sortimente...)
2. Innovationsleistung	• Markt und Wettbewerb im künftigen Geschäft (Marktabgrenzung, Konkurrenten, Innovationsrate...) • Kundennutzen und Wettbewerbsvorteile im künftigen Geschäft (Qualitäts- und Preisposition, Kompetenzen...) • Kunden und Leistungen im künftigen Geschäft (Kundengruppen, Sortimente...)
3. Produktivitäten	• Produktivität des Kapitals (Investment-Intensität, Kapazitätsauslastung...) • Produktivität der Arbeit (Wertschöpfung oder Umsatz pro Mitarbeiter...) • Produktivität des Wissens und der Zeit (Wissenstransfer, Produktivität in zeitkritischen Prozessen...)
4. Attraktivität für gute Leute	• Ausrichtung auf gute Leute (Suche, Einsatz, Entwicklung, Beurteilung...) • Leistungs- und Resultatorientierung (Einsatz nach Stärken, Selbstmotivation...) • Personal- und Führungskräfteentwicklung (ergebnisorientierte Ausbildung...)
5. Liquidität	• Zahlungsverpflichtungen und Zahlungsbereitschaft (Höhe, Takt, Risiko...) • Entwicklung der Liquidität (Verlauf der Geldflüsse, Entwicklung der Preise...) • Professionalität der Liquiditätssteuerung (Anlagepolitik, Cash-Management...)
6. Gewinn-Erfordernis	• Gewinn und Sicherstellung der künftigen Lebensfähigkeit der Organisation (Finanzierungserfordernisse...) • Gewinnbedarf und Gewinnpolitik (finanzielle Stabilität, Eigenfinanzierungsgrad...) • Aussagefähigkeit der Systeme (Kosten-, Leistungs-, Erlös-, Ergebnisrechnung...)

2 Strategie – Funktionen und Irrtümer

Strategie an sich ist nichts anderes als eine begriffliche Abstraktion. Strategie ist kein Bereich, wie etwa Einkauf, Leistungserstellung oder Controlling. Strategie ist keine Leistung für den Markt, keine Region und kein Vertriebsweg. Es gibt aber weniges, worüber so viel geschrieben wird wie über Strategie. Sobald etwas als wichtig erachtet wird, findet die Beifügung »Strategie-« oder »strategisch« Verwendung, wie etwa »strategisches Personalwesen«, »strategische Produktionsplanung«, »strategisches Marketing«. Damit ist noch nichts ausgesagt, kein Nutzen gestiftet, keine Klarheit geschaffen – lediglich ein neuer Begriff gefunden. Worin liegt nun der Kern des Wortes »Strategie«. Was grenzt Strategie ab? Zur Beantwortung werden zwei Themen behandelt.

1. *Die entscheidenden Funktionen, die eine Strategie erfüllen muss,*
2. *Verbreitete Irrtümer, die den Erarbeitungs- und Umsetzungsprozess erschweren.*

1. Die entscheidenden Funktionen, die eine Strategie erfüllen muss
Die Ausgangsfrage für jede Strategie lautet: »Was müssen wir heute entscheiden und beginnen, damit wir langfristig im Geschäft bleiben?« In dieser Fragestellung ist im Prinzip alles enthalten, was zur Klärung der **Funktionen einer Strategie** beiträgt[7]. Es sind dies: Konkretisierung des Unternehmenszwecks, Klarheit über die Ziele einer Organisation, Vorgaben für die Organisation, Ausrichtung für die Führung, Orientierung an Resultaten, Botschaft und Verständlichkeit.

Eine Strategie dient der **Konkretisierung des Unternehmenszwecks**[8], also des Leitbilds. Fehlt ein solches, müssen zumindest Leitplanken seitens der Eigentümer und des Top-Managements für die Strategie vorhanden sein, d.h. grobe Vorgaben bzgl. des Leistungsangebotes, der Qualitäts- und Preispositionierung, der Vermarktung, der Regionalität. Ohne Leitbild oder Leitplanken kann zwar eine Strategie auf rein rationaler Ebene erarbeitet werden, es fehlen aber der normative Unterbau und letztlich auch der Sinnbezug. Die Konkretisierung des Unternehmenszwecks in Form einer Strategie ist zugleich auch ein Test für die Qualität des Leitbildes. Wenn ein Leitbild zu allgemein und unverbindlich formuliert ist, können keine Aussagen abgeleitet werden. In diesem Fall muss zuerst der Unternehmenszweck geklärt sein, bevor die Erarbeitung einer Strategie erfolgt.

Eine Strategie hat **Klarheit über die Ziele einer Organisation** zu bringen, die den sogenannten strategisch relevanten Zeitraum betreffen. Dieser bestimmt sich danach, in welchem Lebenszyklus sich ein Markt bzw. ein Geschäft befindet, wie groß die Substitutionsgefahr ist und welchen Zeithorizont die identifizierten Herausforderungen haben. Die Ziele sind zu quantifizieren und in Form von Positionierung, funktio-

Funktion einer Strategie

naler Konsequenzen, Mittel und Maßnahmen zu konkretisieren. Dabei geht es im Kern immer um die sechs Schlüsselgrößen: Marktstellung, Innovationsleistung, Produktivitäten, Attraktivität für gute Leute, Liquidität und das Gewinn-Erfordernis. Strategie ist im Prinzip nichts anderes als die Operationalisierung dieser Schlüsselgrößen.

Eine Strategie hat die Funktion, **Vorgaben für die Organisation** zu leisten. Bekannt geworden ist dies mit Chandler's Spruch »structure follows strategy». Gemeint sind klare und unmissverständliche Aufträge aus der Strategie an Funktionen, Regionen, Leistungseinheiten und Kernprozesse. Auswahl und Tiefe dieser Bereiche hängen sehr stark von der Branche, dem jeweiligen Marktzyklus und der Unternehmensgröße ab. In einem Fall genügen funktionale Anforderungen auf drei Seiten, in einem anderen Fall sind präzise Regionalstrategien für ein weltweit tätiges Unternehmen abzuleiten. In jedem Fall müssen die Vorgaben für die Organisation in der Strategie bereits vorhanden sein. Diese Vorgaben stellen die Basis für die jährliche Zielvereinbarung dar und betreffen Organisationseinheiten und individuelle Jahresziele.

Eine Strategie ist ein Führungsinstrument. Ziele, Unternehmenszweck und Organisation sind nur dann umsetzbar, wenn die Strategie eine klare **Ausrichtung für die Führung** beinhaltet. Die Strategie ist die Grundlage für die Einschätzung des Führungskräftebedarfs, der Management-Entwicklung, der Stellengestaltung und Stellenbewertung. Zusätzlich geht es um die Schlüsselaufgaben bzw. Jahresziele für Führungskräfte, die wiederum die Leistungsbeurteilung ermöglichen. Die strategischen Ziele sind von den Führungskräften innerhalb ihrer Bereiche in Jahresziele der Mitarbeiter zu übersetzen. Daran geknüpft sind wiederum die Vorgaben für die Entwicklung der Mitarbeiter. Wirksame Personalarbeit braucht immer die Verbindung zu einer Strategie, weil nur so Leistung und Leistungsvermögen der Mitarbeiter gebündelt werden.

Die Qualität einer Strategie bemisst sich einzig an der Umsetzung. Daher besteht eine wesentliche Funktion der Strategie in der **Orientierung an Resultaten**. Alle bisher genannten Funktionen laufen darauf hinaus, eine Organisation umsetzungsstark und aktionsorientiert zu machen. Umsetzungsstärke und Aktionsorientierung können aber nur dann auf ein sinnvolles Resultat hinauslaufen, wenn sie durch strategische Ziele kanalisiert sind. Es geht hier um die Umsetzung von Jahreszielen, persönliche Arbeitsmethodik, Sitzungsmanagement und um wirksames Projektmanagement bei größeren Aufgaben, die außerhalb von Linienfunktionen liegen. Vor allem müssen alle bestehenden Management- und Controllingsysteme, wie etwa eine BSC, auf die Strategie ausgerichtet werden. Die strategieverantwortlichen Führungskräfte haben zusätzlich dafür zu sorgen, dass es einen klaren, transparenten und effizienten Strategieprozess gibt.

Die sechste Funktion klingt trivial bzw. selbstverständlich und wird vielleicht darum in der Praxis häufig übersehen. Es geht um die **Botschaft und Verständlichkeit** der Strategie. Die Botschaft meint das, was im Amerikanischen mit der »Story« bezeichnet wird: Herausforderungen von außen, Stärken des Unternehmens, sportliche Ziele und den Umsetzungsweg. Dies ist zugleich der Kern jeder Kommunikation und setzt voraus, dass die Resultate aus der Strategie umgesetzt und »gespürt« werden können. Die Verständlichkeit bezieht sich auf eindeutige Aussagen, klare Sprache, Vermeidung von Fachbegriffen und Anglizismen. Gemeint ist aber auch das gemeinsame Verständnis von Strategie bei Führungskräften und Mitarbeitern: Ausrichtung an der langfristigen Lebensfähigkeit einer Organisation, Konkretisierung der Schlüsselgrößen in Ziele, Mittel und Maßnahmen. Strategie ist nichts anderes als ein Handwerk, das jede Führungskraft lernen kann und beherrschen muss.

Mit beiliegendem Werkzeug kann ein **Audit über die Funktionen einer Strategie** erarbeitet werden. Dieses bezieht sich auf die dargestellten Aussagen. In einem ersten Schritt wird die Ist-Situation als Profil dargestellt. Anschließend kann ein Soll-Profil mit entsprechenden Maßnahmen zur Umsetzung erarbeitet werden. Es empfiehlt sich, die Diskussion und die Umsetzung breit anzulegen – mit den wichtigsten Mitarbeitern und Führungskräften. Voraussetzung sind die Bereitschaft für Offenheit, eine gewisse Selbstkritikfähigkeit und Konstruktivität bei den Vorschlägen. Dieses Audit kann sowohl bei der Erarbeitung als auch bei der Weiterentwicklung und Umsetzung der Strategie eingesetzt werden. Es soll sicherstellen, dass die Strategie ihre Funktionen behält und nirgends »vom Kurs« abgewichen wird.

Funktionen einer Strategie **Werkzeug**

Funktion der Strategie	**negativ**	**Profil der Ausprägung**	**positiv**
1. Umsetzung des Leitbildes über die Strategie in Ziele, Mittel, Maßnahmen	nicht möglich, nicht gegeben		möglich und gegeben
2. Anknüpfung der Ziele an die Schlüsselgrößen	nicht gegeben, zufällig		gegeben
3. Ziele (bzgl. Eckwerte, Positionierung...), Mittel, Maßnahmen	nicht vorhanden, zu allgemein		klar, unmissverständlich
4. Ableitung der Führungsaufgaben aus der Strategie	nicht gegeben, kein Zusammenhang		klare Ableitbarkeit
5. Vorgaben für Funktionen, Regionen, Leistungseinheiten und Schlüsselprozesse	fehlen oder werden nicht beachtet		sind Teil der Strategie und der Umsetzung
6. Strategie als Basis der Organisation	kein Zusammenhang		Ableitbarkeit und innerer Zusammenhang
7. Vorgaben für Fürungskräftebedarf und Personalentwicklung	voneinander getrennte Bereiche, zufällig verbunden		gegeben
8. Strategie als Basis für Ziele der Führungskräfte und Mitarbeiter	keine Ableitung		jährlich eingefordert und abgeleitet
9. Vorgaben für Jahresziele, Arbeitsmethodik, Sitzungs- und Projektmanagement	keine Verbindung, zufällige Resultate		Teil der Strategie
10. Strategieprozess für Erarbeitung, Entwicklung und Umsetzung der Strategie	nicht vorhanden, zufällig, improvisiert		gegeben und systematisch gesteuert
11. Botschaft mit Herausforderungen, Stärken, Zielen	keine Aussagen, keine »Story«, nicht spürbar		von allen verstandene »Story«, Spürbarkeit
12. klare Aussagen, klare Sprache und gemeinsames Strategieverständnis	nicht gegeben, individuell		gegeben und immer eingefordert

Funktionen einer Strategie **Beispiel Spedition**

Eine internationale Spedition erarbeitet eine Strategie. Zu Beginn wird das bisherige Strategieverständnis geprüft und als Input für den Erarbeitungsprozess genommen.

Funktion der Strategie	negativ	Profil der Ausprägung	positiv
1. Umsetzung des Leitbildes über die Strategie in Ziele, Mittel, Maßnahmen	nicht möglich, nicht gegeben	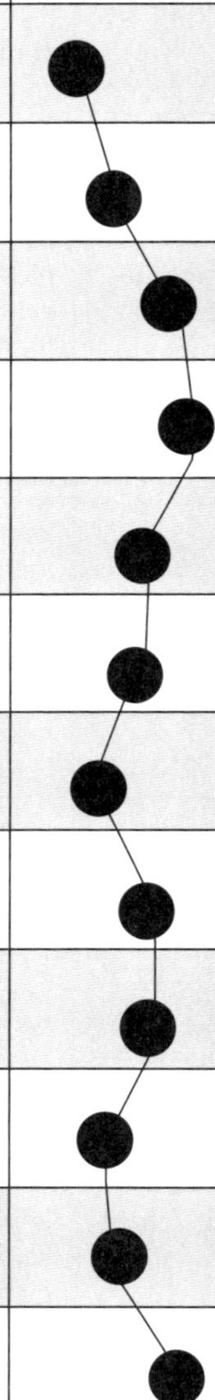	möglich und gegeben
2. Anknüpfung der Ziele an die Schlüsselgrößen	nicht gegeben, zufällig		gegeben
3. Ziele (bzgl. Eckwerte, Positionierung...), Mittel, Maßnahmen	nicht vorhanden, zu allgemein		klar, unmissverständlich
4. Ableitung der Führungsaufgaben aus der Strategie	nicht gegeben, kein Zusammenhang		klare Ableitbarkeit
5. Vorgaben für Funktionen, Regionen, Leistungseinheiten und Schlüsselprozesse	fehlen oder werden nicht beachtet		sind Teil der Strategie und der Umsetzung
6. Strategie als Basis der Organisation	kein Zusammenhang		Ableitbarkeit und innerer Zusammenhang
7. Vorgaben für Fürungskräftebedarf und Personalentwicklung	voneinander getrennte Bereiche, zufällig verbunden		gegeben
8. Strategie als Basis für Ziele der Führungskräfte und Mitarbeiter	keine Ableitung		jährlich eingefordert und abgeleitet
9. Vorgaben für Jahresziele, Arbeitsmethodik, Sitzungs- und Projektmanagement	keine Verbindung, zufällige Resultate		Teil der Strategie
10. Strategieprozess für Erarbeitung, Entwicklung und Umsetzung der Strategie	nicht vorhanden, zufällig, improvisiert		gegeben und systematisch gesteuert
11. Botschaft mit Herausforderungen, Stärken, Zielen	keine Aussagen, keine »Story«, nicht spürbar		von allen verstandene »Story«, Spürbarkeit
12. klare Aussagen, klare Sprache und gemeinsames Strategieverständnis	nicht gegeben, individuell		gegeben und immer eingefordert

2. Verbreitete Irrtümer, die den Erarbeitungs- und Umsetzungsprozess erschweren
Wie kaum ein anderes Management-Thema ist Strategie von Moden, Zeitgeist und individuellen Präferenzen von Führungskräften beeinflusst. Die Strategiediskussion der letzten Jahrzehnte hat viel Nützliches, wahrscheinlich aber noch mehr Falsches und Schlechtes in Praxis und Wissenschaft gebracht. Im Folgenden werden sechs weit verbreitete **Irrtümer** dargestellt:

1. *Irrtum: Strategie ist unnötig, weil die Zukunft entweder gewiss oder eben ungewiss ist,*
2. *Irrtum: Strategie steht im Dienst des Shareholders und damit der Maximierung von Geld,*
3. *Irrtum: Strategie braucht anspruchsvolle Verfahren und daher Spezialisten,*
4. *Irrtum: Strategie ist eine technische Disziplin und eine Wissenschaft,*
5. *Irrtum: Strategie ist eine Sache von Psychologie und Kreativität,*
6. *Irrtum: Eine Strategie löst alle Probleme.*

Es handelt sich hier nicht um akademische Wortklauberei, sondern um **Wahrnehmungsmuster**, Denkschemata und Vorurteile, die massiv die Strategie eines Unternehmens beeinflussen können.

1. Irrtum: Strategie ist unnötig, weil die Zukunft entweder gewiss oder eben ungewiss ist. Es gibt nach wie vor viele Organisationen in relativ stabilen Märkten oder innerhalb schützender gesetzlicher Regelungen. Gemeint sind hier Non-Profit-Organisationen, die öffentliche Verwaltung, viele Versorgungsunternehmen und Unternehmen mit einer dominanten Marktstellung. In diesen Organisationen herrscht vielfach die Meinung vor, dass Strategie nicht nötig sei – aufgrund der Vorhersehbarkeit, Klarheit und **Gewissheit der Zukunft**. Prinzipiell wird die Bedeutung von Strategie nicht in Abrede gestellt, nur eben im Zusammenhang mit turbulenten Märkten und permanenter Veränderung. Vor allem im gesetzlich geschützten Bereich wird argumentiert, dass keine Autonomie des Entscheidens und Handels besteht. Es muss der gesetzliche Auftrag vollzogen werden. Selbst in solchen Fällen ist eine Strategie notwendig, einerseits zur Priorisierung der knappen Ressourcen und andererseits zur Vorbereitung auf künftig mögliche Liberalisierung bzw. auf zusätzliche Geschäftsaktivitäten außerhalb des Kernbereiches. Scheinbare oder tatsächliche Stabilität setzt eine glasklare Strategie voraus.

Die genau gegenteilige Vorstellungswelt herrscht verschiedentlich in Branchen vor, die durch große Unsicherheit auf den Märkten, durch ständigen Wandel der Geschäftsgrundlagen und kurze Lebenszyklen geprägt sind. Beispiele sind die Halbleiter-Industrie, die Modebranche oder einzelne Zweige der Unterhaltungselektronik. Das Argument lautet, dass eine Strategie aufgrund der **Ungewissheit der Zukunft** keinen Sinn macht: Erstens ist die Strategie bei ihrer Fertigstellung längst von der Marktdynamik überholt und zweitens kann die Zukunft ohnehin nicht vorausgesagt werden. Beide Argumente sind in sich schlüssig, nur sind eben die richtigen Konsequenzen zu ziehen. Die erste lautet, dass die Erarbeitung einer Strategie in kurzer Zeit geschehen soll. Lange Strategieprozesse führen erfahrungsgemäß zu einer Lähmung jeder Organisation. Die zweite betrifft die »Zukunftsfähigkeit»: Es geht in einer Strategie nicht darum, die Zukunft vorherzusagen, sondern aus heutiger Sicht die Herausforderungen und Spielregeln der Märkte jetzt und künftig zu identifizieren. Dies ist die Basis für die strategischen Stoßrichtungen, für die Lenkung der Ressourcen und für die laufende Überprüfung der Strategie.

2. Irrtum: Strategie steht im Dienst des Shareholders und damit der Maximierung von Geld. Diese Meinung hat sich in den letzten fünfzehn Jahren massiv in der Strategiediskussion etabliert. Die Argumentation lautet, dass ein Unternehmen im Dienst des Shareholders steht, dieser eindimensional an Rendite interessiert ist und daher eine Strategie letztlich die Ausschüttung maximieren soll. Die Vorstellung geht davon aus, dass ein **Shareholder** völlig frei und flexibel mit seinem Kapital disponieren kann und dort einsetzt, wo die größte Renditeerwartung besteht. Die Gefahren eines solchen Ansatzes haben sich in den letzten Jahren an Börsenexzessen, strafrechtlich relevanten Bilanzfälschungen, der New Economy und der »e»-Euphorie gezeigt: Fahrlässiger Einsatz von Ressourcen, Geldgier, verantwortungsloser Umgang mit dem Schicksal von Menschen und eine Fehlsteuerung der Unternehmensführung.[9]

Der einzig dauerhafte und richtige Ansatz besteht darin, das Unternehmen und das Geschäft im Sinn der langfristigen Lebensfähigkeit zu sehen. Dies ist der eigentliche Kern dessen, was als »unternehmerisches Denken und Handeln« bezeichnet wird. Damit dies geschehen kann, muss ein Unternehmen eine gute Marktstellung, eine überzeugende Innovationsleistung und eine solide Produktivitätsposition besitzen und attraktiv für gute Leute sein. Die Liquidität und der Gewinn stehen im Dienst dieser Ausrichtung. Prägnant zusammengefasst geht es nicht um den Shareholder Value, sondern um den Customer Value, nicht um **Maximierung von Geld**, sondern um Zeit, nicht um Wertsteigerung, sondern um Wertschöpfung. Und jedes Unternehmen, das an den sechs Schlüsselgrößen orientiert ist, bleibt dauerhaft interessant für einen Investor.

3. Irrtum: Strategie braucht anspruchsvolle Verfahren und daher Spezialisten. Diesem Irrtum liegt die Meinung zugrunde, dass ein wichtiges und häufig schwieriges Thema ebenso komplizierte, **anspruchsvolle Verfahren** benötigt.[10] Viele Strategie-Ansätze haben zu keinem Fortschritt geführt, sondern eher zu einer »Verschlimmbesserung»: Meterware an Prognosen und Cashflow-Rechnungen ohne Bezug zu Markt und Kunde, Heere von Beratern und internen Spezialisten ohne Beitrag zur Wertschöpfung, Tonnen an Powerpoint-Präsentationen und ausufernder Pflegeaufwand der Systeme ohne echten Führungsbezug. Ein wichtiger Grundsatz muss daher lauten, nur in Ausnahmefällen »schwere Geschütze« für Strategie zuzulassen. In vielen Fällen genügen eine klare Methodik, gesunder Menschenverstand, Konsequenz und Disziplin. Alle Methoden sind auf ihre Alltagstauglichkeit und Resultatorientierung zu prüfen. Das ist die Verantwortung von Führungskräften.

Wenn die Meinung vorherrscht, dass Strategie komplizierte Vorgehensweisen benötigt, dann braucht es ausgewiesene Fachleute. Spezialistentum ist aus zwei Gründen gefährlich. Erstens wird aus Strategie eine Wissenschaft gemacht. Damit verliert Strategie seine Funktion als Führungs- und Umsetzungswerkzeug. Zweitens liegt die Gefahr darin, dass Führungskräfte und Mitarbeiter ihre Verantwortung für Strategie auf diese Spezialisten bequem abschieben können. Am Ende kommt es zu einer Verantwortungsparalyse. Letztlich hat aber das Unternehmen mit seinem Leistungsauftrag für Kunden nichts davon. Daher ist bei der Erarbeitung und Umsetzung von Strategie genau darauf zu achten, dass ausschließlich die betroffenen Führungskräfte für die Erarbeitung und Umsetzung verantwortlich sind. Spezialisten können selbstverständlich eingesetzt werden, sind aber sehr resultatbezogen zu führen.

4. Irrtum: Strategie ist eine technische Disziplin und eine Wissenschaft. Viele von den heute verbreiteten **technischen Methoden** haben ein Bild von Strategie entstehen lassen, das sich wie folgt beschreiben lässt: technisch, analytisch, DV-getrieben, mathematisch, zahlen- und bitbasiert, »hard fact». Die Reduzierung von Strategie auf diese technische Dimension entspricht zum einen nicht den Notwendigkeiten und zum zweiten kann es auch nicht die gewünschten Resultate liefern. Der Erfolg einer Strategie entsteht erst durch die Verbindung der »harten« mit der »weichen« Seite, d. h. die Einbindung in den Führungs- und Umsetzungsprozess sowie die Beteiligung und Akzeptanz der Betroffenen. Ohne Führung bleiben technische Herangehensweisen isoliert. Wirkung entsteht durch das, was über diesen technischen Teil hinausgeht: wenn gemeinsam die Strategie erarbeitet wird, wenn Entscheide getroffen werden, wenn geleistet und Wirkung am Markt erzielt wird. Die technische Seite ist eine notwendige Bedingung, die hinreichende Voraussetzung entsteht erst durch resultatorientierte Führung.

Die radikalste Form des Spezialistentums ist die Darstellung von Strategie als **Wissenschaft**. Damit immunisiert sich das Thema gegenüber den Nichtspezialisten und wird letztlich auch zu Esoterik, also nur für Eingeweihte verständlich. Wenn schon die wissenschaftliche Frage aufgeworfen wird, dann ist Strategie wohl am ehesten als eine Teildisziplin der praktischen Managementlehre zu sehen. Nach dem Pionier dieser Wissenschaften, Hans Ulrich, sind folgende Elemente kennzeichnend[11]: Betonung der Anwendung und weniger der Erklärung (»Präskription statt Deskription«), Problemlösungsfähigkeit und weniger Allgemeingültigkeit, Einbau verschiedener Wissenschaften statt disziplinärer Fixierung, Zwang zur Verständlichkeit, Erfassung von Vernetzung und Rückführung von Prozessproblemen auf dahinterliegende Systeme. Strategie ist damit maximal eine Applikationswissenschaft und nicht geeignet für abstrakte Spielereien ohne Bezug zur Wirklichkeit in den Organisationen. Die Verantwortlichen für Strategie haben dafür zu sorgen, dass Werkzeuge, Dokumentationen, Präsentationen und Berichte klar geschrieben, verständlich und prägnant sind.

5. Irrtum: Strategie ist eine Sache von Psychologie und Kreativität. Hier liegt das genaue Gegenteil des vorigen Irrtums vor. Aufgrund vermeintlich oder tatsächlich schlechter Erfahrung mit Strategie als rein technischer Disziplin wird eine Antwort ausschließlich in der **Psychologie** und in den Sozialwissenschaften gesucht. Im Kern lautet die Aussage, dass sich Strategie analytisch nicht erfassen und mit bewährten Führungsmethoden nicht steuern lässt. Strategiearbeit wird vor allem als Motivations- und Kommunikationsproblem gesehen. Neben einem hohen Maß an Sozial- und Unternehmensromantik schwingt bei diesem Ansatz auch eine gewisse Esoterisierung mit. Gefährlich sind diese Anschauungen, weil sie sich an einem völlig falschen Wirtschafts- und Menschenbild orientieren. Das Geschehen in Organisationen wird unter den Gesichtspunkten »Motivation«, »Inspiration«, »Eingebung«, »Fehlerfreundlichkeit«, »Spaß«, »maximale Beteiligung« und »Selbstverwirklichung« verstanden.

Wird eine Strategie nach solchen Gesichtspunkten entwickelt, ist das Ganze natürlich spannend, ungewöhnlich, quer und »immer etwas los». Auf Dauer ist ein solches Strategieverständnis ruinös, weil es den Zweck von Organisationen verfehlt, nämlich unter Wettbewerbsbedingungen eine Leistung für Kunden zu erbringen. Die an sich gut gemeinte Kreativitätsorientierung liefert ein Beispiel: Durch permanentes Produzieren von Ideen, Projekten, Konzepten usw. sind viele Organisationen bewegungslos, orientierungslos geworden und haben ihre Kräfte unnötig verzettelt. Das Ziel von Strategie ist nicht **Kreativität**, sondern Umsetzung, nicht Einschluss, sondern Ausschluss von Ideen. Nur so bleibt ein Unternehmen handlungsfähig. Strategieverantwortliche Führungskräfte haben strikt dafür zu sorgen, dass solcherlei Psychologisierung und Kreativitätsorientierung nicht um sich greifen und wirklich Wichtiges von Anfang an klar beim Namen genannt wird: Resultate, Leistung, Verantwortung und Vertrauen.

6. Irrtum: Eine Strategie löst alle Probleme. Dieser Irrtum basiert auf einer unkritischen und unreflektierten Begeisterung für das Thema Strategie. Bei aller Empfehlung für Strategie, bei aller positiven Erfahrung und bei allen guten praktischen Anwendungen gilt es vorsichtig zu sein, wenn Strategie zum Mittel gegen jedes Problem dargestellt wird. Die Gefahr dieses Irrtums liegt in seiner Euphorie und **Naivität**. Strategie schafft die Grundlage und die Ausrichtung für alle Aktivitäten einer Organisation. Sie bildet die Klammer und die Durchgängigkeit aller wichtigen Managementfragen wie etwa Organisation, Personal- und Führungskräfteentwicklung, Führung und Umsetzung. Aber sie kann diese nicht vollständig ersetzen. Werden beispielsweise die Prozesse in einem Unternehmen neu justiert, so braucht es selbstverständlich eine Anknüpfung an die Strategie, d. h. an die Wettbewerbsstellung, die Qualitäts- und Preisposition usw. Die Prozesse selbst müssen aber umsetzungs- und führungsbezogen erarbeitet werden. Und dies geht weit über das hinaus, was in einer Strategie an Vorgaben besteht.

Die wirklich guten **Strategen** sind alles andere als begeisterte oder euphorische Manager. Sie haben einen realistischen Blick und wissen, dass bei der Erarbeitung und Umsetzung von Strategie viele Elemente zum Tragen kommen, die nicht sehr modern und schon gar nicht begeisterungsfähig sind, wie beispielsweise das Aufgeben gewisser Leistungen, Tätigkeiten oder Regionen. Sie wissen auch, dass mit einer Strategie nicht die Welt verändert werden kann und sind eher bescheiden im Anspruch, dafür aber konsequent in der Umsetzung. Sie arbeiten mit einem klaren

Strategieprozess und richten alle Vorschläge und Themen an deren Umsetzung aus.

Interviewleitfaden zum Grundverständnis von Strategie **Checkliste**

1. Liefert die Strategie langfristige Ziele und Orientierung für die Organisation?
2. Orientiert sich die Strategie an den sechs Schlüsselgrößen?
3. Ist die Strategie Grundlage für die Organisation und die Kernprozesse?
4. Leiten sich aus der Strategie Ziele für die Bereiche und die Führungskräfte ab?
5. Stehen Ressourcen bereit, um die strategischen Ziele umzusetzen (Investment, Personal)?
6. Hilft die Strategie den Führungskräften bei ihren Führungsaufgaben?
7. Bezieht sich die Mitarbeiter- und Führungskräfteentwicklung auf die Strategie?
8. Sind Tagesgeschäft, Aufgaben und Projekte direkt auf die Strategie bezogen?
9. Sind Reporting und Controlling an die Strategie angebunden und werden »Parallel-Welten« vermieden?
10. Ist die Strategie mit anderen Managementsystemen sinnvoll verbunden (MbO, BSC...)?
11. Wie viele Leute beschäftigen sich mit Strategie? Sind die Aktivitäten aufeinander abgestimmt?
12. Ist die Strategie klar und verständlich für alle formuliert?
13. Wird das Strategiewissen systematisch gepflegt und weitergegeben (Ausbildung)?
14. Existiert ein einheitliches Strategieverständnis bei den Führungskräften?
15. Und schließlich: Würde der Kunde unseren Aufwand für die Strategie verstehen oder bezahlen?

Erst bei einem nüchternen und ungefilterten **Wahrnehmungsmuster von Strategie** in der eigenen Organisation kann Strategieentwicklung starten und in die Anwendung gehen. Mit beiliegendem Interviewleitfaden »Grundverständnis von Strategie« und beiliegender Checkliste »Irrtümer im strategischen Management« entsteht in kurzer Zeit ein klares Bild der Situation. Es braucht dazu die sechs bis acht strategieerfahrenen Leute einer Organisation. In Einzelgesprächen oder auch in einer gemeinsamen Sitzung werden erstens die Situation erarbeitet und zweitens die Schlussfolgerungen für Erarbeitung und Umsetzung gezogen. Zudem sensibilisiert eine solche Vorgehensweise für das Thema und die Notwendigkeit professioneller Steuerung des Strategieprozesses.

Die angesprochenen Irrtümer **strategischen Managements** können den Weg zu Ergebnissen verstellen. Sie anzusprechen und ein klares Bild von der Ausgangslage zu erhalten, ist der erste Schritt zur Wirksamkeit.

Irrtümer im strategischen Management **Checkliste**

Irrtum	Indikatoren und Konsequenzen
1. Irrtum: **Strategie ist unnötig, weil die Zukunft entweder gewiss oder eben ungewiss ist.**	• keine Auseinandersetzung mit der Zukunft aufgrund vermeintlicher Stabilität oder Instabilität • Dominanz des operativen Geschäfts, des Handelns »auf Zuruf«, des Zufalls und der Spontaneität • keine strategische Ausrichtung – zumindest für die Priorisierung der Ressourcen • keine langfristige Ausrichtung für Organisation, Führungskräfte und Mitarbeiter
2. Irrtum: **Strategie ist im Dienst des Shareholders und damit Maximierung von Geld.**	• eindimensionale Ausrichtung auf den Shareholder und auf Geld • Vernachlässigung der sechs Schlüsselgrößen und damit der langfristigen Lebensfähigkeit • Dominanz von kurzfristiger Gewinnorientierung • Zerstörung unternehmerischen Denkens und Handelns
3. Irrtum: **Strategie braucht anspruchsvolle Verfahren und daher Spezialisten**	• komplizierte Methoden in der Analyse, bei der Gestaltung und Umsetzung • fehlende Verständlichkeit, Dominanz von Fachsprache • hoher Pflege- und Aktualisierungsaufwand • Abschieben von Verantwortung durch Führungskräfte und Mitarbeiter auf Berater oder Stabsleute
4. Irrtum: **Strategie ist eine technische Disziplin und eine Wissenschaft**	• Dominanz von Analytik, Zahlen, DV • Abkoppelung vom eigentlichen Führungs- und Umsetzungsprozess • zunehmende Akademisierung • Unverständlichkeit, Notwendigkeit von Übersetzern
5. Irrtum: **Strategie ist eine Sache von Psychologie und Kreativität.**	• Betonung von: Spass, Motivation, Emotion, Selbstverwirklichung • Mess-, Feedback-, Beurteilungs- und Leistungsfeindlichkeit • Verzettelung der Organisation durch zu viele Ideen, Konzepte, Projekte • Überbetonung von Kommunikation und Identifikation
6. Irrtum: **Eine Strategie löst alle Probleme.**	• hohes Maß an Euphorie und Begeisterung • viele Versprechungen mit großen Potenzialen, die aber nicht eingelöst werden • Abschieben aller Diskussionen und Entscheide auf eine Strategie (die eventuell noch nicht vorliegt) • Vergessen des Tagesgeschäftes bzw. des Arbeitens

3 Strategieprozess und Prozessführung

Zu jeder erfolgreich umgesetzten Strategie gehören die richtigen Inhalte und die richtige Methodik. Zum einen braucht es grundsätzliches, strategisches Know-how, etwa über die Schlüsselgrößen, zudem Branchenerfahrung, die Kenntnis des eigenen Unternehmens und die Fähigkeit, sich hin und wieder vom gegenwärtigen Geschäft zu lösen und das Ganze grundsätzlich anzupacken. Zum anderen setzen Erarbeitung und Umsetzung einer Strategie eine klare Methodik voraus, die im **Strategieprozess** gebündelt wird.

Der Strategieprozess ist nichts anderes als ein **Entscheidungsprozess** auf der Ebene eines Geschäftes[12]. Jedes Entscheiden hat mit einer Ausgangslage in der Gegenwart und mit Resultaten in der Zukunft zu tun. Die leitende Fragestellung lautet: »Was müssen wir heute entscheiden und beginnen, damit wir langfristig im Geschäft bleiben?« Drei Themen werden in diesem Zusammenhang behandelt.

1. *Grundlogik des Strategieprozesses,*
2. *Anforderungen an die Prozessführung,*
3. *Strategieprozess als Führungsfunktion,*
4. *Audit einer bestehenden Strategie.*

1. Grundlogik des Strategieprozesses

Jeder vernünftige Entscheidungsprozess funktioniert immer auf derselben Grundlage: normative Vorgaben (Leitbild bzw. Leitplanken), Beurteilung der Ausgangslage (Segmentierung und Analyse), Erarbeitung von Alternativen (Strategie-Optionen), Entwicklung von Lösungen (Strategie), Umsetzung und Weiterentwicklung. Diese Grundlogik stellt die **Struktur des Strategieprozesses** dar. Die horizontale Achse betrifft die Zeit mit den Polen »Gegenwart« und »Zukunft«. Die vertikale Achse verdeutlicht die inhaltliche Logik zwischen »planen und entscheiden« und »am Markt umsetzen«. Auf Grundlage dieser Achsen werden die einzelnen Elemente des Strategieprozesses dargestellt:

Grundlage: Schlüsselgrößen, Strategieprozess und Leitbild,
Phase 1: Beurteilung der Ausgangslage,
Phase 2: Erarbeitung von Strategieoptionen,
Phase 3: Entwicklung der Strategie,
Phase 4: Umsetzung und Weiterentwicklung der Strategie.

Strategieprozess

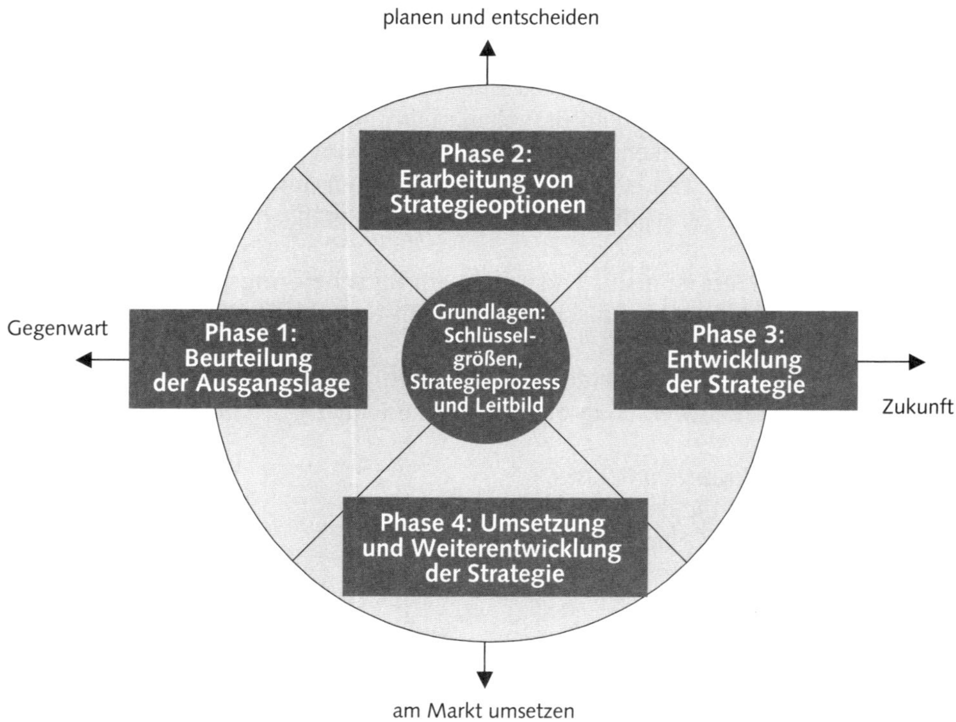

Unter dem Begriff »Strategie« ist eine Unterscheidung zu treffen zwischen den Geschäften, dem Unternehmen und den Funktionen. Die Geschäfte sind der erste Bezugspunkt; für jedes **strategische Geschäftsfeld (SGF)** wird eine Strategie entwickelt[13]. Besteht eine Organisation aus mehreren Geschäftsfeldern, so sind diese anschließend in einer Strategie für das Unternehmen zu verbinden. Für Gesamtfunktionen oder erfolgskritische Funktionen der SGF können anschließend noch sogenannte Funktionalstrategien erarbeitet werden.

Grundlage: Schlüsselgrößen, Strategieprozess und Leitbild. Im Gegensatz zu vielen Strategieansätzen beginnt dieser Strategieprozess nicht mit einer ausgiebigen Analysephase. Der Schwerpunkt liegt zunächst im Herstellen der **Grundlage für die Strategieentwicklung**, der Klärung des Strategieverständnisses bei den beteiligten und umsetzungsverantwortlichen Personen. Es geht um die Schlüsselgrößen und um eine selbstkritische Reflexion bisheriger Strategieentwicklung. Zusätzlich bedarf es der Übereinstimmung hinsichtlich des Strategieprozesses, d. h. das methodische Vorgehen mit allen Phasen, Werkzeugen und angepeilten Resultaten. An dieser Stelle liegt die Herausforderung darin, dass die verantwortlichen Führungskräfte nicht nur in der

Dimension »Inhalt« denken, sondern konsequent die methodische Steuerung im Blick behalten. Dazu gehören auch die Grundlagen wirksamen Projektmanagements, eine frühzeitige und präzise Zeitplanung, eine klare Aufgabenverteilung und selbstverständlich die sofortige »Buchung« der umsetzungsverantwortlichen Leute für die Entwicklung der Strategie. Ein wichtiger Teil der Grundlagen ist die Klärung des Geschäfts- und Unternehmenszwecks in Form des Leitbildes. Liegt ein solches bereits vor, dann geht es um eine kritische Prüfung und gegebenenfalls um eine Anpassung. Fehlt ein Leitbild, so sind im Minimum Leitplanken für die Strategie darzustellen, die sich auf Märkte, Leistungen, Regionen usw. beziehen. Leitbild und Leitplanken haben die Funktion, die Strategieentwicklung zu kanalisieren So wird vermieden, dass eine Strategiegruppe euphorisch loslegt und am Ende dann andere Weichenstellungen fallen oder Missverständnisse entstehen (»Wenn Sie mich früher gefragt hätten…«, »Ich habe ja immer gesagt, dass…«). Dies zwingt die Entscheidungsträger auch zu einer Meinung zu Beginn der Strategieentwicklung. Politisches Lavieren wird dadurch frühzeitig unterbunden.

Phase 1: Beurteilung der Ausgangslage. Jeder Strategieprozess ist ein Entscheidungsprozess. Eine solide Entscheidung setzt voraus, dass eine **Beurteilung der Ausgangslage** vorliegt. Nur so können Pläne und Aktionen sinnvoll entwickelt werden. Die Kernfrage in der ersten Phase lautet: »Wie beurteilen wir die Ausgangslage – bezogen auf die Herausforderungen für das Geschäft und unsere Stärken?«

Phase 1: Kernfrage und Resultate

Kernfrage: **Wie beurteilen wir die Ausgangslage – bezogen auf die Herausforderungen für das Geschäft und unsere Stärken?**	Resultate: • Segmentierung und Marktcockpit • Kundennutzen und Wertkette • Beurteilung der sechs Schlüsselgrößen: SWOT, künftige Spielregeln im Markt, Herausforderungen, Themenspeicher • Management-Entscheid: Einverständnis mit den Resultaten und Auftrag zur Weiterarbeit

Es geht um die Segmentierung des Geschäftes, die Klarheit über den strategisch relevanten Markt mittels Marktcockpit, um den Kundennutzen, die Wertkette und die sechs Schlüsselgrößen. Die Resultate werden in einer SWOT zusammengefasst und in den strategischen Herausforderungen verdichtet. Diese Herausforderungen bilden den »Anker« für alle weiteren Phasen und sind der Auftrag für die Strategie. Eine Strategie hat auf die Herausforderungen entsprechende Antworten zu finden. Wird diese Phase gewissenhaft erarbeitet, entstehen auch – fast automatisch – Optionen für den Themenspeicher und Sofortmaßnahmen zur Umsetzung. Zum Abschluss haben die Entscheidungsträger ihr Einverständnis mit zu Resultaten zu geben oder gegebenenfalls Nacharbeiten einzufordern.

Phase 2: Erarbeitung von Strategieoptionen. Das Wesen einer Entscheidung ist die Auswahl unter verschiedenen Alternativen. Wenn nur eine Richtung vorgegeben ist, dann macht es keinen Sinn, von Entscheidung zu sprechen. Daher geht es nach Klärung der Ausgangslage darum, verschiedene Alternativen, sogenannte **Strategieoptionen**, zu erarbeiten und zu bewerten. Die Kernfrage lautet: »Welche Optionen geben Antwort auf die strategischen Herausforderungen und nutzen unsere Stärken?« Optionen sind grundsätzlich mögliche Geschäftsaktivitäten und betreffen den Markt (das heutige Geschäft), die Innovation (das künftige Geschäft) und die Produktivität (Kosten und Prozesse). Daraus abgeleitet werden Erfordernisse für gute Leute, Liquidität und Gewinn. Die Schlüsselgrößen strukturieren also auch hier die Diskussion.

Phase 2: Kernfrage und Resultate

Kernfrage: **Welche Optionen geben Antwort auf die strategischen Herausforderungen und nutzen unsere Stärken?**	Resultate: • Optionen bzgl. Markt, Innovation, Produktivität plus Erfordernisse für gute Leute, Liquidität und Gewinn • Zusammenfassung zu strat. Stoßrichtungen • Management-Entscheid: Auswahl von strategischen Stoßrichtungen und Auftrag zur Weiterarbeit

Sind die Optionen erarbeitet, müssen sie verdichtet und bewertet werden. Als Resultat entstehen strategische Stoßrichtungen. Anschließend hat das Management einen Entscheid zu treffen, welche Stoßrichtungen umgesetzt, zurückgestellt oder verworfen werden. Die akzeptierten Stoßrichtungen bilden die Grundlage für die Strategie und damit die Verbindung zur nächsten Phase.

Phase 3: Entwicklung der Strategie. Eine Strategie für ein Geschäft ist die Konkretisierung der strategischen Stoßrichtungen in Ziele, Mittel und Maßnahmen. Die Kernfrage lautet: »Was müssen wir heute entscheiden und beginnen, damit wir langfristig im Geschäft bleiben?« Eine vollständige und robuste **Geschäftsstrategie** besteht aus folgenden Elementen: strategische Stoßrichtungen, strategische Herausforderungen, quantitative Ziele, Positionierung bezüglich Leistung (Qualität), Preis, Kommunikation und Distribution, Anforderungen für die Funktionen, Mittel und Maßnahmen. Dies ist gleichzeitig die Grundstruktur eines Business-Plans. Wenn in einer Organisation mehrere Geschäftsfelder vorliegen, sind diese in einer **Unternehmensstrategie** zusammenzufassen. An dieser Stelle sind Priorisierung, Ressourcen- und Schlüsselpersonalentscheide zu klären und zu entscheiden. Im Anschluss daran können für entscheidende Funktionen auf Geschäftsfeld- und Unternehmensebene noch **Funktionalstrategien** erarbeitet werden.

Phase 3: Kernfrage und Resultate

Kernfrage: **Was müssen wir heute entscheiden und beginnen, damit wir langfristig im Geschäft bleiben?**	Resultate: • Geschäftsstrategie (Ziele-Mittel-Maßnahmen) • Unternehmensstrategie • Funktionalstrategie • Prüfung mit Leitbild und Herausforderungen • Management-Entscheid: Bestätigung der Strategie und Auftrag zur Umsetzung

Zum Abschluss dieser Phase ist noch zu prüfen, ob die Geschäfts-, Unternehmens- bzw. Funktionalstrategie im Rahmen des Leitbildes liegen und Antworten auf die Herausforderungen gefunden wurden. Die Führung hat abschließend die Strategie zu bestätigen oder gegebenenfalls Klärungen einzufordern. Nachdem die Entscheidungsträger im bisherigen Prozess immer beteiligt waren, sollte es an dieser Stelle keine großen Überraschungen mehr geben. Eine Strategie wird erst durch die Umsetzung wirksam. Sie muss verbindliche Aussagen über die wichtigsten Ziele, Mittel und Maßnahmen zur Realisierung treffen. Umsetzungsorientierung heißt im Übrigen auch, die Konsequenzen für Organisation, Entwicklung von Menschen und Schlüsselprojekte abzuleiten.

Phase 4: Umsetzung/Weiterentwicklung der Strategie. Die Qualität des Strategieprozesses bemisst sich daran, ob Entscheidungen getroffen und auch umgesetzt werden. Letztlich laufen die einzelnen Schritte konsequent auf Resultate hinaus. Die Güte der Strategie richtet sich nicht an Inputfaktoren aus, etwa die Anzahl von Personen, Dokumenten oder Sitzungen, sondern einzig und alleine an der **Umsetzung der Strategie**. Die Kernfrage lautet: »Wie sichern wir Umsetzung und Weiterentwicklung der Strategie?«

Phase 4: Kernfrage und Resultate

Kernfrage: **Wie sichern wir Umsetzung und Weiterentwicklung der Strategie?**	Resultate: • Strategiecontrolling • »Umsetzungs-Handwerk«: Aufgaben, Werkzeuge und Projektmanagement für umsetzungsverantwortliche Führungskräfte • Change-Management • Management-Entscheid: Bestätigung des Prozesses der Umsetzung und Weiterentwicklung

Es gibt Führungskräfte, die glauben, mit dem Beschluss über eine Strategie sei die Aufgabe zu Ende. Nachdem die Erfahrung in den meisten Organisationen anderes lehrt, geht es in dieser Phase darum, die Umsetzung und die **Weiterentwicklung der Strategie** zu strukturieren und voranzutreiben. Im Mittelpunkt steht das sogenannte Strategiecontrolling, d. h. der Prozess, der die Umsetzung und Weiterentwicklung sicherstellen soll. Weiterhin ist das »Umsetzungs-Handwerk« entscheidend, nämlich Aufgaben für die umsetzungsverantwortlichen Führungskräfte sowie resultatorientiertes Projektmanagement. Erarbeitung, Umsetzung und Weiterentwicklung der Strategie funktionieren nur, wenn die Führungskräfte die bewährten Prinzipien und Vorgehensweisen des Change-Managements beherrschen. Besonders in dieser Phase ist diese Kompetenz entscheidend.

Die Phase 4 mündet in die Phase 1 ein. Jedes umgesetzte Resultat stellt wiederum eine Ausgangslage dar, die interpretiert und bewertet werden muss. Strategie beginnt also erneut von vorne. Mit der Darstellung vom **Strategieprozess als Kreislauf** soll dieser Zusammenhang verdeutlicht werden. Jede Strategie leistet einen Beitrag, ein komplexes System – wie eben ein Geschäft, eine Organisation – zu steuern. Insofern orientiert sich der Strategieprozess weniger an klassisch betriebswirtschaftlichen Konzepten, sondern an **Systemansatz** und **Kybernetik**. Der Strategieprozess ist ein Katalysator, um mit Komplexität umzugehen[14]. Im Strategieprozess werden folgende Dimensionen verbunden und in einen sinnvollen Zusammenhang gebracht: Gegenwart und Zukunft, innen (planen) und außen (umsetzen am Markt), Geschäftsfelder und Gesamtunternehmen, Herausforderungen von außen und Stärken von innen, Organisation als Ganzes und die einzelne Person, strategische Inhalte und Prozessführung.

2. Anforderungen an die Prozessführung
Die Grundlogik des Strategieprozesses beschreibt die einzelnen Bausteine und ihren logischen bzw. chronologischen Zusammenhang. Voraussetzung für die Erarbeitung und Umsetzung der Strategie ist die Professionalität in der **Prozessführung**. Es gibt hier keine Geheimnisse, dafür aber langjährige Erfahrungen, auf die zurückgegriffen werden kann. Beiliegende Checkliste dient der Vorbereitung und der laufenden Überprüfung der Strategieentwicklung.

Kritische Erfolgsfaktoren in der Prozessführung — **Checkliste**

1. klarer Auftrag zur Erarbeitung der Strategie
2. Festlegung eines Steuerungsausschusses mit den maßgeblichen Entscheidungsträgern zur Abnahme der Resultate aus den einzelnen Phasen und zur Beauftragung der Weiterarbeit
3. Trennung in Projektauftraggeber (Steuerungsausschuss) und Projektleiter
4. Festlegung des Projektkernteams zur Erarbeitung der einzelnen Phasen: Einbezug aller umsetzungsverantwortlichen Führungskräfte, Mitarbeit der Besten (Erfahrung, Akzeptanz, Umsetzungsstärke) und der Meinungsbildner
5. Verankerung der Strategieentwicklung in den Zielvereinbarungen
6. Aufbau von Macht: Verbündete, Hoheit über Kommunikation, Einbezug oder Neutralisierung von Gegnern, starker Mentor für den Strategieprozess, keine »Spielerwechsel«, Eskalationsweg...
7. »Freischaufeln« und Freigabe von Ressourcen
8. klarer Projektplan mit: Aufgabenpaketen, Verantwortlichkeiten, Terminen, Zeitschätzung und Kosten (Tage mal durchschnittlicher Manager-Tagsatz)
9. frühzeitiger Kommunikationsplan (»Was wird wann an wen kommuniziert?«)
10. Konzentration auf wenige Strategiethemen
11. Einigung auf Methodik/Strategieprozess, Transparenz nach innen und außen
12. Sicherstellung der Infrastruktur: Sekretariat, Besprechungszimmer, Dokumentations-Verantwortliche...
13. frühzeitiges Sichtbarmachen von Resultaten (»quick wins«, Sofortmaßnahmen)

Kalkulation des Strategieprozesses				Werkzeug
Termin	**Nr./Phase/Arbeitspaket**	**Verantw./ Beteiligte**	**Tage***	**Kosten****

* inklusive Vor- und Nachbereitung, Protokollierung, Reisezeit
** Kosten: Tage mal durchschnittlichen Tagsatz einer Führungskraft: /Tag

Kalkulation des Strategieprozesses **Beispiel Anlagenbau**

In einem Industriebetrieb für Anlagenbau wird der Strategieprozess systematisiert. Für den ersten »Durchlauf« des Prozesses werden die einzelnen Termine, Schritte und Kosten kalkuliert.

Termin	Nr./Phase/Arbeitspaket	Verantw./ Beteiligte	Tage*	Kosten** in EURO
23.01.	01. Vorbesprechung: Projektleitung, Teams, Termine, bestehende Unterlagen, Klärung Methodik	Müller, Gerold, Hesse, Braun, Kovacz	10	10 000
Ende Jan. dezentral	02. Organisation des Prozesses (Teams, Termine...) plus Vorbereitung Kick-off	Müller	3	3 000
08.02.	03. Kick-off (VM): Projektvorstellung, Ablauf, Organisation, Methodik	Müller, Kernteam, Vorstände	14	14 000
08.02.	04. Überprüfung Leitbild (NM): Vorgaben für Strategie, möglicher Anpassungsbedarf des Leitbilds, erste Ideensammlung			
14.02.	ev. Anpassung/Schärfung Leitbild (NM)	Hansen, Vorstände	4	4 000
22.02. / 23.02	05. Segmentierung/Marktcockpit: Segmentierungs-Varianten plus Auswahl; »Design« und Aufgabenverteilung für Marktcockpit	Müller, Kernteam	20	20 000
März dezentral	06. Marktcockpit: Erhebung/Interpretation/ Schlussfolgerungen	Hesse, Honold, Weber, Ulrich	15	15 000
...	...	...	...	...

* inklusive Vor- und Nachbereitung, Protokollierung, Reisezeit
** Kosten: Tage mal durchschnittlichen Tagsatz einer Führungskraft: 1000 Euro/Tag

Der Strategieprozess ist kein starres Konstrukt, sondern muss in Flughöhe und Ausgestaltung angepasst werden. Diese **Anpassung des Prozesses** hängt von der Größe der Organisation, der Anzahl der Geschäftsfelder und vom jeweiligen Wettbewerbsumfeld ab. Es bewährt sich, vor dem Start den kompletten Prozess mit dem Kernteam im Gedanken durchzugehen. Das beiliegende Kalkulationsraster dient als Planungswerkzeug. Bei jedem Schritt sind folgende Fragen zu stellen:

- Welches Resultat muss am Ende vorliegen? Wie ist dieses strukturiert?
- Was wird – aus heutiger Sicht – unproblematisch verlaufen? Wo erwarten wir Schwierigkeiten?
- Wie lange dauern die Arbeits- und Umsetzungsschritte? Wie zeitintensiv sind diese?
- Wie professionell steuern wir den Prozess – entsprechend den kritischen Erfolgsfaktoren?

Strategieentwicklung gehört zu den Aufgaben, die jede Führungskraft beherrschen muss, wenn sie für Resultate verantwortlich ist. Durch den Strategieprozess und die Prinzipien der Prozessführung verliert Strategie den Nimbus von »Kunst« oder »Wissenschaft«, die nur wenige beherrschen, und wird zu einem **Handwerk für jede Führungskraft**[15]. Dies wird auch dadurch gewährleistet, dass der Strategieprozess in Breite und Tiefe an die konkrete Situation anpassbar ist (Umfeld, Branche, Unternehmensgröße, Funktion). Die Erarbeitung und Umsetzung nach klarem Vorgehen und solider inhaltlicher Basis führt zu einem einheitlichen Strategieverständnis bei Führungskräften und Mitarbeitern. Missverständnisse, Mehrdeutigkeiten und begriffliche Bluffs werden dadurch vermieden. Die für die Erarbeitung und Umsetzung einer Strategie notwendigen Personen werden in den Prozess eingebunden. Dies bringt Verbindlichkeit und vor allem Verantwortung für die Umsetzung. Insofern liegt eine gute Basis für Zielvereinbarungen vor.

Neben den richtigen Inhalten ist die **Methodik** genauso für den Erfolg einer Strategie entscheidend. Die meisten Führungskräfte konzentrieren sich im Strategieprozess auf die inhaltliche Seite und glauben, nur weil die Inhalte richtig sind, wird der Erarbeitungs- und Umsetzungsprozess funktionieren. Es braucht aber beides: die richtigen Inhalte und die entsprechende Methodenkompetenz zur Steuerung. Die methodische Fähigkeit der Steuerung von Erarbeitungs- und Umsetzungsprozessen wird künftig viel größere Bedeutung für Führungskräfte haben als heute. Dies hat zum einen mit den Herausforderungen und mit der Komplexität des Geschäftes zu tun. Zum anderen liegt es aber auch daran, dass mit dem Aufstieg in der Hierarchie der Bezug zum Geschäft abnimmt. Im Minimum muss eine Führungskraft fähig sein, Strategieprozesse zu steuern. Strategie ist eben nicht nur das gedruckte Abschlussdokument, sondern Denken und Handeln, Entscheiden und Umsetzen, Inhalt und Prozess.

3. Strategieprozess als Führungsfunktion
Der Strategieprozess ist die Anwendung der generellen **Führungsfunktionen** auf das Thema Strategie. Dieses spielt eine entscheidende Rolle im **St. Galler Management-Modell** nach Ulrich[16]. Es geht im Wesentlichen um drei Funktionen: 1. Entscheiden über Ziele, Mittel und Maßnahmen, 2. Ingangsetzen der zur Zielerreichung notwendigen Umsetzung und 3. Kontrollieren der Umsetzung und der Resultate.

Die Führungsfunktionen starten mit dem **Entscheiden** über Ziele, Mittel und Maßnahmen. In die Strategielogik übersetzt bedeutet das die Einbettung in das Leitbild, die Beurteilung der Ausgangslage mit den Herausforderungen und die Definition der Ziele. Die Leitplanken und Herausforderungen sind notwendig, um die Prozesse in die richtigen Bahnen zu lenken. Die Beurteilung der Ausgangslage dient der nüchternen Bestimmung des Ist-Zustandes und der Erarbeitung von Herausforderungen. Daraus werden dann Ziele im Sinn von Soll-Werten bestimmt. Dies ist die Grundlage für die Planung der notwendigen Maßnahmen und Mittel. Das Schlüsselwort im ersten Schritt ist das Entscheiden. Nur dann, wenn Festlegungen getroffen werden und auch klar ist, was nicht getan wird, ist der erste Schritt vollständig. Die rein »technische« Seite der Erarbeitung der Ziele, Mittel und Maßnahmen ist zwar notwendig, bei weitem aber noch nicht hinreichend.

Das **Ingangsetzen** der zur Zielerreichung notwendigen Umsetzung ist der zweite Schritt. Während vorher alles noch aus Ratio, Papier, Plan und Vorstellungswelt bestand, geht es jetzt um die Umsetzung. Der Grundsatz der Resultatorientierung war in der ersten Phase nur in abstrakter Form darstellbar, zwar wichtig, aber eben noch nicht wirksam. In dieser Phase wird die Sache konkret. Wenn es so etwas wie eine Trennlinie zwischen kompetenten und inkompetenten Führungskräften gibt, so ist es die Umsetzungsfähigkeit.

Als dritter Schritt folgt das **Kontrollieren** der Umsetzung und der Resultate. Die Bestimmung der Ausgangslage, die Zieldefinition und die Umsetzung sind bezüglich ihrer Wirksamkeit zu prüfen. Es geht um das Beurteilen von Effektivität. Dieser Schritt ist zwingend als Führungsfunktion einzubauen, weil nur so ein echtes Monitoring möglich ist. In der Strategieentwicklung wird in Planungsphasen gerne mehr versprochen als eingelöst. Ohne das Kontrollieren, Messen und Beurteilen von Wirksamkeit hat das Management kein Feedback über die Zielerreichung und in der Planungsphase keinen Druck zur Formulierung realistischer Ziele. Das Kontrollieren darf nicht mit Controlling gleichgesetzt werden. Controlling ist seinem Wesen nach viel mehr, nämlich der gesamte Ablauf des Erfassens von Istwerten, der Bestimmung eines Sollzustandes, der Definition bzw. Umsetzung von Maßnahmen und der Kontrolle. Daher ist Controlling im Prinzip nichts anderes als die Summe der Führungsfunktionen und klarerweise eine Führungsaufgabe, die nicht delegiert werden darf. Das, was in den Organisationen unter Controlling verstanden wird, reduziert sich in vielen Fällen auf die Bestimmung von Istwerten, den Abgleich mit dem Soll und ein entsprechendes Berichtwesen. So wichtig dies ist, echtes Controlling ist eben mehr als das, was die Controller tun.

Führungsfunktionen

Entscheiden

- Leitbild bestimmen
- Ausgangslage beurteilen
- Ziele/Mittel/Maßnahmen planen

Kontrollieren

- Ist erfassen
- Ist/Soll abgleichen
- ggf. Maßnahmen einleiten

Ingangsetzen

- Maßnahmen starten
- Mittel einsetzen
- Maßnahmen umsetzen

Die angesprochenen drei Führungsfunktionen sind zunächst sequenziell zu verstehen. Daher ist die Reihenfolge auch nicht zufällig gewählt. Die volle Dynamik erhält das System aber erst durch die Gestaltung als Kreislauf, durch das Einbauen von Feedback. Nur so ist Führung möglich und nur so kann **Führung** systematisiert werden.

4. Audit einer bestehenden Strategie
In sehr vielen Organisationen besteht bereits eine Strategie, zumindest eine Unterlage, welche diesen Titel trägt. In diesen Fällen geht es nicht darum, den Prozess komplett von vorne weg zu starten, sondern ein **Audit einer bestehenden Strategie** durchzuführen. Dadurch werden brauchbare Inhalte wiederverwendet und entsprechende Signale gesendet, nicht bei jedem Anlass alles neu zu erfinden. Es geht im Audit um folgende Themenbereiche:

- Erster Betrachtungspunkt sind die inhaltlichen Fragen einer Strategie. Gemeint sind die Strategieelemente über den gesamten Strategieprozess, also nicht nur die eigentliche Geschäftsfeld- oder Unternehmensstrategie. Gerade klare Leitplanken, eine schlüssige Beurteilung der Ausgangslage und vieldimensionale Optionen sind unerlässliche Voraussetzungen für eine solide Strategie. Fehlen diese, ist das Endresultat wahrscheinlich unvollständig.
- Die zweite Dimension des Audits ist der Prozess zur Erarbeitung, Umsetzung und Weiterentwicklung einer Strategie. Wesentlich ist hier die handwerkliche Seite, vor allem kompetentes Projektmanagement in der Führung des Strategieprozesses, die Klarheit über Entscheidungspunkte, die Ressourcensteuerung und die Abstimmung von Schnittstellen mit anderen relevanten Prozessen (Zielvereinbarung, Balanced Scorecard…).
- Drittens stehen die Konsequenzen der Strategie im Vordergrund. Im Sinne des »structure follows strategy« geht es um Vorgaben der Strategie für die Ablauf- und für die Aufbauorganisation. Für Führungskräfte sollten Ziele und Aufträge ableitbar sein, die ihren Beitrag für die Strategieumsetzung festlegen. Zusätzlich ist die Strategie Basis für die Führungskräfteentwicklung und das Reporting.

Der **Audit-Prozess** startet mit der Festlegung des Audit-Objekts. Dies sind etwa einzelne Geschäftsfelder, einzelne Funktionen oder die komplette Unternehmensstrategie. Das Audit besteht aus den angesprochenen Elementen: Inhalt, Prozess und Konsequenzen. Dies kann in Gruppenarbeit direkt entstehen oder über Interviews. Neben dem Festhalten des Status sind Vorschläge für das weitere Vorgehen zu erarbeiten. Mit diesen Maßnahmen wird die Audit-Lücke geschlossen und die Strategieentwicklung komplettiert.

Im Zuge der Umsetzung und Weiterentwicklung einer Strategie können selbstverständlich mehrere Audits für dasselbe Objekt durchgeführt werden. Im Zeitablauf entstehen immer wieder neue Anforderungen, die auch neue Methoden erforderlich machen. Auf keinen Fall darf aber aus dem Audit ein aufwändiger Prozess werden, der die Strategiearbeit erschwert oder behindert. Die besten Auditoren sind diejenigen Führungskräfte, die sich von einer Strategie eine Unterstützung für ihre Führungsfunktion erwarten.

Audit einer bestehenden Strategie: Checkliste

Element	Kernfragen für das Audit
1. Strategie-Inhalte	• Festlegung von Leitplanken bzw. Existenz eines Leitbildes • Ausrichtung zunächst am lösungsunabhängigen Kundenanliegen und einer entsprechend klaren Segmentierung des Geschäftes • klare Beurteilung der Ausgangslage, sowohl vom Markt herein (»outside-in«), wie von der Wertschöpfung nach außen (»inside-out«) • Diskussion und Entscheidung über Optionen – bezogen auf die Marktstellung, die Innovationsleistung und die Produktivitäten • Einbezug der sechs Schlüsselgrößen in die Ausarbeitung der Geschäftsfeld-, Unternehmens- und Funktionalstrategien: 1. Marktstellung, 2. Innovationsleistung, 3. Produktivitäten, 4. Attraktivität für gute Leute, 5. Liquidität, 6. Gewinn-Erfordernis • klare Geschäftsfeld-, Unternehmens-, Funktionalstrategien
2. Strategie-Prozess	• Existenz eines – zumindest – Minimalprozesses für die Erarbeitung, Umsetzung und Weiterentwicklung der Strategie • kompetentes Projektmanagement in der Prozessführung (Termine, Dokumentation...) • transparente, brauchbare und verfügbare Methoden für alle Phasen des Strategieprozesses • Klarheit über die Entscheidungspunkte im Prozess und frühzeitige Einbeziehung der Entscheider (bzw. Meinungsbildner) • Vorhandensein von Ressourcen zur Umsetzung • Schnittstellen des Strategieprozesses mit anderen strategierelevanten Prozessen der Organisation (Bsp. Zielvereinbarung, BSC...)
3. Strategie-Konsequenzen	• Strategie als Lastenheft für die Ablauforganisation (Kernprozesse, Prozessaufträge...) • Strategie als Lastenheft für die Aufbauorganisation (Funktionengestaltung, Stellengestaltung...) • ableitbare Ziele und Aufträge für Führungskräfte und für die wichtigsten Projektthemen • Strategie als wesentlicher Input für alle Fragen der Führungskräfte-Planung und der Führungskräfte-Entwicklung • Vorgaben für das Reporting, die Strukturierung und die Konsolidierung des Zahlenwerks (v.a. bezogen auf strategische Größen) • einheitliches Strategieverständnis bei den Führungskräften

Strategie-Audit:		Werkzeug
Strategie-Audit für:		
Element	**Resultat des Audit**	**weiteres Vorgehen**
1. Strategie-Inhalte		
2. Strategie-Prozess		
3. Strategie-Konsequenzen		

Strategie-Audit:	**Beispiel Versorgungs-Unternehmen**	
Ein kommunales Versorgungs-Unternehmen (EVU) erarbeitet eine Strategie. Dabei werden in den einzelnen Geschäftsfeldern »Strom«, »Gas« und »Wasser/Abwasser« Strategieaudits durchgeführt. Beiliegend findet sich das Audit für das Geschäftsfeld »Strom«.		
Strategie-Audit für:	**SGF »Strom«**	
Element	**Resultat des Audit**	**weiteres Vorgehen**
1. Strategie-Inhalte	• vorhanden: Leitbild (mit Leitplanken-Funktion), viele Analysen (aber ohne Schlussfolgerungen), Geschäftsfeldstrategie • Ergänzung: Beurteilung der Ausgangslage, Optionen, Ableitung der funktionalen Konsequenzen	• Ergänzung: Zusammenfassung der Ausgangslage (insbesondere Querverbindungen der bestehenden Analysen), Optionen, funktionale Konsequenzen
2. Strategie-Prozess	• kein einheitlicher Prozess für die Strategieentwicklung • kein Prozess für das Strategiecontrolling • gutes Projektmanagement • kein Methoden-Baukasten • Methoden-Kompetenz nur bei wenigen Personen	• Verständigung auf einen einheitlichen Strategieprozess (Gültigkeit für alle!) • komplette Neu-Entwicklung des Strategiecontrollings • Sammlung und Erstellung Methoden-Baukasten • kleine Methoden-Ausbildung für Führungskräfte
3. Strategie-Konsequenzen	...	...

4 Leitbild und Leitplanken für die Strategie

Eine Strategie ist eingebunden in den grundsätzlichen **Unternehmenszweck**, quasi in die »existenzielle Rechtfertigung« einer Organisation[17]. Dies bestimmt den Rahmen, innerhalb dessen eine Strategie erarbeitet werden kann. Es geht um prinzipielle Aussagen zum relevanten Markt, zu Kunden und Kundennutzen, zum Leistungsprogramm, zu einzelnen Schlüsselprozessen, zur Regionalität, zu Wertvorstellungen usw. Letztlich läuft alles auf die Frage hinaus, was der Kern des Geschäftes ist, wofür das Unternehmen steht und wofür der Kunde bereit ist, eine Rechnung zu bezahlen.

Der Unternehmenszweck ist damit nichts anderes als angewandte **Unternehmenspolitik**, d. h. die langfristige Ausrichtung der Organisation. In der Praxis gibt es unterschiedliche Begriffe, wie etwa Leitbild, Business Mission, Leitlinien oder Vision. Hier wird durchgängig der Ausdruck »Leitbild« verwendet. Über die Wahl der Worte kann vorzüglich akademisch debattiert werden, viel wichtiger aber ist die Funktion im Strategieprozess. Das Leitbild setzt einen Rahmen, innerhalb dessen die Strategie erarbeitet wird. Dies stellt kein Kreativitätshemmnis dar, sondern soll verhindern, dass das Strategieteam engagiert in eine Richtung arbeitet und am Ende grundsätzliche Meinungsverschiedenheiten mit den Entscheidungsträgern herrschen. Das Wissen um den Rahmen ist kein Denkverbot. Vorschläge, die darüber hinausgehen, müssen einfach sehr gut argumentiert sein. Wenn etwa bislang der deutschsprachige Raum die Geschäftsgrenzen markiert hat, so kann eine gut begründete und in der Strategie hinterlegte Marktentwicklung nach Skandinavien eine Veränderung im Leitbild selbst bewirken. Das Leitbild dient als Beurteilungsraster für die Auswahl der Optionen und die Priorisierung von Geschäftsfeld-Strategien bzw. von knappen Ressourcen. Die Resultate in den einzelnen Prozessphasen sind vor dem Hintergrund des Leitbildes zu prüfen und zu plausibilisieren. Sollte ein solches nicht vorliegen, kann derselbe Zweck mit sogenannten »Leitplanken« erfüllt werden.

1. Leitbild;
2. Leitplanken.

1. Leitbild

Das **Leitbild** ist die Ausformulierung des Geschäftszwecks, des Selbstverständnisses einer Organisation[18]. Es gibt drei Anknüpfungspunkte. Erstens geht es um die Antworten auf die Frage nach dem Markt, nach dem Bedarf. Ein Unternehmen rechtfertigt sich aus seiner Leistung für Kunden. Die Interessen der Eigentümer, des Managements oder der Mitarbeiter sind demgegenüber nachgelagert bzw. daraus abgeleitet. Zweitens ist durch das Leitbild darzulegen, wo die eigentlichen Stärken liegen. Es geht sowohl um markt- als auch um innengerichtete Stärken. Drittens sollte in einem Leitbild klar werden, wovon Management und Mitarbeiter überzeugt sind. Dies hat nichts mit Esoterik, Identifikation oder religiöser Hingabe an das Unternehmen zu tun. Zentral ist die Frage, wofür sich die Menschen, die eine Organisation bilden, einsetzen und wofür sie einstehen – gerade, wenn die Lage einmal kritisch sein sollte.

Die **Strukturierung des Leitbildes** kann nach unterschiedlicher Logik geschehen. Bewährt haben sich drei Gliederungsformen: Eine Möglichkeit nimmt die Idee der sechs Schlüsselgrößen auf. Grundaussagen werden getroffen bezüglich Marktstellung, Innovationsleistung, Produktivitäten, Attraktivität für gute Leute, Liquidität und Gewinn-Erfordernis. Eine zweite Möglichkeit nennt sich »vom Unternehmenszweck zur gesellschaftlichen Verantwortung«. Das Leitbild klärt folgende Kapitel: Unternehmenszweck, Kunden, Leistungen, Stärken, Organisation und Prozesse, Mitarbeiter und Führungskräfte, Wachstum und Gewinn, gesellschaftliche Verantwortung. Die dritte Möglichkeit bezieht sich auf den Grundgedanken der Wertschöpfungskette und formuliert unternehmenspolitische Aussagen nach: Einkauf, Forschung und Entwicklung, Leistungserstellung, Logistik, Vertrieb und Marketing, Führung, Personal, Organisation und Systeme.

In allen drei Strukturierungsmöglichkeiten sind die oben genannten Fragen nach Bedarf, Stärken und Überzeugung zu beantworten. Die Auswahl der Struktur hängt von der Größe der Organisation, der Branche und von der im Unternehmen verwendeten Systematik ab. Damit ist gemeint, dass sich die gewählte Struktur des Leitbildes möglichst auch in der Strategie, in den Bereichszielen und auch in den Zielen der Führungskräfte wiederfindet.

Strukturierung eines Leitbildes

Strukturierung...	Kapitel im Leitbild
... nach den sechs Schlüsselgrößen	• Marktstellung • Innovationsleistung • Produktivitäten • Attraktivität für gute Leute • Liquidität • Gewinn-Erfordernis
... vom Unternehmenszweck zur gesellschaftlichen Verantwortung	• Unternehmenszweck • Kunden • Leistungen • Stärken • Organisation und Prozesse • Mitarbeiter und Führungskräfte • Wachstum und Gewinn • gesellschaftliche Verantwortung
... nach den Wertschöpfungs-Stufen	• Einkauf • Forschung und Entwicklung • Leistungserstellung • Logistik • Vertrieb und Marketing • Führung • Personal • Organisation und Systeme

Bei der **Erarbeitung und Umsetzung eines Leitbildes** gibt es einige Erfolgsfaktoren, die sich branchenübergreifend bewährt haben.

Erfolgsfaktoren bei der Erarbeitung und der Umsetzung eines Leitbildes **Checkliste**
1. langfristige Orientierung 2. Ausrichtung am lösungsunabhängigen Kundenanliegen 3. einfache, klare, verständliche Formulierung 4. präzise, umsetzbare und überprüfbare Aussagen 5. Umsetzbarkeit (»Anschlussfähigkeit«) in eine mehrjährige Strategie oder unterjährig in Bereichs- bzw. individuelle Ziele

Die Funktion eines Leitbildes besteht darin, eine langfristige Orientierung zu geben. Das bedeutet, dass nicht das Tagesgeschäft oder einzelne Maßnahmen abgebildet werden, sondern die grundsätzliche Ausrichtung dargestellt wird, an der sich Strategie, Ziele und Maßnahmen auszurichten haben. Ein Anhaltspunkt kann beispielsweise das **lösungsunabhängige Kundenanliegen** sein, d. h. der Bedarf unabhängig von der hier und heute im Markt angebotenen Lösung[19]. In einem Leitbild eines Herstellers für Bohrmaschinen steht etwa: »Wir sind die Nummer eins im Befestigen.« In diesem Satz ist die heutige Marktleistung der Bohrmaschine enthalten. Gleichzeitig schließt der Satz auch übrige Techniken des Befestigens ein, die in einer Strategie erarbeitet werden können wie z.B. Dübeln, Nieten, Kleben, Schweißen. Der Kunde ist primär an einer Befestigungslösung interessiert und erst dann an der Bohrmaschine. Weiter zeichnet sich ein gutes Leitbild dadurch aus, was es einschließt, aber auch, was es ausschließt (Märkte, Kunden, Leistungen, Positionierung…). Erfahrungsgemäß ist die negative Abgrenzung viel schwieriger, führt aber zu deutlich mehr Transparenz.

Ein Leitbild muss klar und verständlich geschrieben sein. Zu vermeiden sind Allgemeinplätze (»Kundenorientierung«), Anglizismen (»Value Oriented Business Model«) oder Fremdwörter (»integrative Synergiepolitik«). Das entscheidende Kriterium ist, ob ein einfacher Mitarbeiter, ein Lieferant und vor allem der Kunde die Botschaft des Leitbildes versteht. Ein Lebensmittel-Einzelhändler formuliert etwa in seinem Leitbild: »Unsere Läden sind sauber, ordentlich und aufgeräumt.« **Verständlichkeit** ist die Voraussetzung für Umsetzung.

Leitbild	Werkzeug
Kapitel und Hauptaussagen	**Aussagen und Anforderungen für Strategie und Ziele**

Leitbild	Beispiel Software-Entwickler (1)
Ein Software-Entwickler für Produktionsbetriebe fasst sein Leitbild zusammen. Die Grundlogik entspricht den sechs Schlüsselgrößen. Das Leitbild hat die Funktion, für die Strategie und die jährlichen Zielgespräche als Leitfaden zu dienen.	
Kapitel und Hauptaussagen	**Aussagen und Anforderungen für Strategie und Ziele**
»01. Wir haben eine klare Vorstellung über unsere Märkte und Kunden.«	• Wir wissen, wofür der Kunde eine Rechnung bezahlt: für die Stabilität und für den Ausbau von Prozess-Sicherheit bzw. Produktivität in sämtlichen DV-unterstützten Abläufen. • In diesem Zusammenhang decken wir alle Applikationen ab: Qualität von Abläufen/Systemen/Hardware, Steigerung der Produktivität, Sicherstellung behördlicher Anforderungen, effiziente Dokumentationssysteme etc. • Unser Markt sind die produktionsorientierten Industrien mit Qualitätsfokus: Lebensmittel, Pharma und Chemie. Wir machen kein Geschäft in anderen Branchen (Laboratorien), Instituten und Behörden. • Unser Markt ist Westeuropa. Andere Regionen werden nur opportunistisch bearbeitet.
»02. Qualität und Innovation messen sich an der vom Kunden bezahlten Rechnung.«	• Wir positionieren uns über Qualität und sind preislich in allen Geschäftsaktivitäten im oberen Viertel der Wettbewerber. • Qualität bei bestehender Leistung und Innovation für neue Leistungen müssen sich an Folgendem orientieren: Lösung für den Kunden (Prozess-Sicherheit, Produktivität), umfassende Leistungskompetenz, maßgeschneiderte Lösungen, Beratungskompetenz, die besten Referenzen, Verlässlichkeit, Einhalten von Terminen bzw. Zusagen, kurze Reaktionszeiten, Qualifikation der Mitarbeiter. • Die vom Kunden bezahlte Rechnung und das gegenseitig aufgebaute Vertrauen ist Beweis und das einzige Kriterium für Qualität und Innovation. • Wir messen und vergleichen uns nur mit den Besten aus der Branche bzw. aus vergleichbaren Geschäften.

Leitbild	Beispiel Software-Entwickler (2)
Kapitel und Hauptaussagen	**Aussagen und Anforderungen für Strategie und Ziele**
»03. Wir sind unter den drei produktivsten Unternehmen der Branche.«	• Produktivität ist die ständige Verbesserung unserer Produktivitätshebel: effizienter Einsatz unserer Methoden und unseres Wissens, möglichst hohe Standardisierung unserer Prozesskette (Angebote, Durchführung, Abschluss, Verrechnung...), indirekte Kosten von maximal 12 Prozent des Umsatzes. • Die Eckpunkte unserer Erlöspolitik sind: Pro Berater realisierte Tagsätze von 2`000 Euro bei 160 verkauften Tagen pro Jahr. • Kooperationen gehen wir nur ein, wenn wir die Projekte führen, die Qualität und die Produktivität gehalten werden kann. Wir sind bei Kooperationen grundsätzlich skeptisch.
»04. Kompetente Führung und Leistungsorientierung sind die Basis für die Zufriedenheit unserer Mitarbeiter.«	• Jeder Mitarbeiter hat Anspruch auf ein leistungsorientiertes Umfeld und auf kompetente Führung. • Wir erwarten von unseren Mitarbeitern und Führungskräften: kompromisslose Orientierung am Kundennutzen, Leistungsbereitschaft, Verlässlichkeit, Verantwortung, fachlich-methodische Kompetenz, Beratungskompetenz, die Fähigkeit in Teams zu arbeiten und dort produktiv zu sein, Flexibilität bzgl. Einsatz, hohe Eigenverantwortung, Klarheit in Denke, Ausdruck und Schrift. • Überdurchschnittliche Entlohnung und ein professionelles Arbeitsklima sind Resultat unserer Leistungsorientierung.
»05. Liquidität und Gewinn sind Ausdruck unserer Unabhängigkeit und der Richtigkeit unseres geschäftlichen Tuns.«	• Eine solide finanzielle Basis ermöglicht uns Unabhängigkeit von Banken. • Wir erreichen eine Umsatzrendite von 30 Prozent und sichern damit Liquidität und die Finanzierung von Neuentwicklungen und Wachstum. • Cash-Management, Rechnungstellung und Mahnwesen funktionieren zeitnah und professionell.

Gute Leitbilder zeichnen sich durch **Anschlussfähigkeit** aus. Gemeint ist, dass jede Aussage präzise, umsetzbar und überprüfbar sein muss. Das Leitbild gibt damit eine langfristige Orientierung vor, die mehrjährig durch die Strategie und jährlich durch Bereichs- oder individuelle Ziele zu hinterlegen ist. Im Leitbild eines Logistikers steht etwa: »Wir liegen bei den Qualitätswerten ›Flexibilität‹, ›Liefertreue‹ und ›Kundenzufriedenheit‹ konstant unter den drei besten der Branche.« Diese Aussage ist langfristig gültig, wird von allen verstanden, kann in die einzelnen Geschäftsfeld-Strategien und in Jahresziele eingebaut werden und ist überprüfbar. Damit erübrigt sich – fast automatisch – die Forderung nach breiter Kommunikation und nach dem »Vorleben durch die Führungskräfte«. Wenn die wichtigsten Aussagen eines Leitbildes über die Strategie bis in die Jahresziele der Führungskräfte und Mitarbeiter einfließen, dann schließt sich der Kreis zwischen dem Außen (Markt) und dem Innen (Organisation), zwischen langfristig und unterjährig, zwischen dem Unternehmen und der einzelnen Person. Das Leitbild ist nicht nur erarbeitet und in einer Broschüre gedruckt. Es wird auch verstanden und umgesetzt.

2. Leitplanken

Liegt kein Leitbild als Orientierungspunkt für die Strategieentwicklung vor, sind vor der Beurteilung der Ausgangslage zumindest **Leitplanken** zu erarbeiten. Dies kann auch dann erforderlich sein, wenn sich ein bestehendes Leitbild für den Strategieprozess nicht eignet, weil es unverständlich, zu allgemein oder falsch ist. Leitplanken liegen implizit immer vor, wenn eine Organisation Leistungen erbringt, weil alle beteiligten Personen und insbesondere die Verantwortungsträger eine Ansicht zum Geschäft, zu den Märkten, den Produkten usw. haben. Werden Leitplanken erarbeitet, kanalisieren sie die Strategieentwicklung und geben erste Hinweise auf mögliche Themen und Optionen. Auch für die Leitplanken gilt, dass es sich um keine Denkverbote handelt. Zumindest ist aber vorher bekannt, wann eine Grenze überschritten ist und dass sehr gute Argumente gebraucht werden. Mit den Instrumenten der Geschäftsabgrenzung und des Wertvorstellungsprofils können die Leitplanken erarbeitet werden.

Durch die **Geschäftsabgrenzung** werden systematisch Fragestellungen angestoßen, die einen Bezug zum Geschäftszweck und damit für die nachfolgende Strategieentwicklung haben. Die Grundlogik ist im Prinzip dieselbe wie im Leitbild. In dreifacher Weise kann die Geschäftsabgrenzung strukturiert werden:

Strukturierung der Geschäftsfeldabgrenzung **Checkliste**

1. Geschäftsabgrenzung über die sechs Schlüsselgrößen: Marktstellung, Innovationsleistung, Produktivitäten, Attraktivität für gute Leute, Liquidität und Gewinn-Erfordernis,
2. Geschäftsabgrenzung »vom Unternehmenszweck zur gesellschaftlichen Verantwortung«: Unternehmenszweck, Kunden, Leistungen, Stärken, Organisation und Prozesse, Mitarbeiter und Führungskräfte, Wachstum und Gewinn, gesellschaftliche Verantwortung,
3. Geschäftsabgrenzung über die Wertschöpfungs-Kette: Einkauf, Forschung und Entwicklung, Leistungserstellung, Logistik, Vertrieb und Marketing, Führung, Personal, Organisation und Systeme.

Für den **Erarbeitungsprozess der Geschäftsabgrenzung** empfiehlt es sich, in einem ersten Schritt mit den maßgeblichen Verantwortungs- und Entscheidungsträgern Interviews anhand der ausgewählten Struktur zu führen. Entscheidungsträger sind Vorstände, Eigentümer, Belegschaftsvertreter oder wichtige Kooperationspartner. Der Mix muss spezifisch für jede Organisation festgelegt werden. Jedes Thema wird in einer Kernaussage zusammengefasst. Gleichzeitig wird der mögliche Variantenraum abgegrenzt mit den Fragen »Was wollen wir?« und »Was wollen wir nicht?«. Beides soll auch dazu dienen, das sogenannte implizite Wissen bzw. die impliziten Meinungen aufzuschreiben. Es handelt sich hier um Aussagen, von denen geglaubt wird, sie seien selbstverständlich oder vorgegeben. In der Praxis führt dies zu spannenden Diskussionen, weil zwar jede Führungskraft in sich ein geschlossenes »Geschäftsbild« hat, dies aber mit dem der anderen nicht zwingend zusammenpasst – nach dem Sprichwort »Alle wissen, was gemeint ist, jeder meint aber etwas anderes.« In der Diskussion der Geschäftsabgrenzung kommen automatisch erste Vorschläge für die Strategie. Diese sollen bewusst aufgenommen, aber noch nicht diskutiert werden. Spätestens in der Optionenphase wird der so entstandene Themenspeicher behandelt. Die Resultate der Interviews werden anonymisiert zusammengefasst und als Vorschlag pointiert zugespitzt. Abschließend wird in einer Sitzung mit den Interviewpartnern der Vorschlag diskutiert, ergänzt und verabschiedet.

Geschäftsabgrenzung	Werkzeug
Kapitel	
Kernaussage	
1. Was wollen wir?	
2. Was wollen wir nicht?	
3. Themenspeicher für den Strategieprozess	

Geschäftsabgrenzung **Beispiel Versicherung**

Eine Versicherung erarbeitet die Geschäftsabgrenzung und verwendet dabei die Strukturierung »vom Unternehmenszweck zur gesellschaftlichen Verantwortung«. Als Kapitel werden gewählt: Unternehmenszweck, Kunden, Leistungen, Stärken, Organisation und Prozesse, Mitarbeiter und Führungskräfte, Wachstum und Gewinn, gesellschaftliche Verantwortung. Das Resultat für das Kapitel »Leistungen« ist nachfolgend dargestellt.

Kapitel	**»Leistungen«**
Kernaussage	Wir sind als Universalversicherung unter den Top-Drei in allen Geschäftsfeldern und in allen Altersgruppen vertreten.
1. Was wollen wir?	• (weiterhin) Universalversicherung mit den Leistungsfeldern: Privat-, Haushalts-, Rechtschutz-, PKW-, Gesundheits-, Unfall-, Pensionsversicherung • aufschließen unter die Top-Drei Versicherer in den bisher vernachlässigten Feldern der Gesundheits- und Pensionsversicherung • (weiterhin) Fokussierung auf den deutschsprachigen Raum • moderneres Image und professionelleres Auftreten, v.a. bei den Zielgruppen der unter 30-Jährigen
2. Was wollen wir nicht?	• andere Arten der Vermögensverwaltung und -anlage als in den bisherigen • hochriskante Rückversicherung oder Vermögensanlage (Anlagepakete mit durchgängigem Hedging) • Engagement im nicht deutschsprachigen Ausland
3. Themenspeicher für den Strategieprozess	• Marktdurchdringung und Marktanteilsgewinn in den Geschäftsfeldern »Gesundheitsversicherung« und »Pensionsversicherung« von 1% p.a. bis 200x • Marktentwicklung v.a. bei den unter 30-Jährigen in allen Versicherungsfeldern • stärkere Produktentwicklung für integrierte Versicherungspakete • neue und durchgängige Absicherung für die Rückversicherung und die Kapitalanlage • Prüfung und Verbesserung des Betreuungskonzepts in den ländlichen B- und C-Bereichen

Ein weiteres Instrument zur Erarbeitung der Leitplanken ist das **Wertvorstellungsprofil**[20]. Aufgebaut ist das Wertvorstellungsprofil aus sogenannten Faktoren und den jeweiligen Ausprägungen. Die Faktoren beschreiben die wichtigsten strategischen Fragen, die nach der Grundlogik der sechs Schlüsselfaktoren gegliedert sind. In der Erarbeitung des Wertvorstellungsprofils sind diese Faktoren zuerst abzuklären und je nach Organisation spezifisch anzupassen. Erfahrungsgemäß kommen hier schon viele entscheidende Impulse, vor allem über wichtige Fragestellungen, auf die derzeit noch keine Antworten vorhanden sind. Zu jedem Faktor sind anschließend Ausprägungen anzugeben, die erreicht werden können. Diese sind je nach Faktor unterschiedlich gelagert. Wichtig ist, dass im Variantenraum alle denkbaren Ausprägungen angesprochen sind. Auf dieser Basis ist das Wertvorstellungsprofil zu erstellen.

In den **Erarbeitungsprozess des Wertvorstellungsprofils** sind die wichtigsten Entscheidungsträger involviert. In der Praxis sollte das Profil nicht über ein bis zwei Seiten gehen. Wichtig sind die Diskussion und eine gemeinsame Verständigung auf die Bewertung. Wenn Dissens in wichtigen strategischen Kernfragen vorhanden ist, müssen diese Punkte gesondert geklärt sein. Das Wertvorstellungsprofil kann unterschiedlich eingesetzt werden. Es ist ein Instrument der Standortbestimmung, wenn die Ist-Situation dargestellt wird. Ergänzend dazu kann die Frage nach der zukünftigen Ausprägung, also das Soll, aufgezeigt werden. Aus der Differenz ergeben sich dann entsprechende Handlungserfordernisse bzw. der Themenspeicher für die Strategie. Wenn ein Dienstleistungsunternehmen überdurchschnittlich wachsen will, so werden etwa die Prozesse der Auftragsgewinnung und der Personalentwicklung erfolgskritisch sein. In der Ausgestaltung der Strategie ist darauf besonders zu achten. Bei der Umsetzung der Strategie ist das Profil auch eine Kriterienliste zur Überprüfung der Erfolgswirksamkeit.

Wertvorstellungsprofil **Werkzeug**

Faktor	**Ausprägung**			
1. relative Qualität aus Kundensicht	unter Wettbewerbsschnitt ____ %	im Wettbewerbsschnitt	über Wettbewerbsschnitt ____ %	
2. Marktstellung	____ größter	3. größter	2. größter	1. größter
3. absoluter Marktanteil	rückläufig ____ % p.a.	gleich	steigend ____ % p.a.	
4. Umsatz	rückläufig ____ % p.a.	gleich	moderat wachsend ____ % p.a.	stark wachsend ____ % p.a.
5. Bedeutung Marktdurchdringung	keine	geringe ____ % vom Umsatz	große ____ % vom Umsatz	sehr große ____ % vom Umsatz
6. Bedeutung Marktentwicklung	keine	geringe ____ % vom Umsatz	große ____ % vom Umsatz	sehr große ____ % vom Umsatz
7. Bedeutung Produktentwicklung	keine	geringe ____ % vom Umsatz	große ____ % vom Umsatz	sehr große ____ % vom Umsatz
8. relative Kostenposition	über Wettbewerbsschnitt ____ %	im Wettbewerbsschnitt	unter Wettbewerbsschnitt ____ %	
9. Investment-Intensität	über Wettbewerbsschnitt ____ %	im Wettbewerbsschnitt	unter Wettbewerbsschnitt ____ %	
10. Attraktivität für gute Leute	unter Wettbewerbsschnitt	im Wettbewerbsschnitt	über Wettbewerbsschnitt	
11. Cashflow	rückläufig ____ % p.a.	gleich	leicht steigend ____ % p.a.	stark steigend ____ % p.a.
12. Betriebsergebnis	rückläufig ____ % p.a.	gleich	leicht steigend ____ % p.a.	stark steigend ____ % p.a.
13. Eigentumsverhältnisse	Einzelbesitz	Familienbesitz	wenige Eigentümer	Publikumsgesellschaft

Wertvorstellungsprofil — Beispiel Stoffindustrie

Ein Unternehmen in der gehobenen Textilproduktion (Objektstoffe) steht vor großen strategischen Herausforderungen (Marktentwicklung, Innovation...). Zu Beginn der Strategieentwicklung werden die wichtigsten Orientierungspunkte in Form eines Wertvorstellungsprofils erarbeitet. Dieses wird als Ist- und als Sollprofil dargestellt. Der Arbeitsauftrag für die Strategie lautet, die Soll-Vorstellungen kritisch zu prüfen (v.a. unter Marktgesichtspunkten), Ziele zu formulieren und Mittel und Maßnahmen zur Zielerreichung aufzuzeigen.

Ist | Soll

Faktor	Ausprägung			
1. relative Qualität aus Kundensicht	unter Wettbewerbsschnitt ____ %	im Wettbewerbsschnitt	über Wettbewerbsschnitt 15%	
2. Marktstellung	5. größter	3. größter	2. größter	1. größter
3. absoluter Marktanteil	rückläufig ____ % p.a.	gleich	steigend 2% p.a.	
4. Umsatz	rückläufig ____ % p.a.	gleich	moderat wachsend 4% p.a.	stark wachsend ____ % p.a.
5. Bedeutung Marktdurchdringung	keine	geringe ____ % vom Umsatz	große 80% vom Umsatz	sehr große 95 % vom Umsatz
6. Bedeutung Marktentwicklung	keine	geringe 5% vom Umsatz	große ____ % vom Umsatz	sehr große ____ % vom Umsatz
7. Bedeutung Produktentwicklung	keine	geringe ____ % vom Umsatz	große 15% vom Umsatz	sehr große ____ % vom Umsatz
8. relative Kostenposition	über Wettbewerbsschnitt ____ %	im Wettbewerbsschnitt	unter Wettbewerbsschnitt ____ %	
9. Investment-Intensität	über Wettbewerbsschnitt ____ %	im Wettbewerbsschnitt	unter Wettbewerbsschnitt ____ %	
10. Attraktivität für gute Leute	unter Wettbewerbsschnitt	im Wettbewerbsschnitt	über Wettbewerbsschnitt	
11. Cashflow	rückläufig ____ % p.a.	gleich	leicht steigend ____ % p.a.	stark steigend ____ % p.a.
12. Betriebsergebnis	rückläufig ____ % p.a.	gleich	leicht steigend 2% p.a.	stark steigend ____ % p.a.
13. Eigentumsverhältnisse	Einzelbesitz	Familienbesitz	wenige Eigentümer	Publikumsgesellschaft

Ebenso wie das Leitbild dienen Leitplanken der Kanalisierung der Strategie. Nachdem gewichtige Fragen des Außen- und Innenverhältnisses angesprochen sind, stellt dieses auch eine Dokumentation und Prüfung der **Unternehmenskultur** dar. Ohne Leitbild oder Leitplanken kann zwar eine Strategie auf rein rationaler Ebene erarbeitet werden, es fehlen aber der normative Unterbau, der Einbezug der maßgeblichen Personen und letztlich auch der Sinnbezug. Die Leitplanken – entweder als Geschäftsabgrenzung oder als Wertvorstellungsprofil – sind im Prinzip nichts anderes als ein Gerüst des Leitbildes. Sie legen den Geschäftszweck einer Organisation fest und werden von den Entscheidungsträgern definiert. Die Ausformulierung als Leitbild ist in weiterer Folge relativ einfach, weil die sachlichen Grundlagen vorhanden sind.

Ist das gemeinsame **Grundverständnis für Strategie** bzw. den Strategieprozess hergestellt und liegen Leitbild oder Leitplanken vor, dann kann in die Phase »Beurteilung der Ausgangslage« gestartet werden.

Anmerkungen

1 Vgl. den Transformationsprozess in: *Malik, F.*, Management. Das A und O des Handwerks, Frankfurt 2005, S. 103 ff.
2 Vgl. zum PIMS-Programm: *Buzzell, R./Gale, B.*, Das PIMS Programm, Wiesbaden 1989, S. 1 und S. 15 ff.
3 Vgl. den historischen Überblick zum Thema Strategie in: *Mintzberg, H.*, Strategy Safari, Frankfurt 2002, S. 16 ff.
4 *Ulrich, H.*, Gesammelte Schriften, Band 1, Bern-Stuttgart-Wien 2001, S. 209, S. 409 und S. 416.
5 Vgl. *Gälweiler, A.*, Strategische Unternehmensführung, Frankfurt 1990, S. 34 und *Malik, F.*, malik on management m.o.m.®-letter, Nr. 1995/01, Das Cockpit des Managers, S. 4 ff.
6 Vgl. Malik, F., malik on management m.o.m.®-letter, Nr. 1998/01, Strategische Irreführung durch operative Daten, S. 6 ff.
7 Vgl. *Malik, F.*, Management. Das A und O des Handwerks, Frankfurt 2005, S. 158.
8 Die Konkretisierung des Unternehmenszwecks findet sich etwa in: *Müller-Stewens, G./ Lechner, C.*, Strategisches Management, Stuttgart 2003, S. 235.
9 Zum Überblick über Modelle der Corporate Governance und der Kritik am Shareholder-Value vgl. *Malik, F.*, Wirksame Unternehmensaufsicht, Frankfurt 1997, S. 105 ff.
10 Zum Methodeneinsatz vgl. *Eden, C./Ackermann, F.*, Making strategy, London 1999.
11 *Ulrich, H.*, Gesammelte Schriften, Band 5, Bern-Stuttgart-Wien 2001, S. 459ff.
12 Die Entscheidungsthematik findet sich in: *Ulrich, H.*, Gesammelte Schriften, Band 1, Bern-Stuttgart-Wien 2001, S. 175.
13 Vgl. *Drucker, P.*, Sinnvoll wirtschaften. Notwendigkeit und Kunst, die Zukunft zu meistern, Düsseldorf 1997, S. 148 und S. 192 ff.
14 Strategie ist vor diesem Hintergrund nichts anderes als Umgang mit Komplexität. Vgl. hierzu etwa *Beer, S.*, Diagnosing the system for organizations, Chichester 1985, S. ix.
15 *Malik, F.*, Management. Das A und O des Handwerks, Frankfurt 2005, S. 159.
16 Vgl. *Ulrich, H.*, Gesammelte Schriften, Bände 2, Bern-Stuttgart-Wien 2001, S. 127.
17 Zur Bedeutung und Sinnstiftung der Business Mission vgl. *Luhmann, N.*, Soziale Systeme, Frankfurt 1984, *Willke, H.*, Systemtheorie I: Eine Einführung in die Grundprobleme der Theorie sozialer Systeme, Stuttgart 1993.
18 Vgl. die Eckpunkte der Business Mission in: *Drucker, P.*, Managing the Non-Profit Organization, New York 1990, S. 7.
19 Das lösungsunabhängiges Kundenanliegen findet sich in: in: *Gälweiler, A.*, Strategische Unternehmensführung, Frankfurt 1990, S. 46.
20 Vgl. *Ulrich, H.*, Gesammelte Schriften, Bände 2, Bern-Stuttgart-Wien 2001, S. 229 ff.

Phase 1: Beurteilung der Ausgangslage

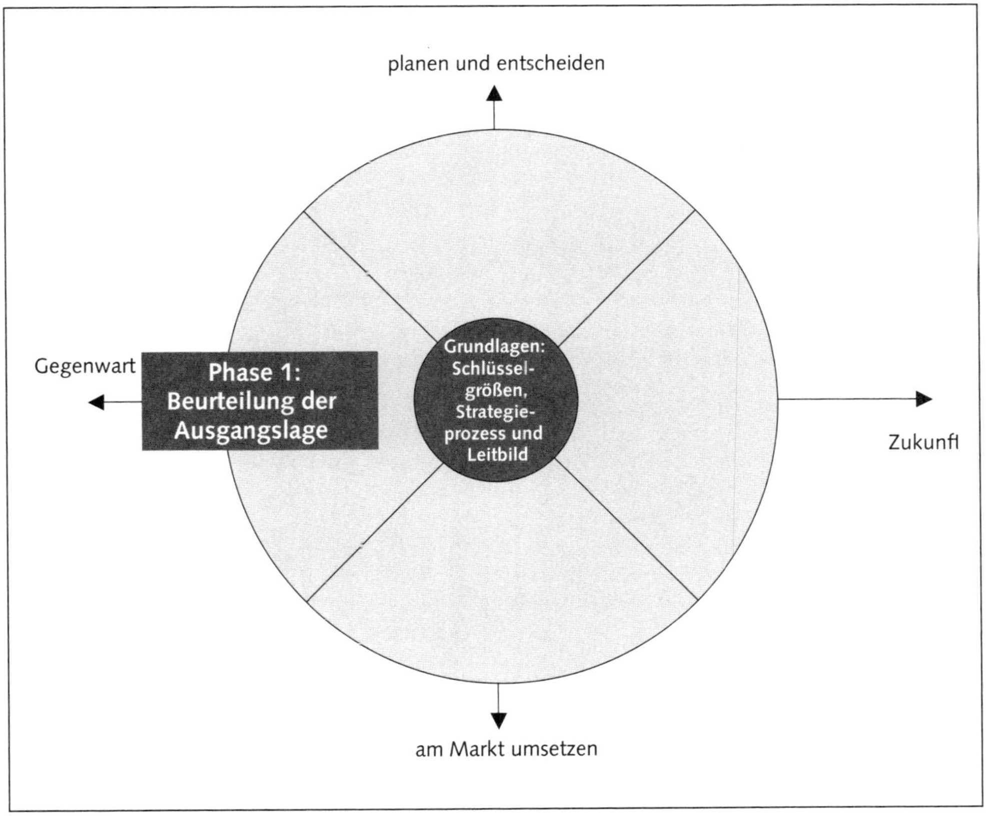

5 Segmentierung, Marktcockpit und Substitution

Bezugspunkt einer Strategie ist zunächst das Geschäft und (noch) nicht das Unternehmen[1]. Diese Feststellung ist keine akademische Wortklauberei, sondern die Anwendung des Themas Strategie auf den Markt, den Kunden, die Konkurrenz und die Leistungen. Ein Unternehmen kann in vielen verschiedenen **strategischen Geschäftsfeldern (SGF)** tätig sein. Die Konsequenz lautet, für jedes dieser SGF in einem ersten Schritt eine Strategie zu erarbeiten: Beurteilung der Ausgangslage, Erarbeitung von Strategieoptionen, Entwicklung der Geschäftsstrategie. Im Anschluss daran sind die Strategien zu bündeln und in Form einer Unternehmens- und Funktionalstrategie zu konsolidieren. Die einzige Ausnahme besteht darin, wenn ein kleines Unternehmen in nur einem Geschäft tätig ist. In diesem Fall besteht Identität zwischen Unternehmen und Geschäftsfeld. Damit die Ausgangslage beurteilt werden kann und die Strategieentwicklung richtig »justiert« ist, sind zwei Themen zu erarbeiten.

1. *Segmentierung,*
2. *Marktcockpit,*
3. *Substitutions-Kurve.*

1. Segmentierung
Eine Strategie sichert die Existenzfähigkeit und den Erfolg einer Organisation in einem Geschäft. Die strategische Führung orientiert sich daher an den Schlüsselgrößen für die Gesundheit eines Geschäftes: Marktstellung, Innovationsleistung, Produktivitäten, Attraktivität für gute Leute, Liquidität und Gewinn-Erfordernis. Damit richtet sich eine Strategie an der langfristigen Lebensfähigkeit von Organisationen in einem Geschäft aus und nicht an der kurzfristigen Maximierung von Geldgrößen. Was ist also ein Geschäft? Und wie muss die **Segmentierung** aussehen? Der einzig richtige Weg liegt im konsequenten Durchdenken des Geschäftes anhand der von Peter Drucker gestellten Frage »In welchem Geschäft sind wir wirklich?« (»What business are we really in?«). Damit sind die wichtigsten Kriterien der Segmentierung angesprochen.

Erstens ist das sogenannte »**lösungsunabhängige Kundenanliegen**«[2] zu klären. Gemeint ist die Frage, wofür der Kunde heute und künftig eine Rechnung bezahlt. Dies betrifft einen Nutzen, der unabhängig von der hier und heute vorliegenden Lösung definiert ist. Die Leistungen sind nur das Vehikel dazu. Die Kernfrage lautet: »Wofür ist der Kunde bereit, eine Rechnung zu bezahlen?« Für einen Hersteller von Bohrmaschinen ist das lösungsunabhängige Kundenanliegen »für Befestigung sorgen«. Die Lösungen können über Bohren, Nieten, Dübeln, Kleben... erreicht werden. Damit liegt das strategisch relevante Geschäftsfeld vor. Der Kunde kauft nicht ein Produkt (Bohrmaschine), sondern zahlt einen Nutzen (Befestigen). Die Bohrmaschine konkurriert natürlich unmittelbar mit Bohrmaschinen anderer Hersteller.

Die Systemkonkurrenz betrifft aber andere Lösungswege, wie etwa Technologien des Nietens, Dübelns, Klebens. Ein Unternehmen kann hundert Prozent Marktanteil bei Bohrmaschinen haben. Wenn diese Technologie von einer anderen substituiert wird, verliert das Unternehmen seine Geschäftsgrundlage.

Zweitens schließt – wie eben aufgezeigt – die Segmentierung nicht nur den heutigen Wettbewerb in der Branche, sondern auch den künftigen und den aus anderen Branchen ein. **Substitution**[3] ist in vielen Fällen viel gefährlicher als die bekannte Konkurrenz innerhalb der Branche, weil sie von außen kommt und Führungskräfte üblicherweise immer das Geschäft hier und heute vor Augen haben. Eine Segmentierung hat also auch mögliche Substitution mit einzubeziehen und den Geschäftszweck grundsätzlich festzuschreiben – über das lösungsunabhängige Kundenanliegen und den Nutzen.

Drittens sind die **Dimensionen der Segmentierung** zu klären und ein Entscheid zu treffen. Segmentiert werden kann nach folgenden Kriterien: Kunden (Kundengruppen, Branchen), Leistungen (Produkte und Dienstleistungen), Vertriebskanäle, Region. Nach Kunden bzw. Kundengruppen segmentiert sind beispielsweise Banken. Die SGF nennen sich dort »Privatkundengeschäft«, »Industrie- und Gewerbekundengeschäft«, »Ausländische Kunden«, »öffentliche Hand« usw. Nach Leistungen segmentieren sich etwa Krankenhäuser. Die SGF sind »interne Medizin«, »Chirurgie«, »HNO«, »Kindermedizin« etc. Nach Vertriebskanälen sind zum Beispiel die Segmente eines Lebensmittel-Herstellers gegliedert: Supermarkt, Discount, Großverbrauchergeschäft, Detaillisten (Kioske). Regional segmentiert sind etwa Logistiker. Die SGF nennen sich nach Regionen (kleine Logistiker) oder Kontinenten (große Logistiker). Der entscheidende Punkt ist die Identifikation der Dimension. Es geht letztlich um die Frage »Wie tickt das Geschäft?« Um die richtige Dimensionierung zu erarbeiten, ist zunächst das Geschäft ganz bewusst in alle genannten Kriterien nach Kunden, Leistungen, Vertriebskanälen und Regionen einzuteilen. Anschließend ist die jeweilige Dimension zu bewerten. Die Bewertungsfragen sind in beiliegender Liste zusammengefasst. Im Vordergrund steht eine pragmatische Diskussion der möglichen Segmentierungen und eine gemeinsame Verständigung am Schluss.

In der Praxis soll der Diskussion über die richtige Segmentierung genügend Zeit eingeräumt werden, weil die Konsequenzen nachhaltig sind: Für jedes Geschäftsfeld ist eine eigene Geschäftsstrategie zu entwickeln. Danach werden sich auch die Organisation und die Führung ausrichten. Wenn etwa ein Großhandels-Unternehmen eine regionale Segmentierung wählt, dann werden im weiteren Strategieprozess je eine Strategie für die Geschäftsfelder »Deutschland«, »Schweiz/Österreich«, »Frankreich/Benelux«, »CEE« und »Italien« erarbeitet. Die Aussage lautet, dass die Segmente in sich geschlossen sind und dass die Geschäfte »anders ticken«. Vor allem wird festgehalten, dass eine **wirksame Führung** in den Geschäften stattfindet, wenn in dieser Art und Weise segmentiert wird. Jedes einzelne Segment kann anschließend mit einem Segment-Cockpit dargestellt werden. Es geht um eine knappe Darstel-

Entscheidungshilfe für die richtige Segmentierung — **Checkliste**

1. Wird durch die Segmentierung eine Konzentration auf den Kunden, insbesondere auf das »lösungsunabhängige Kundenanliegen« und die Wettbewerbskräfte möglich?
2. Führt die Segmentierung zu mehr Überblick und besserer Fokussierung bzgl. Kunden(gruppen) und Vermarktung?
3. Ist für das Segment eine eigenständige Marktleistung darzustellen?
4. Wird durch die Segmentierung mehr Transparenz für den heutigen und künftigen Wettbewerb geschaffen (Konkurrenz aus der eigenen Branche oder aus anderen Branchen, Substitution…)?
5. Inwieweit wird durch die Segmentierung Konkurrenz umgangen bzw. neue Konkurrenz geschaffen?
6. Kann für die einzelnen Segmente eine Geschäftsstrategie erarbeitet und umgesetzt werden?
7. Ist die Zuordnung der sechs Schlüsselgrößen auf die Segmente möglich (d. h.: Marktstellung, Innovationsleistung, Produktivitäten, Attraktivität für gute Leute, Liquidität und Gewinn-Erfordernis)?
8. Führt die Segmentierung zu einer besseren Darstellung und Zuordnung der Führungsinformationen und des Zahlenwerkes (Marktcockpits, Deckungsbeitrags-Rechnung, Gewinn- und Verlustrechnung…)?
9. Wäre es an sich möglich, aus jedem Segment ein eigenständiges Unternehmen zu machen?
10. Führt die Segmentierung zu klarer Verantwortlichkeit für Resultate?
11. Kann das Geschäft wirksamer geführt werden als bisher?
12. Bestehen genügend kompetente Führungskräfte zur Steuerung der Segmente? Wie lange dauert es, bis solche entwickelt und einsatzfähig sind?

lung der Situation anhand der Logik der sechs Schlüsselgrößen. Gleichzeitig wird ein Themenspeicher für die weitere Strategieentwicklung erarbeitet. Die Vorschläge fließen in die Optionenphase ein.

Durch Segmentierung entstehen quasi »Mini-Unternehmen«, sogenannte **ergebnisverantwortliche Einheiten (EVE)**. Der Vorteil besteht darin, dass sich die Führung in den Geschäftsfeldern klar konzentrieren und fokussieren kann und dass eigenständige Strategien möglich sind. Damit führt Segmentierung[4] zu einer besseren Steuerung der Komplexität des Marktes, zu mehr Verantwortung, klareren Kompetenzen und zur Ausrichtung des Unternehmens auf das Geschäft, den Kunden und den Wettbewerb – und nicht auf Befindlichkeiten oder Interessen von Shareholdern, Führungskräften oder Mitarbeitern.

Segment-Cockpit		Werkzeug
Segment-Cockpit für:		
Schlüsselgröße	**Ausgangslage**	**Themenspeicher**
1. Marktstellung		
2. Innovationsleistung		
3. Produktivitäten		
4. Attraktivität für gute Leute		
5. Liquidität		
6. Gewinn-Erfordernis		

Segment-Cockpit	Beispiel Großhandel (1)

Ein Großhandels-Unternehmen segmentiert sich nach der Dimension »Region« und hat demzufolge fünf Geschäftsfelder: »Deutschland«, »Schweiz/Österreich«, »Frankreich/Benelux«, »CEE« und »Italien«. Bevor die Strategieentwicklung für die einzelnen SGF startet, werden die Segmente bzgl. Ausgangslage, offener Fragen und Themenspeicher für die Strategie kurz dargestellt. Beiliegend findet sich das Segment-Cockpit für das SGF »Deutschland«.

Segment-Cockpit für:	**Deutschland**	
Schlüsselgröße	**Ausgangslage**	**Themenspeicher**
1. Marktstellung	• Umsatz: 180 Mio Euro • Marktanteil: ca. 12% • Stammkundenanteil: 75% • Qualitätsposition: oberer Durchschnitt • Preisposition: ca. 10% unter Wettbewerbsschnitt	• Marktdurchdringung auf 14% Marktanteil bis 200x • Marktentwicklung in Bundes-Ländern X, Y, Z • Halten Qualitätsposition • Voraussetzungen schaffen für weitere Preissenkung
2. Innovations-leistung	• bislang keine innovativen Lösungen aus Kundensicht • Vernachlässigung von Innovationen im Geschäftsmodell (Abläufe, Aufnahme zusätzlicher Leistungen)	• Einführung von 1 bis 2 Innovationen für Kundenprozesse mit deutlicher Honorierung beim Kunden • bessere Imitation von innovativen Lösungen der Konkurrenz
3. Produktivitäten	• klare Kostenführerschaft, schlanke Prozesse • Wertschöpfung: 8% • MA-Produktivität: 600.000 Euro • gesamte Logistik in eigener Hand (Fuhrpark, Läger, Disposition)	• weitere, konsequente Produktivitätsverbesserung: v.a. Einkaufs- und Fakturierungsprozesse, Läger in X, Y, Z • Steigerung MA-Produktivität auf 650.000 Euro

Segment-Cockpit		Beispiel Großhandel (2)
Schlüsselgröße	**Ausgangslage**	**Themenspeicher**
4. Attraktivität für gute Leute	• keine hohe Attraktivität bei Bewerbern • niedrige Fluktuationsrate • Druck auf Resultate, Karrierechancen für Leistungsträger • keine Personal- und Führungskräfteentwicklung	• Aufbau Mitarbeiter- und Führungskräfteentwicklung • Aufbau Personalmarketing bzw. mehr Sichtbarkeit in relevanten Ausbildungs-Institutionen • 1-2 gemeinsame Projekte mit Fachhochschule X
5. Liquidität	• professionelles Cash-Management • Forderungsausfälle unter 0.5% des Umsatzes • durchschnittlicher Zahlungseingang: 3 Wochen	• keine
6. Gewinn-Erfordernis	• ROI: 18% (ROS: 1.5%, Kapitalumschlag: 12) • Eigenfinanzierungsgrad weit über Branchenschnitt • gutes Verhältnis mit und keine Abhängigkeiten von Banken • zu geringe Beherrschung des Zahlenwerks bei Führungskräften	• Steigerung ROS auf 1.8% bis 200x • Einführung Profit-Center-Rechnung für Verkaufsgebiete bis 200x • Steigerung der Controlling-Kompetenz bei Führungskräften

2. Marktcockpit
Strategie dient der wirksamen Steuerung von Geschäften. Geschäfte wiederum sind segmentiert und beziehen sich auf Märkte. Zur Beurteilung der Ausgangslage ist es erforderlich, in einem **Marktcockpit** Klarheit über die Markt- und Wettbewerbsverhältnisse herzustellen[5].

Die Einschätzung von Markt und Marktstellung startet beim Marktpotenzial und läuft dann über das Marktvolumen und den Marktanteil bis zum Umsatz und EBIT. Vor allem beim Marktpotenzial und beim Marktvolumen geht es um eine grobe Einschätzung und nicht um eine Kommastellen-Rechnung. Das Minimum ist eine Plausibilisierung der Markteinschätzung und der zugrunde liegenden Annahmen. Kurze Definitionen der einzelnen **Bestimmungsgrößen des Marktes** lauten wie folgt:

1. Marktpotenzial: alle möglichen Käufe, die sich auf den Nutzen der Leistung beziehen (im Zweifel nach Stück/Menge und nicht nach Umsatz),
2. Marktvolumen: Summe von Umsatz oder Absatz aller Wettbewerber im strategisch relevanten Markt (im Zweifel nach Stück/Menge und nicht nach Umsatz),
3. Marktwachstum: Wachstum des Marktvolumens (erste Ableitung seiner Kurvenentwicklung),
4. Marktanteil absolut: Umsatz oder Absatz des eigenen SGF im Verhältnis zur Summe von Umsatz oder Absatz aller Wettbewerber,
5. Marktanteil relativ: Marktanteil des eigenen SGF im Verhältnis zu den summierten Marktanteilen der drei größten Wettbewerber im strategisch relevanten Markt,
6. Umsatz: Preis mal Menge der Leistung,
7. EBIT (earnings before interest and taxes): Ergebnis vor Zinsen und Steuern und damit Vergleiche unabhängig von Finanzierungsstruktur (z.B. Fremdkapitalzinsen) oder Region (z.B. unterschiedliche Steuersätze).

Wettbewerb und Innovationsleistung sind das zweite Element im Marktcockpit. Nach der Grundlogik des Navigationssystems von Gälweiler und den Five Forces von Porter ergibt sich eine umfassende Einschätzung der Konkurrenzsituation sowohl heute als auch künftig, sowohl aus der Branche als auch aus anderen Branchen. Die **Bestimmungsgrößen des Wettbewerbs** sind:

1. unser Unternehmen im heutigen Geschäft: Marktstellung, Stärken und Schwächen im Vergleich zum Wettbewerb,
2. Konkurrenz im heutigen Geschäft (aus der Branche): Marktstellung der Konkurrenz,
3. Konkurrenz im künftigen Geschäft (aus der Branche): Abschätzung der künftigen Marktstellung und der Wettbewerbsentwicklung der Konkurrenz aus der Branche,
4. Wettbewerb durch Lieferanten: Möglichkeit des Lieferanten zur Vorwärtsintegration (Akquisition oder Aufbau einer Konkurrenzposition zum eigenen Geschäft),
5. Wettbewerb durch Kunden: Möglichkeit eines Abnehmers zur Rückwärtsintegration (Akquisition oder Aufbau einer Konkurrenzposition zum eigenen Geschäft),

6. Substitution/lösungsunabhängiges Kundenanliegen: Möglichkeit der Substitution der im Markt existierenden Lösung(en) durch neue Technologien bzw. neue Geschäftsmodelle – ohne dass sich beim lösungsunabhängigen Kundenanliegen etwas verändert.

Die Resultate des Marktcockpits sind erstens eine Einschätzung zum **strategisch relevanten Markt** für das Geschäftsfeld[6]. Zweitens ergeben sich durch die Diskussion Chancen, Gefahren und letztlich strategische Herausforderungen für das SGF. Diese werden in die Zusammenfassung der Ausgangslage eingebaut. Drittens liegt mit dem Marktcockpit ein Instrument für das strategische Controlling vor, das jährlich ein bis zwei Mal aktualisiert wird, um dann wiederum als Basis für die Weiterentwicklung der Strategie zu dienen.

Bei der Erarbeitung des Markcockpits ist darauf zu achten, dass nicht das Zahlenwerk an sich im Vordergrund steht, sondern die Aussagen, die Schlussfolgerungen und der Themenspeicher. Vorsicht ist geboten bei allzu vertiefenden Diskussionen um Exaktheit und Vollständigkeit bei den Zahlen. In fast allen Fällen wird das in einem Marktcockpit nicht leistbar sein. Wenn aber die richtigen und plausiblen Schlüsse gezogen werden, dann kann mit einer näherungsweisen und unvollständigen Datenbasis gearbeitet werden. In einzelnen Fällen muss eine Vertiefung stattfinden. Voraussetzung dafür ist aber die grundsätzliche **Auslegeordnung**, die das Marktcockpit leistet.

Markt-Cockpit		Werkzeug (1)
Markt-Cockpit für SGF:		
Geltungsjahr/ Verantw.:		
1. Markt		
Faktor	Daten/Einschätzung	Themenspeicher
1.1. Marktpotenzial		
1.2. Marktvolumen		
1.3. Marktanteil absolut		
1.4. Marktanteil relativ		
1.5. Umsatz		
1.6. EBIT		

Markt-Cockpit		Werkzeug (2)
Markt-Cockpit für SGF:		
Geltungsjahr/ Verantw.:		
2. Wettbewerb		
Faktor	**Daten/Einschätzung**	**Themenspeicher**
2.1. unser Unternehmen im heutigen Geschäft		
2.2. Konkurrenz im heutigen Geschäft (aus der Branche)		
2.3. Konkurrenz im künftigen Geschäft (aus der Branche)		
2.4. Wettbewerb durch Lieferanten		
2.5. Wettbewerb durch Kunden		
2.6. Substitution/ lösungsunabhängiges Kundenanliegen		

Markt-Cockpit — **Beispiel Werkzeugindustrie (1)**

Ein Hersteller von Bohrmaschinen hat sein Geschäft nach Kundengruppen segmentiert. Im SGF »Gewerbe: Bau, Anlagen- und Betriebstechnik« wird ein Marktcockpit erarbeitet. Das Cockpit wird durch eine einfache Quantifizierung bzgl. »Umsatzwachstum/Marktanteil des SGF« und »Produkte, Kundengruppen, Marktvolumen, Marktanteil« ergänzt.

Markt-Cockpit für SGF:	Gewerbe: Bau, Anlagen- und Betriebstechnik
Geltungsjahr/ Verantw.:	200x/Hofer

1. Markt

Faktor	**Daten/Einschätzung**	**Themenspeicher**
1.1. Marktpotenzial	• 10 Mrd Euro weltweit, gut abschätzbares Potenzial	• neuerliche Erhebung des Marktpotenzials in 200x
1.2. Marktvolumen	• 4.5 Mrd Euro weltweit (45% Volumensanteil) • Wachstum p.a. ca. 1.5% • transparente Zahlenbasis bzgl. Wettbewerber • offener brancheninterner Austausch (inkl. Kunden)	• Prüfung der Marktvolumina für Asien, Pazifik und Afrika • Prüfung: Ausdifferenzierung der Märkte in Preis- und Qualitätsmärkte und entsprechende Neuberechnung abs./rel. Marktanteile
1.3. Marktanteil absolut	• Marktanteil absolut: 22% • Wachstum p.a.: ca. 2% über die letzten 8 Jahre • klare Marktdominanz der Top 5 Hersteller	• Marktdurchdringung v.a. in den Regionen X, Y, Z • Beobachtung der Marktanteils-Verschiebungen der mittelgroßen Wettbewerber
1.4. Marktanteil relativ	• Marktanteil relativ: 60 • Marktführer, v.a. bzgl. Qualität und Vertriebsnetz	• Prüfung relativer Marktanteile im Qualitätssegment und Marktanteilsverschiebungen
1.5. Umsatz	• 1 Mrd Euro weltweit • Wachstum p.a.: 3% über die letzten 10 Jahre	• Prüfung: Eintritt ins Preissegment – v.a. in den Regionen X, Y, Z
1.6. EBIT	• 80 Mio Euro • EBIT-Anteil leicht unter Konkurrenz	• Wertanalyse bzgl. Qualität • Hebung der Produktivität: Entwicklung, Vertrieb

Markt-Cockpit		Beispiel Werkzeugindustrie (2)
2. Wettbewerb		
Faktor	**Daten/Einschätzung**	**Themenspeicher**
2.1. unser Unternehmen im heutigen Geschäft	• gute Marktstellung, v.a. im Qualitätsmarkt • Stärken: Qualität, Marktzugang • Schwächen: Produktivität	• Prüfung: Eintritt ins Preissegment – v.a. in den Regionen X, Y, Z • Hebung der Produktivität: Entwicklung, Vertrieb
2.2. Konkurrenz im heutigen Geschäft (aus der Branche)	• Ausdifferenzierung in »Top 5«, schwache mittelgroße und kleinere Anbieter • Marktbereinigung, v.a. bei Konkurrenten A, B, C	• Prüfung Übernahme bei Wettbewerber A, C • Prüfung Reaktion der »Top 5« auf Marktbereinigung (Kooperationen…)
2.3. Konkurrenz im künftigen Geschäft (aus der Branche)	• bis 200x: Marktanteil der Top 5 von ca. 90% • Markteintritt aus Elektroindustrie unwahrscheinlich • Spaltung des Marktes in Preis-/Qualitätsmarkt • bessere Marktstellung lokaler Billiganbieter in Asien und Afrika	• Neupositionierung für die künftigen Preis- und Qualitätsmärkte (Preis-Leistungsverhältnis) • Prüfung: Zweitmarke für Preissegment (oder Kooperation) • stärkerer Druck auf Vertrieb und Produktivität
2.4. Wettbewerb durch Lieferanten	• keine Konkurrenz im Qualitätssegment • Markteintritt von A ins Preissegment	• Beobachtung Markteintritt im Preissegment • bessere Verzahnung/Weitergabe Kostendruck
2.5. Wettbewerb durch Kunden	• keine Rückwärtsintegration • neue Anforderungen: Finanzierung, Komplettlösungen	• bessere Durchdringung der Wertkette beim Kunden • Verstärkung Dienstleistungen: Finanzierung, Komplettlösung
2.6. Substitution/lösungsunabhängiges Kundenanliegen	• Substitution in der Anwendung »Großbohrung und Lastbohrung»: Nieten	• jährlicher Substitutionsbericht • Prüfung der Veränderungen in den Marktpotenzialen und -volumen

Markt-Cockpit — Beispiel Werkzeugindustrie (3)

3. Umsatzwachstum und Marktanteil des SGF

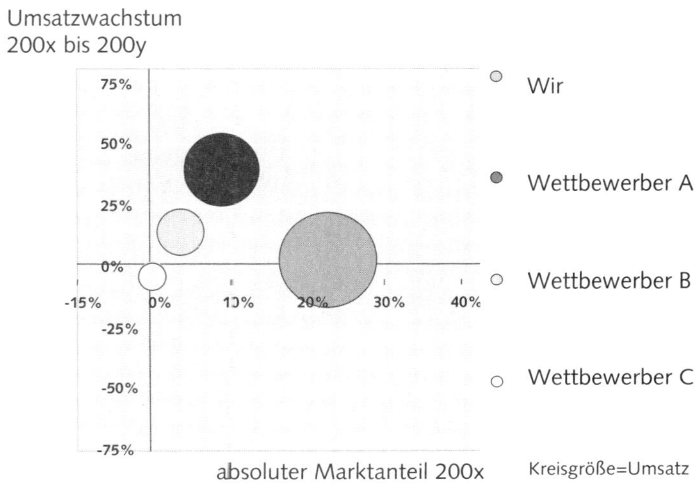

4. Produkte, Kundengruppen, Marktanteile

Kundennutzen	Preismarkt	Qualitätsmarkt	va. Qualitätsmarkt
Kundengruppen / Produkte	Baugewerbe	Anlagentechnik	Betriebstechnik
Handbohrgeräte klein			
Handbohrgeräte groß			
stationäre Bohrgeräte			
Industriebohrer	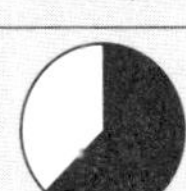		

3. Substitutions-Kurve

Jede Organisation ist eingebettet in eine spezifische Wettbewerbs-Dynamik einer Branche und die daraus geltenden Spielregeln des Geschäftes. Der typische Verlauf erfolgt dabei entlang der sogenannten Substitutions-Kurve (S-Kurve) anhand des **Lebenszyklus-Modells**[7)]. Im Wesentlichen geht es um drei Phasen, die in ihrer Grundlogik im Prinzip sowohl für Marktleistungen, als auch für Geschäfte, Unternehmen und Branchen gelten.

In der **Einführungsphase** formieren sich Märkte, d.h. Angebot und Nachfrage. Die Anzahl von Wettbewerbern ist gering, entsprechend ist die Wettbewerbsintensität niedrig. Die Einführungsphase ist mit Ungewissheit verbunden, weil noch nicht klar ist, ob sich ein Markt überhaupt etablieren kann. Vieles ist noch nicht abschätzbar, etwa ob sich einzelne Leistungen durchsetzen, Kunden oder Wettbewerber halten. Verlässliche Erfahrungswerte liegen im Normalfall noch nicht vor, daher ist die Marktbearbeitung noch unsystematisch. In der Einführungsphase liegt der Fokus in der Schaffung von Kundennutzen, dem Ausdifferenzieren von Wettbewerbsvorteilen und dem Vorsteuern eines verteidigungsfähigen Marktanteils. Die Einführungsphase ist mit großen Investitionen, noch relativ geringem Umsatz und daher meist mit negativen Cash-Flows verbunden.

Übersteht eine Organisation oder ein Markt die Einführungsphase, so wird von der **Wachstumsphase** gesprochen. Sie ist dadurch charakterisiert, dass Kunden und deren Verhalten bekannt und die Konkurrenten identifiziert sind. Die Spielregeln des Wettbewerbes haben sich etabliert. Normalerweise ziehen wachsende Märkte auch Wettbewerber an, was zu einer Intensivierung des Konkurrenzniveaus führt. Bereits in dieser Phase fallen aber auch schon einzelne Konkurrenten aus dem Markt. Aus unternehmerischer Sicht sind weiterhin Kundennutzen und – jetzt immer wichtiger – der Ausbau der Marktstellung dominierend. Dies sind die Kernthemen eines sogenannten **Qualitätsmarktes**.

In dieser Phase muss aber rechtzeitig an das Vorsteuern der Produktivität und an den Aufbau neuer Geschäfte gedacht werden. In der Wachstumsphase entscheidet sich, welche Wettbewerber für die Sättigungs- und Rückgangsphase, d.h. für die Substitution gerüstet sind.

Darstellung: Lebenszyklus-Modell

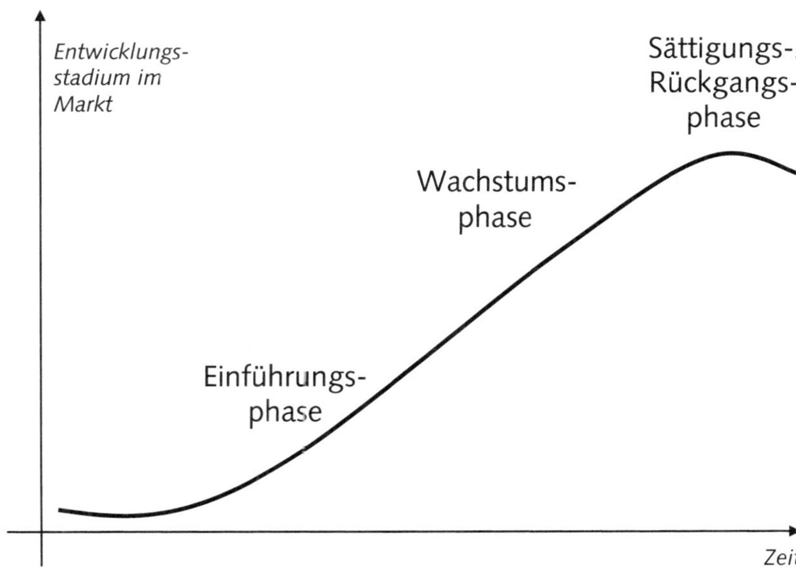

Phase	Einführung	Wachstum	Sättigung/Rückgang
Indikatoren der jeweiligen Phase	• relativ wenige Wettbewerber • unklare Spielregeln und Muster im Wettbewerb • Qualitätsmärkte/Unterschiede bzgl. Kundennutzen • viel Unklarheit bzgl. Führung, Methoden… • Finanzbedarf	• Qualitätsmarkt • Intensivierung des Wettbewerbs • Herausfallen von Wettbewerbern • klare Spielregeln und Muster im Wettbewerb • langsam angleichende Qualitätsniveaus • Finanzbedarf	• Reduktion der Wettbewerber • Verteidigen der Marktstellung • Ausschöpfen der Erfahrungskurve/Produktivität • Preismärkte • Komplexitäts-Falle (Sortimente, Inventionen…) • Bedeutung der Marke
Kernthemen für die Organisationen	• Kundennutzen, v.a. Qualität • Vorsteuern einer guten Marktstellung • Tempo	• Herstellung einer guten Marktstellung • Vorsteuern guter Kostenposition und Substitution • Umsetzungsstärke	• Umsetzung der Produktivitäts-Vorteile • Einstieg in neue S-Kurve (Substitution)

Anfang des 21. Jahrhunderts befinden sich viele Branchen in **Sättigungs- und Rückgangsphasen**. Dies ist nicht Ausdruck einer Krise, sondern Bestätigung der Leistungskraft und Innovation einer Volkswirtschaft – allerdings aus der Vergangenheit. Die typischen Merkmale lassen sich in einigen wenigen Punkten zusammenfassen.

Erstens ist die **Wettbewerbsstruktur** klar von den vorigen Phasen unterscheidbar. Am Beginn der Sättigungsphase[8)] sinkt die Anzahl von Konkurrenten noch eher zaghaft, mit der Zeit aber deutlich. Sie fallen aus den Märkten, weil es nicht gelungen ist, entsprechend Marktstellung und Kostenposition aufzubauen. Vor allem große Unternehmen verlassen periphäre Geschäftsfelder und konzentrieren sich auf das Kerngeschäft[9)]. Dieses Kerngeschäft ist aus Sicht der Wettbewerbsdynamik genau jenes, in dem es gelungen ist, durch gute Marktstellung und Kostenposition überlebensfähig zu sein. Die Marktanteile der drei bis fünf größten Wettbewerber sind kumuliert viel höher als in den vorherigen Phasen. Dies erklärt sich aus der Konsolidierung im Wettbewerb. Zusätzlich wird der Druck zu Kooperationen, Allianzen, Fusionen größer.

Zweitens kommen Preise, also Kosten, unter Druck. Nachdem das Qualitätsniveau auf einem sehr hohen Level angekommen ist, differenziert sich der Wettbewerb primär über den Preis. In diesen **Preismärkten** kann die Marge und folglich der Gewinn nur mehr auf der Kostenseite sichergestellt werden. Der Kostendruck wird zusätzlich verschärft durch Überkapazitäten im Investment (Anlagen, Umlaufvermögen), durch nicht ausgelastete Personalressourcen (insbesondere im Dienstleistungsbereich) und durch das Nicht-Erreichen des geplanten Break-even aufgrund rückgängiger Umsätze und der ungünstiger werdenden Kostenstruktur.

Drittens entsteht in der Sättigungsphase vielfach eine **Komplexitätsfalle**. Mit dem sich entwickelnden Preismarkt versuchen viele Unternehmen, die Produktgruppen, Sortimente und Varianten auszuweiten. Wenn irgendwo noch Deckungsbeiträge zu holen sind, werden zusätzliche Angebote kreiert. Die Konsequenzen für die Kostenposition sind meistens dramatisch, beispielsweise durch die Folgekosten über Garantie- und Leistungsverpflichtungen, Verkomplizierung der Vermarktung und des Service usw. Gleichzeitig beginnt eine beinahe schon verzweifelte Suche nach Innovationen. Dies endet häufig im Optimieren und Maximieren derselben Lösungen ohne echte Steigerung des wahrgenommenen Kundennutzens. Die Umsatzwirkung bleibt meistens marginal.

Viertens steigt die Bedeutung der **Marke**. Wenn Unterschiede auf technischer und dienstleistungsbezogener Seite nicht mehr vorhanden sind, sind Unternehmen gezwungen, sich über Bilder und Vorstellungswelten abzuheben. Nachdem der Aufbau einer Marke viel Zeit und Kosten beansprucht, wird eine frühzeitige, gute Positionierung auf diesem Feld zu einem entscheidenden Wettbewerbsvorteil. In vielen Fällen wird ein Markt von einem neuen Markt abgelöst. Dieser Effekt

Darstellung: Substitutions-Kurve

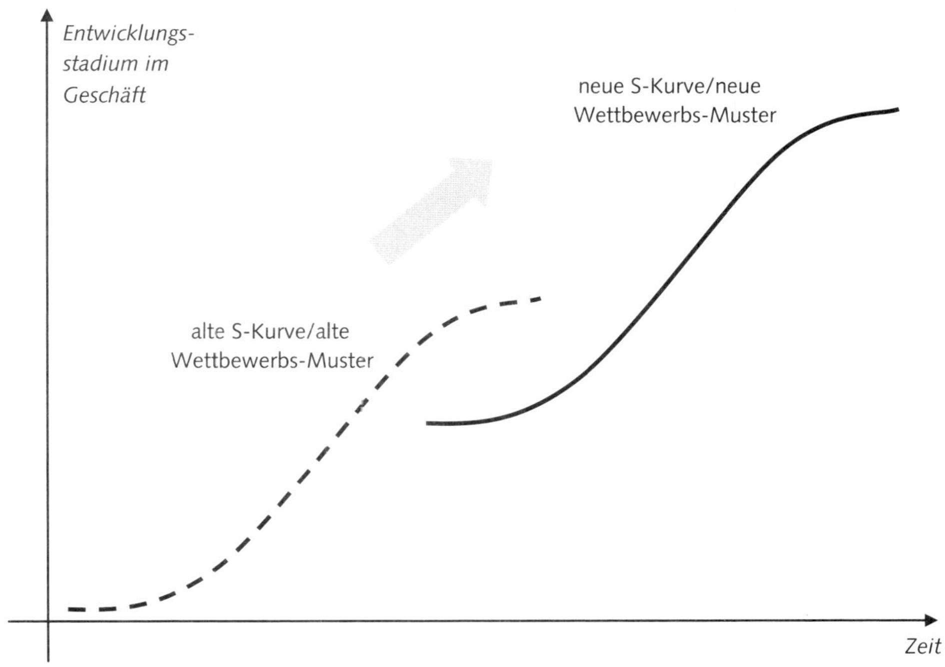

der Ersetzung eines alten durch ein neues Geschäft ist Kern der **Substitution**. Prominente historische Beispiele sind der Ersatz handschriftlicher Vervielfältigung durch den Buchdruck, Ersatz manueller Kraft durch kalorische Kraft, Ablösung der Fortbewegung über Pferde durch das Automobil usw. Die Substitution funktioniert in heutiger Zeit viel schneller und oftmals weniger spektakulär als die historischen Beispiele zeigen: Die Ablösung der mechanischen über die elektromechanische Schreibmaschine bis hin zum Personalcomputer zeigt die Revolution im Schreiben, Speichern, Abrufen, Wiedergeben. Skier werden heute zu einem sehr großen Teil nicht mehr als Eigentum gekauft, sondern vermietet. Pensionssysteme funktionieren nicht mehr nur über staatliche Umlagewege, sondern vermehrt über Zusatzsicherung via Kapitalmarkt oder Immobilien. Die Kinderbetreuung erfolgt nicht mehr ausschließlich über familiäre Strukturen, sondern zunehmend über öffentliche oder private Organisationen.

Diese bewusst völlig unterschiedlichen Beispiele sollen die Verschiedenartigkeit von **Substitution** aufzeigen. Allen gemeinsam ist eine geradezu idealtypisch verfolgbare Entwicklung anhand des Lebenszyklus-Modells und der Substitution. Jede Substitution bedeutet in sich den Start einer neuen Lebenszyklus-Kurve und die Notwendigkeit der systematischen Diskussion, wann wieder eine Substitution anstehen wird. Es gibt keine dauerhaften Geschäfte und Lösungen. Auch ist im Zeitpunkt der Ablöse einer Kurve durch eine andere der Fokus auf Marktanteil und Kostenposition nicht mehr sinnvoll: Der letzte Hufschmied hatte hundert Prozent des Geschäftes, bevor er vom Automobil substituiert wurde. Die Folge war die Automobil-Kurve für Mobilitätslösungen. Kutschen gibt es nach wie vor, aber für ein völlig anderes Kundenanliegen: nicht mehr Distanzüberwindung, sondern nostalgischer Zeitvertreib. Dieses Beispiel zeigt auf, dass Ablöseprozesse oftmals nicht nur einen Folgemarkt auslösen, sondern mehrere.

In der Beurteilung der Ausgangslage ist es unerlässlich, für jedes Geschäft die Frage von Lebenszyklus und Substitution zu prüfen. Es gibt hier keine mathematische Exaktheit oder Experten, auf die derartige Fragen delegiert werden können. Wichtig sind die selbstkritische Diskussion und die Ableitung entsprechender Schlussfolgerungen. Das **Segmentcockpit** und das **Marktcockpit** sind Instrumente, um diese Diskussion zu strukturieren und zu einem Resultat zu kommen.

6 Ausrichtung am Kundennutzen

Der erste Zweck einer Organisation ist die Schaffung von Nutzen für Kunden und damit ihre subjektiv empfundene Zufriedenheit. **Kundennutzen** ist in der heutigen Situation weitgehend gesättigter Märkte und zunehmenden Wettbewerbsdrucks der beste Garant dafür, im Geschäft zu bleiben und die langfristige Lebensfähigkeit einer Organisation zu sichern[10]. Damit ist der Faktor Kundennutzen ein Kernpunkt in jeder Strategie.

1. *Qualitätscockpit für die Strategie,*
2. *Kundennutzen als Strategiecockpit,*
3. *Kundennutzen und Kernkompetenzen.*

1. Qualitätscockpit für die Strategie
Durch jahrzehntelange Praxis und empirische Forschung, u. a. durch das PIMS-Programm, hat sich ganz klar gezeigt: Die relative Qualität (relativ im Verhältnis zu den wichtigsten Wettbewerbern) stützt die Marktstellung und die **Rentabilität eines Geschäftes** auf Dauer. Dies hat mehrere Ursachen: Erstens löst sie hohe Kundenbindung aus. Die Schwelle für den Wechsel zu einem Konkurrenten wird durch gute Qualität entscheidend erhöht. Zudem sind zufriedene Kunden sehr glaubwürdige Werbeträger und Multiplikatoren für heutige Nichtkunden oder Wechselkunden. Zweitens ist eine positive relative Qualität eine entscheidende Voraussetzung für den Aufbau und für die Sicherung von Marktanteilen. Über hohe Marktanteile wiederum wird Vertrauen und das Potenzial für Kostensenkung über Größeneffekte hergestellt. Fixkosten, etwa von Forschung, Vertrieb oder IT, werden auf mehr Umsatz verteilt. Drittens ist eine gute Qualitätsposition eine Voraussetzung für die Preisdurchsetzung. Der Boden wird für preispolitischen Spielraum aufbereitet, das Unternehmen ist bei Preiskämpfen robuster.

Qualität als oberstes Ziel richtet die Aufmerksamkeit der Führungskräfte und Mitarbeiter auf die entscheidende Frage: die »richtige« Qualität aus der Sicht des Kunden und im Verhältnis zum Wettbewerb. Die Betonung dieser Definition liegt auf dem Wort »richtig«. Sehr häufig wird die Forderung nach der maximalen Qualität laut. Es gibt Fälle, in denen so etwas Sinn machen kann, allerdings wäre eine Verallgemeinerung höchst gefährlich. Im Zentrum steht die Frage nach der richtigen Qualität. Das kann auch in der Praxis heißen, das Qualitätsniveau zu stabilisieren und dafür den Fokus auf Preissenkung zu legen. Es kommt bei all diesen Überlegungen und in der Gestaltung auf die Sicht des Kunden und den Vergleich zum Wettbewerb an. Erst dann, wenn eine Leistung durch den Kunden und gegenüber dem Wettbewerb beurteilt ist, entsteht Qualität. Vorher sind es Leistungskriterien oder Produktparameter. Die Entscheidung zur Qualität treffen in diesem Fall niemals das Unternehmen, die Qualitätsmanager oder Auditoren, sondern nur die Kunden. Relative Qualität wird dabei sehr umfassend verstanden, nämlich die Qualität der gesamten Marktleistung, also alle produkt-, service- und imagebezogenen Kriterien (Bsp. »Verfügbarkeit«, »Bedienungsfreundlichkeit«, »Beratung«). Im Fokus steht die Qualität aus Kundensicht, nicht aus Unternehmenssicht. Die Erhebung erfolgt relativ zu Wettbewerbern.

Im **Messprozess für Qualität** wird zunächst die entsprechende Leistung (Produkt, Dienstleistung) und das relevante Segment ausgewählt. Auf dieser Basis werden die aus Sicht des Kunden kaufentscheidenden Qualitätskriterien erhoben, Kriterien also, die tatsächlich Umsatz auslösen. In der Praxis sind es zwischen fünf und zehn Kriterien, die den Ausschlag geben. Nachdem die Kriterien unterschiedliche Bedeutung haben, müssen diese gewichtet werden. Auf alle Kriterien werden in Summe hundert Prozent vergeben. Wichtige kaufentscheidende Kriterien liegen normalerweise bei zwanzig bis dreißig, nicht so bedeutsame bei fünf Prozent. Im ersten Schritt empfiehlt es sich, in Fünfer-Prozentpunkten vorzugehen und am Ende das Ganze im Verhältnis auf hundert Prozent zu rechnen. Als nächstes wird die Erfüllung dieser Qualitätskriterien durch das eigene Unternehmen bewertet. Dabei ist es wichtig, einen Mix aus starken Konkurrenten zu nehmen und gegebenenfalls auch solche, die vielleicht nicht direkt aus der Branche, sondern aus anderen Branchen kommen – sogenannte »Systemkonkurrenten«. Pro kaufentscheidendem Kriterium erfolgt die Bewertung. Diese orientiert sich am Raster »Wettbewerbsvorteile« und »Wettbewerbsnachteile«. Die möglichen Positionen reichen von »ausgeprägter Wettbewerbsvorteil« (+ +), »einfacher Wettbewerbsvorteil« (+), »neutral/weder noch« (0) bis zu »einfacher Wettbewerbsnachteil« (-) und »ausgeprägter Wettbewerbsnachteil« (--). Aus der Detailbewertung wird für das Unternehmen ein zusammenfassender Qualitätswert ermittelt. Zugleich geht es um den relativen **Preis**: Hat das eigenen Unternehmen – verglichen mit den Wettbewerbern – einen hohen, durchschnittlichen oder niedrigen Preis? Dies wird ebenfalls eingetragen. Dasselbe erfolgt nach gleicher Methode für die ausgewählten Konkurrenten.

Üblicherweise werden Messung, Gewichtung und Bewertung zunächst in der eigenen Organisation durchgeführt. Ein aus bewusst vielen Funktionen zusammengesetztes Team erarbeitet das sogenannte **Selbstbild** (etwa fünf bis sieben Personen). Anschließend werden die Kunden mit demselben Verfahren befragt, es entsteht das sogenannte **Kundenbild**. Erfahrungsgemäß braucht es pro Leistung oder Leistungsgruppe zehn bis zwanzig Bewertungen. Wichtig ist es, nicht nur aktuelle Kunden zu nehmen, sondern auch potenzielle, d. h. ehemalige oder »noch-nie« Kunden.

Messprozess für Kundennutzen			Werkzeug
Geschäftsfeld:		**Kunde:**	
Leistung:		**Gültigkeit:**	

Nr.	**kaufentscheidendes Kriterium**	**Gewichtung**	**relative Bewertung**				
			– –	–	0	+	++
1							
2							
3							
4							
5							
6							
7							
	Summe	**100**					

Konkurrent	**Name**	**Qualitätsposition**	**Preisposition**
WIR:			
Konkurrent A:			
Konkurrent B:			
Konkurrent C:			
Konkurrent D:			

Legende für die relative Bewertung der Qualität:

++ ausgeprägter Wettbewerbsvorteil
\+ einfacher Wettbewerbsvorteil
0 neutral/weder-noch
– – ausgeprägter Wettbewerbsnachteil
– einfacher Wettbewerbsnachteil

Messprozess für Kundennutzen			**Beispiel Reiseveranstalter**
Ein Reiseveranstalter erhebt für sein SGF »Bausteinveranstaltungen USA« die relative Qualität aus Kundensicht. Das kumulierte Ergebnis entsteht aus dem Abgleich des Selbstbildes und fünfzehn repräsentativ erhobener Kundeninterviews.			
Geschäftsfeld:	Bausteinveranstaltungen	**Kunde:**	Endkunde
Leistung:	Bausteinveranstaltungen USA	**Gültigkeit:**	200X

Nr.	**kaufentscheidendes Kriterium**	**Gewichtung**	**relative Bewertung**				
			– –	–	0	+	++
1	Marke/Image beim Kunden	30			X		
2	Breite der Produktpalette	25		X			
3	Sicherheit/Sicherheitsempfinden	20				X	
4	Betreuung vor Ort	10	X				
5	Verfügbarkeit des Angebotes	5		X			
6	Kataloggestaltung	5					X
7	Reiseunterlagen	5				X	
	Summe	**100**					

Konkurrent	**Name**	**Qualitätsposition**	**Preisposition**
WIR:	Reise-Star	0	niedrig
Konkurrent A:	Inter-Reisen	–	hoch
Konkurrent B:	Adventure AG	+	niedrig

Legende für die relative Bewertung der Qualität:

++ ausgeprägter Wettbewerbsvorteil
\+ einfacher Wettbewerbsvorteil
0 neutral/weder-noch
– – ausgeprägter Wettbewerbsnachteil
– einfacher Wettbewerbsnachteil

Die Erhebung des Kundennutzens über den dargestellten Messprozess führt direkt in eine kompakte Auswertung – das **Qualitäts-Cockpit**[11]. Auf der horizontalen Achse ist die Wichtigkeit der kundenrelevanten Kriterien dargestellt. Die Gewichtung der einzelnen kaufentscheidenden Kriterien aus dem Erhebungsblatt wird direkt aufgetragen. Auf der Vertikalen wird der Grad der Überlegenheit bzw. der Unterlegenheit zum Wettbewerb angegeben. Diese Information kommt aus der Bewertung der einzelnen Kriterien. Die einzelnen Qualitätskriterien werden im zweidimensionalen Raum positioniert. Aus dieser Zusammenfassung resultieren vier Felder, die für die Beurteilung der Ausgangslage, aber auch für die Erarbeitung von Optionen und zur Positionierung für eine Strategie verwendet werden können.

Im Feld 1 »Qualität prüfen/senken« liegen diejenigen Kriterien, die aus Kundensicht nicht hoch gewichtet sind, bei denen das Unternehmen aber Wettbewerbsvorteile hat. Hier ist konsequent die Frage nach der Reduktion des zwar hohen, aber nicht für wichtig befundenen Qualitätsniveaus zu stellen. Hinter jedem kaufentscheidenden Kriterium stehen Kosten und diese sind in dem beschriebenen Quadranten nicht effektiv eingesetzt. Die betroffenen Qualitätskriterien im Beispiel sind das Kriterium 6 »Kataloggestaltung« und das Kriterium 7 »Reiseunterlagen«. In diesem Feld liegen versteckte **Kostenpotenziale**.

Feld 2 »Qualität halten/ausbauen« ist dasjenige der Vorteile im Markt. Bei Kriterien mit hoher Gewichtung und mit Wettbewerbsvorteilen (Kriterium 3 »Sicherheit/Sicherheitsempfinden«) gibt es nur die Maxime, den Abstand zur Konkurrenz weiterhin zu halten und auszubauen. An diesem Punkt liegt eine echte **Stärke**, eine USP (Unique Selling Proposition). **Kernkompetenzen** etwa sind all jene Fähigkeiten, die ein solches Kriterium aufbauen. Dies ist ein Fixpunkt für jede Strategie.

Im Feld 3 »Qualität verbessern« sind Kriterien seitens des Kunden zwar als wichtig eingestuft, das Unternehmen hat aber **Schwächen**, Wettbewerbsnachteile. Es gilt, Stoßrichtungen zu finden, um das Kriterium zu verbessern (Kriterium 2 »Breite der Produktpalette«). Kriterien, die neutral auf der Null-Linie positioniert sind, werden im Zweifel auch diesem Feld zugeordnet (Kriterium 1 »Marke/Image beim Kunden«).

Kriterien im Feld 4 »Qualität ggf. leicht steigern« sind relativ unwichtig, das Unternehmen hat keine Vorteile im Wettbewerb. Dieses Aktionsfeld kann in der Regel vernachlässigt werden (Kriterium 4 »Betreuung vor Ort« und Kriterium 5 »Verfügbarkeit des Angebotes«). Das Management sollte sich mit diesem Feld nicht allzu intensiv beschäftigen.

Qualitäts-Cockpit für die Strategie			**Werkzeug**
Geschäftsfeld:		**Kunde:**	
Leistung:		**Gültigkeit:**	

Bewertung	Feld 1: Qualität prüfen/senken	Feld 2: Qualität halten/ausbauen
++		
+		
–		
– –	Feld 4: Qualität ggf. leicht steigern	Feld 3: Qualität verbessern

Gewichtung 5% 10% 15% 20% 25% 30%

Legende der kaufentscheidenden Qualitätskriterien:

1		6	
2		7	
3		8	
4		9	
5		10	

Qualitäts-Cockpit für die Strategie — **Beispiel Reiseveranstalter**

Ein Reiseveranstalter erhebt für sein SGF »Bausteinveranstaltungen USA« das Qualitäts-Cockpit für die Strategie. Basis sind die kaufentscheidenden Kriterien.

Geschäftsfeld:	Bausteinveranstaltungen	**Kunde:**	Endkunde
Leistung:	Bausteinveranstaltungen USA	**Gültigkeit:**	200X

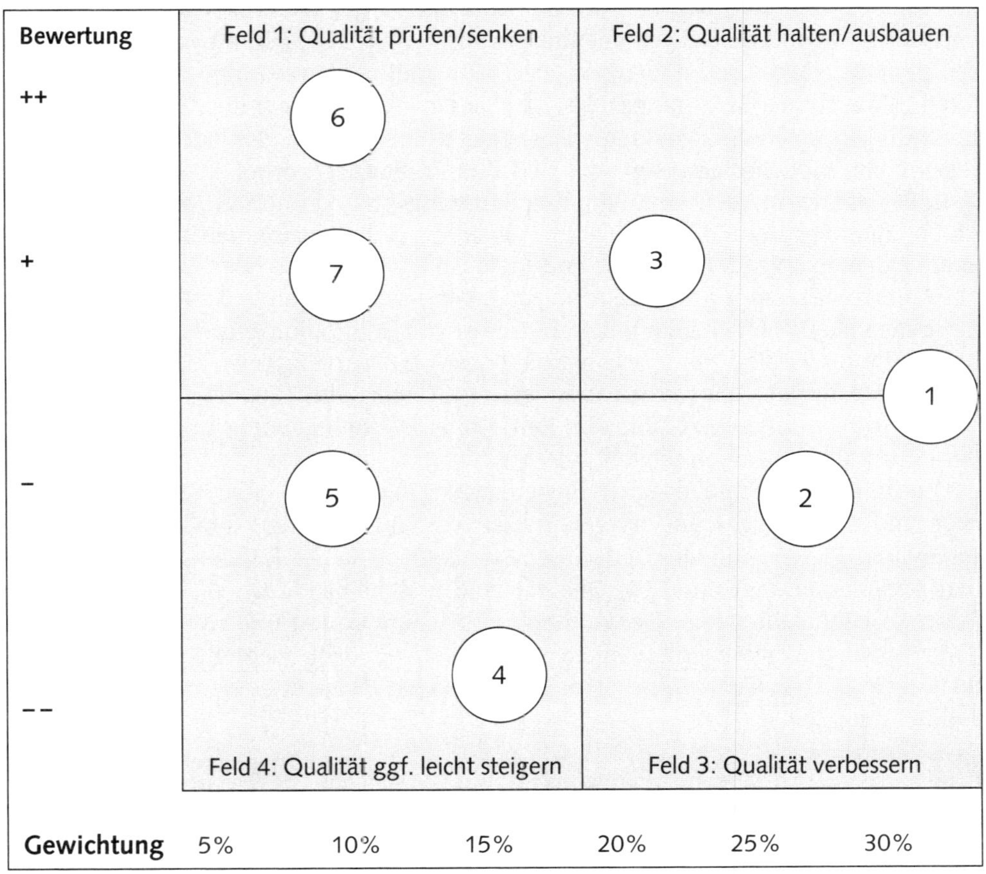

Legende der kaufentscheidenden Qualitätskriterien:

1	Marke/Image beim Kunden	5	Verfügbarkeit des Angebotes
2	Breite der Produktpalette	6	Kataloggestaltung
3	Sicherheit/Sicherheitsempfinden	7	Reiseunterlagen
4	Betreuung vor Ort		

2. Kundennutzen als Strategie-Cockpit

Kundennutzen ist nichts anderes als die Positionierung einer Leistung im zweidimensionalen Raum von relativer Qualität und relativem Preis. In diesem Diagramm ergeben sich vier Felder und eine Diagonale. Die Diagonale ist die Linie des ausgewogenen Kundennutzens. Liegt eine Marktleistung auf der Linie, empfindet der Kunde dies als fair: eine hohe Qualität zu einem sehr hohen Preis, eine unterdurchschnittliche Qualität zu einem sehr günstigen Preis. Kundennutzen kann nun auf zweifache Weise entstehen: einerseits dadurch, dass das hohe Qualitätsniveau grundsätzlich gleich bleibt, aber der Preis gesenkt wird. Andererseits steigt der Kundennutzen, wenn das niedrige Preisniveau konstant gelassen, die Qualität hingegen angehoben wird. Diese Zusammenhänge und Logiken sind Handwerkerweisheiten seit dem Mittelalter und haben von ihrer Gültigkeit nichts verloren. Die empirische Strategieforschung PIMS hat gezeigt, dass Geschäfte mit einem über längere Zeit hohen Kundennutzen ihre Marktanteile gesteigert und Kunden gebunden haben, dabei preisunempfindlicher gewesen sind und ihre Profitabilität erhöhen konnten.

In **Preismärkten**, d. h. in Märkten in Sättigungsphasen und mit Anbieterkonzentration, zählt vor allem die niedrige Preispositionierung bei zumindest durchschnittlichem Qualitätsniveau. Der Kunde entscheidet aufgrund des Preises, weil die Qualität auf Anbieterseite zwar auf hohem Niveau, aber durchweg vergleichbar ist. Die Preise zu senken ist an sich einfach und kann sofort von der Konkurrenz nachgeahmt werden. Dahinter verbirgt sich allerdings die Frage, ob eine niedrige Preisposition auf der Kostenseite ausgehalten werden kann. Preise zu senken geht schnell, die Kostenposition auf Dauer abzusenken, braucht Zeit. Daher ist die Kostenposition ein Thema in der Entwicklung einer Strategie.

Qualitätsmärkte finden sich im Lebenszyklus in der Start- oder Wachstumsphase. Hier sind Unterschiede auf der Qualitätsseite anzutreffen und folglich auch unterschiedliche Preispositionen. Der typische Kaufentscheid des Kunden ist auf die Qualität orientiert. Daher muss die Qualität eine entscheidende Größe in der Strategie eines Geschäftsfeldes sein. Der Aufbau von Qualität dauert üblicherweise lang und kann von den Wettbewerbern nicht sofort nachvollzogen werden. Auch an dieser Stelle zeigt sich wieder: Gegenstand von Strategie ist nicht so sehr Geld, sondern vielmehr die Zeit.

Durch die Einordnung der Wettbewerber auf dem **Strategiecockpit**[12] kann erstens die Ausgangslage bestimmt werden. Alle relevanten Marktinformationen sind darin verdichtet: Darstellung, Gewichtung und Bewertung der kaufentscheidenden Kriterien, Preis- und Qualitätsposition und Vergleich der Wettbewerber. Zweitens können Optionen entwickelt werden: Durch Veränderung in der relativen Qualität oder beim relativen Preis verschiebt sich der Kundennutzen. In der Strategie muss darüber eine Aussage getroffen werden, wo eine Marktleistung künftig positioniert werden soll und welche Konsequenzen das für die Qualität, für die Preis- und damit Kostenposition hat. Drittens können mögliche Veränderungen bei den Wettbewerbern oder in der Marktdynamik modelliert werden. Aus diesem Grund ist das Strategiecockpit auch ein Instrument für **Simulation**[13]. Sollte etwa bekannt werden, dass ein Wettbewerber eine Qualitätsoffensive plant, so ergeben sich aus einer Simulation die Konsequenzen für das eigene Geschäft – und damit auch mögliche Reaktionen. Viertens kann mit dem Strategiecockpit die Wirksamkeit und Zielorientierung von Marketing und Vertrieb geprüft werden. Kernfrage dabei ist, ob Marketing und Vertrieb in Richtung Kundennutzen argumentieren, auf die richtigen kaufentscheidenden Kriterien setzen und die Wettbewerbsvorteile beim Kunden kommunizieren.

Die Resultate des Qualitäts- und des Strategiecockpits fließen in die **Zusammenfassung der Ausgangslage** ein. Damit ist sichergestellt, dass die Strategie dort verankert wird, wo der eigentliche Unternehmenszweck liegt – beim Nutzen für Kunden.

Kundennutzen als Strategie-Cockpit **Werkzeug**

Geschäftsfeld:		**Kunde:**	
Leistung:		**Gültigkeit:**	

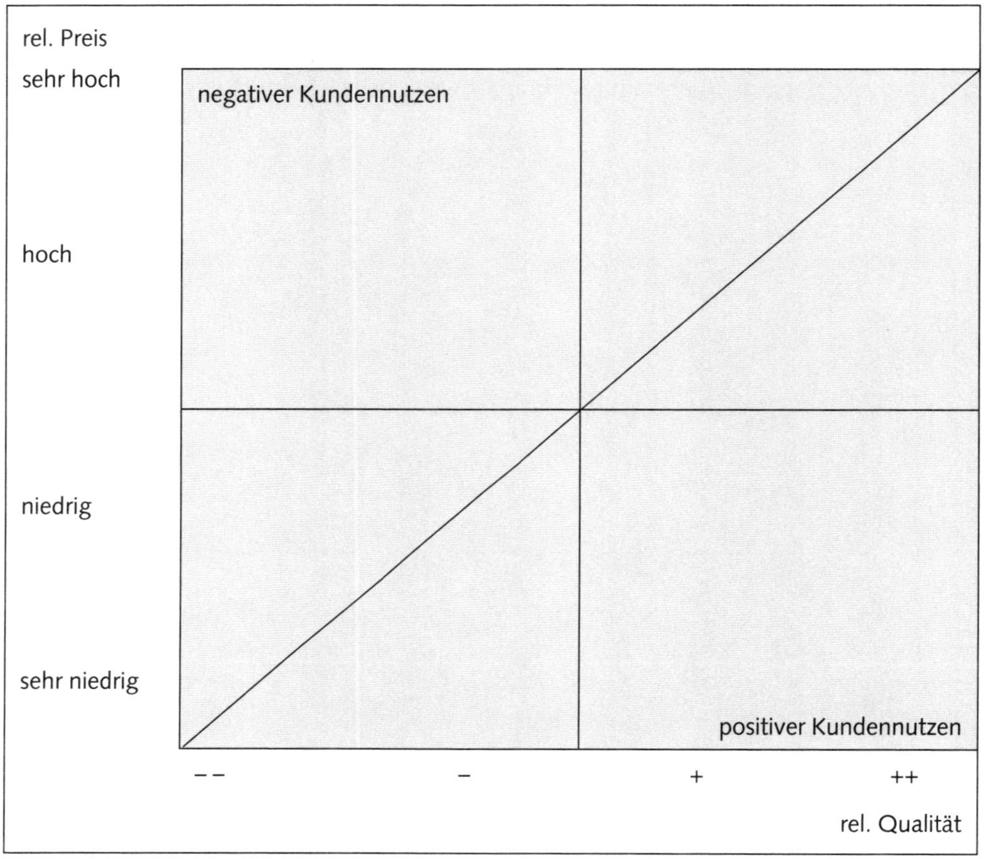

Konkurrent	Name	Qualitätsposition	Preisposition
WIR:			
Konkurrent A:			
Konkurrent B:			
Konkurrent C:			
Konkurrent D:			

Kundennutzen als Strategie-Cockpit	Beispiel Reiseveranstalter

Ein Reiseveranstalter erarbeitet für sein SGF »Bausteinveranstaltungen USA« den Kundennutzen als Strategiecockpit.

Geschäftsfeld:	Bausteinveranstaltungen	**Kunde:**	Endkunde
Leistung:	Bausteinveranstaltungen USA	**Gültigkeit:**	200X

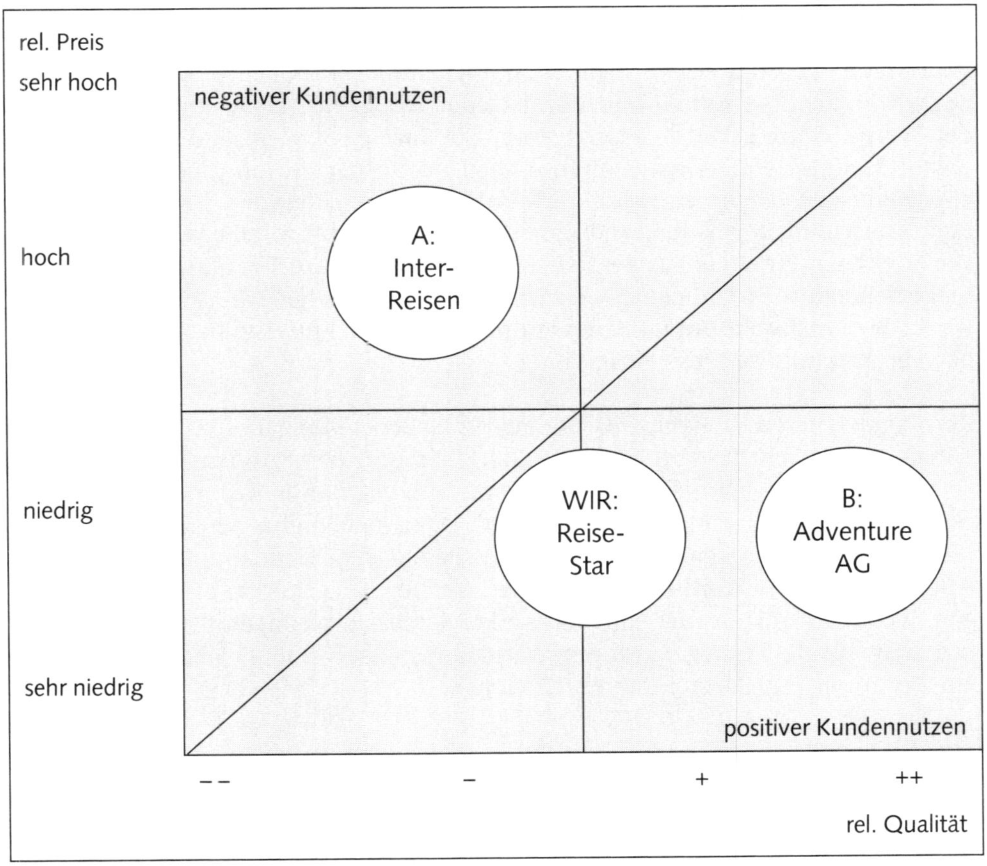

Konkurrent	**Name**	**Qualitätsposition**	**Preisposition**
WIR:	Reise-Star	0	niedrig
Konkurrent A:	Inter-Reisen	–	hoch
Konkurrent B:	Adventure AG	+	niedrig

3. Kundennutzen und Kernkompetenzen

Seit den neunziger Jahren gehören **Kernkompetenzen** zum Standard-Vokabular im strategischen Management. Aber auch in der Diskussion um Struktur-, Kultur- und Managementfragen werden Kernkompetenzen verwendet. Das Konzept der Kernkompetenzen ist in einer Zeit entstanden, als Marktsättigung und Outsourcing immer stärker wurden. Vor allem aber waren Kernkompetenzen eine Antwort auf die Diversifikations-Euphorie in vielen Geschäften. Nach Jahren des ziellosen Ausprobierens und unreflektierten Wachstums standen wieder Konzentration auf das Kerngeschäft und Rückbesinnung auf die wirklichen **Stärken** auf der Tagesordnung.

Echte Kernkompetenzen leisten einen überdurchschnittlichen Beitrag auf den **Kundennutzen**, sie sind schwer imitierbar und brauchen üblicher Weise lange Zeit zum Aufbau. Eine Kernkompetenz ist eine Fähigkeit, die in einem Prozess in der Wertschöpfungskette geliefert wird. Sie darf nicht gleichgesetzt werden mit einem Produkt, einer Organisationseinheit oder einer Person. Beispielsweise hat ein japanisches Unternehmen eine Kernkompetenz aufgebaut, um einen Beitrag zur Überwindung von Raumnot zu leisten: die Fähigkeit zur Miniaturisierung. Die konkreten Produkte aus der Kernkompetenz sind Mini-Hifi-Anlagen und kleine Elektro-Geräte des täglichen Bedarfs. Die Kernkompetenz der Miniaturisierung wird geliefert durch funktionierende Prozesse in der Entwicklung, der Fertigung, der Vermarktung und der Ausbildung.

Kernkompetenzen sind eine Grundlage zur Beurteilung der Ausgangslage. In einem ersten Schritt wird für eine Marktleistung der Kundennutzen über die Qualitätskriterien definiert. Zweitens sind anhand dieser Kriterien die entsprechenden Kernkompetenzen zu bestimmen. Diese sollten eine Anzahl von zwei bis vier nicht überschreiten, einen konkreten Bezug zum Kundennutzen haben und **Alleinstellung im Wettbewerb** besitzen. Nachdem die Kernkompetenzen vorliegen, werden als drittes die entsprechenden Schlussfolgerungen für die Ausgangslage bzw. für die Strategie gezogen. Kernkompetenzen sind gleichzeitig aber auch ein Kriterium zur Beurteilung der Optionen.

Kernkompetenzen	Checkliste
Strategie	• Worin besteht Kundennutzen heute und künftig? • Auf welchen Stärken können Kernkompetenzen aufsetzen? • Baut die Strategie auf Kernkompetenzen und den dahinter liegenden Prozessen?
Struktur	• Sind Aufbau- und Ablauforganisation an den Kernkompetenzen ausgerichtet? • Werden die Prozessleistungen bezüglich der Kernkompetenzen gemessen und systematisch gesteuert? • Heben sich die hinter den Kernkompetenzen liegenden Prozesse vom Wettbewerb ab (schwere Imitierbarkeit...)?
Kultur	• Sind Kernkompetenzen und die entsprechenden Prozesse Teil der Unternehmenskultur? • Werden Leistungs- und Kundenorientierung durch die Kernkompetenzen gefördert? • Entsteht so etwas wie »Sinn« durch die Kernkompetenzen für Mitarbeiter und Führungskräfte?
Management	• Sind Aufgaben, Kompetenzen und Verantwortlichkeiten hinsichtlich der Kernkompetenzen klar geregelt? • Finden sich Kernkompetenzen und die abgeleiteten Prozessziele in den Zielvereinbarungen? • Sind Kernkompetenzen Teil der Führungskräfte-Entwicklung?

In der Praxis hat das Konzept der Kernkompetenzen häufig zu Worthülsen ohne tiefere Bedeutung und Konkretisierung geführt. Klar ist, dass Kernkompetenzen Orientierung geben und am Kunden ausgerichtet sein müssen. Sie sind kein Ersatz für ein Leitbild und kein Instrument für PR. Nur wenn es gelingt, Kernkompetenzen am Kundennutzen anzuknüpfen und in der Wertschöpfungskette zu hinterlegen, entstehen echte **Wettbewerbsvorteile**.

Kernkompetenzen und Strategie		Werkzeug
Kundennutzen	**dahinter liegende Kernkompetenz**	**Schlussfolgerungen für die Strategie**

Kernkompetenzen und Strategie **Beispiel Telekommunikation**

Ein Anbieter von Groß-Telefonanlagen prüft seine Kernkompetenzen auf Basis des Kundennutzens. Daraus werden die entsprechenden Schlussfolgerungen für die Strategie abgeleitet. Zwei Kernkompetenzen werden identifiziert: »konsequente Ausrichtung auf Spezifikationen« und »Perfektion in der Umsetzung für den Kunden«. Diese Kernkompetenzen sind am Markt getestet und erweisen sich als Alleinstellungs-Merkmal für das Unternehmen.

Kundennutzen	**dahinter liegende Kernkompetenz**	**Schlussfolgerungen für die Strategie**
1. kompetente Erfüllung der technischen Anforderungen	• konsequente Ausrichtung auf Spezifikationen	• Aufbau und Umsetzung eines »Null-Fehler-Programms« • Senkung Reklamationsrate auf unter 0.4% • Komplette Neugestaltung der Funktionstests
2. fehlerlose Instand-Setzung und Inbetrieb-Nahme	• konsequente Ausrichtung auf Spezifikationen • Perfektion in der Umsetzung für den Kunden	• Prüfung und Verbesserung von Instandsetzung und Inbetriebnahme bei Händlern • Zeitgarantien für Auftragsabwicklung und Installationszeiten • Prüfung und Verbesserung Fakturaprozess
3. kompetenter Service nach Installation	• Perfektion in der Umsetzung für den Kunden	• Entwicklung und Umsetzung Servicepaket (mit entsprechenden Garantien)
...	...	...

7 Orientierung an Wertkette und am Geschäftsmodell

In einer Strategie geht es immer um den **Kreislauf** zwischen Gegenwart und Zukunft bzw. zwischen dem »Innen« und dem »Außen«. Das »Außen« betrifft die Märkte, Konkurrenten, Kunden, Technologien, letztlich die Spielregeln und Herausforderungen im künftigen Geschäft. Das »Innen« sind die Aufbau- und die Ablauforganisation, die Produktivität, die Art und Weise, wie ein Geschäft strukturiert wird. Es macht wenig Sinn, das eine oder das andere in den Vordergrund zu stellen, wie etwa in den konträren Ansätzen eines »Market Based View« oder eines »Resource Based View«[14]. Viel wichtiger ist es, beide zu verbinden und einen produktiven Kreislauf sicherzustellen. Dafür hat sich die **Wertkette** als pragmatisch einsetzbares Werkzeug erwiesen.

1. *Wertkette als Geschäftsmodell,*
2. *Wertkette als Prozesskette,*
3. *Kundenbindung.*

1. Wertkette als Geschäftsmodell
Für den Begriff der Wertkette gibt es zahlreiche Synonyme. In Literatur und Praxis finden sich beispielsweise die Begriffe der **Wertschöpfungskette** (engl. Value Chain), der Angebots- oder Lieferkette (engl. Supply Chain), der Nachfragekette (engl. Demand Chain), des Geschäftsmodells (engl. Business Model) und andere. Dies verweist einmal mehr auf ein Grundproblem der Managementlehre, nämlich die Beliebigkeit der Begriffe und die fortschreitende Kreativität beim Suchen von neuen Wörtern für bewährte Konzepte. Bei Praktikern führt so etwas zu Verwirrung, weil nicht auf Anhieb klar ist, ob es sich wirklich um etwas Brauchbares handelt oder nur wieder um prosaische Neuschöpfungen.

Der Kern der Wertkette ist die Wertschöpfung. Wertschöpfung ist nichts anderes als der **Rohertrag** und wird definiert als die Gesamtleistung einer Organisation minus der erforderlichen Vorleistungen. Die Gesamtleistung entspricht dem Netto-Umsatz, d.h. dem Umsatz abzüglich aller Rabatte, Skonti und nicht wieder einbringbarer Forderungen. Die Netto-Rechnung ist in vielen Branchen dramatisch anders als die Brutto-Betrachtung. So wird im Maschinenbau von durchschnittlichen Rabattierungen von zwanzig bis dreißig Prozent ausgegangen. In sich ist die Vorleistung wieder Wertschöpfung des Lieferanten. Ein Wirtschaftszweig mit geringer Wertschöpfung ist der Handel, weil dort fast alles zugekauft wird und die Handelsware schnell wieder gedreht und vermarktet werden muss. Wirtschaftszweige mit traditionell hoher Wertschöpfung sind die Landwirtschaft und die Industrie, weil dort viel integrierend selber gemacht wird. Dies nennt sich in der Fachsprache »hohe Wertschöpfungstiefe« oder »hohe vertikale Integration«. Durch steigenden Zukauf wird die Wertschöpfung vor allem in der Industrie aber immer geringer. Wertschöpfung hat an sich nichts mit der Frage von Gewinn oder Verlust zu tun. Im allgemeinen Sprachgebrauch werden die Begriffe Wertschöpfung und **Gewinn** gerne gleichbedeutend verwendet, was aber völlig irreführend ist. Ein Handelsunternehmen kann eine geringe Wertschöpfung und einen sehr hohen Gewinn haben. Umgekehrt gibt es genügend Beispiele von Industriebetrieben mit sehr hoher Wertschöpfung und ebenso hohen Verlusten. Es hängt fundamental vom Management der Wertkette ab, ob Gewinn oder Verlust produziert wird.

Wertkette als Geschäftsmodell — **Checkliste**

1. Wird die Grundlogik des Geschäftes in der Wertkette dargestellt?
2. Trifft die Wertkette das Geschäftsverständnis des Kunden?
3. Sind diesbezüglich auch der Geschäftszweck und die Strategie klar?
4. Kann mit der Wertkette eine Diskussion über das Sourcing von Prozessschritten und Leistungen geführt werden?
5. Ist auf Grundlage der gegenwärtigen Wertkette klar, wie sich in Zukunft die Wertkette zu einem neuen Geschäftsmodell entwickeln wird?
6. Entspricht die Grundlogik der Wertkette auch der Grundlogik des Organigramms?
7. Ist im Fall von Kooperationen und Allianzen klar, bei welchen Stufen sich die erhofften Effekte (Marktstellung, Innovation, Produktivitäten…) ergeben?
8. Finden sich Jahresziele (bezogen auf die gesamte Organisation und bezogen auf die Führungskräfte), Schlüsselprojekte und operative Verbesserungsmaßnahmen in der Wertkette wieder?
9. Sind Darstellung, Erläuterung und Interpretation der Wertkette verständlich?
10. Ist die richtige Flughöhe bei der Erarbeitung der Wertkette getroffen?

Der Dreh- und Angelpunkt ist die Orientierung aller Wertaktivitäten an der Strategie[15]. Es geht um die Kernfrage, wie das Geschäft letztlich tickt – das sogenannte **Geschäftsmodell**. Dabei gibt es Prozesse, die auf einem zeitlichen Strahl von der Erstellung der Leistung bis zum Kunden laufen. Diese Prozesse werden primäre **Wertschöpfungsaktivitäten** genannt. Im Dienstleistungsgeschäft findet man: Aufträge gewinnen, Aufträge vorbereiten, Aufträge durchführen, Rechnung stellen, After-Sales-Service betreiben. In der Industrie orientieren sich diese Prozesse an der industriellen Produkterstellung vom Einkauf hin zur Endmontage. Zusätzlich braucht es in jeder Organisation Prozesse, welche diese primären Aktivitäten unterstützen – die sekundären Wertschöpfungsaktivitäten. Zu nennen sind alle Führungs-, Controlling-, DV-, Personal- und Administrationsprozesse. Um die Wertkette komplett zu machen, sind noch der Gewinn und die Vorleistungen darzustellen. Die einzelnen Wertschöpfungsaktivitäten, die Vorleistungen und der Gewinn ergeben in Summe hundert Prozent des Netto-Umsatzes. In beiliegendem Beispiel wird dies anhand eines Anlagenbauers veranschaulicht.

Alle Wertaktivitäten in einer Organisation werfen Kosten auf: Abschreibungen, Personalkosten und Kosten des laufenden Geschäftes, die nicht aktivierungsfähig sind. Die beste Vermarktungsaktion kostet, die effizienteste DV kostet. Jede Organisation ist vor diesem Hintergrund nichts anderes als eine **Kostenkette**, die auf einen gemeinsamen Zweck ausgerichtet ist – Qualität für den Kunden zu schaffen. Der Kunde ist die einzige Instanz, die darüber entscheidet, ob aus den Kosten auch ein Wert entsteht[16]. Dieser Entstehungsprozess ist der Umsatz, der einen Kunden mit den Leistungen einer Organisation verbindet. Damit ist eine Verknüpfung hergestellt zwischen den Wertaktivitäten, den Kosten und dem Kunden. Das Geschäftsmodell produziert über alle Aktivitäten hinweg Kosten und ist auf den Kunden gerichtet. Der Kunde macht durch seinen Kaufentscheid aus der Kostenkette eine Wertkette.

Wertkette als Geschäftsmodell **Werkzeug**

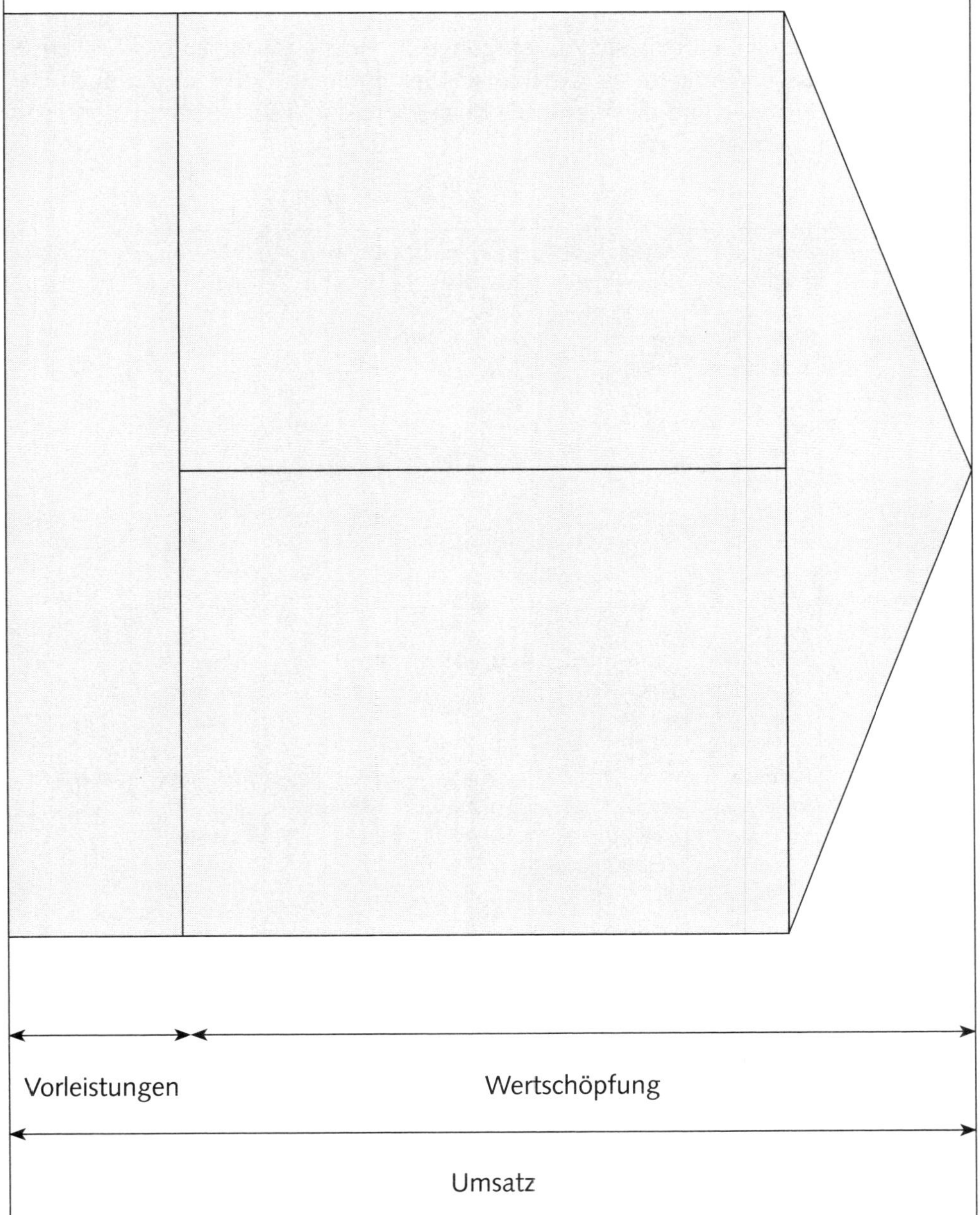

Wertkette als Geschäftsmodell — Beispiel Anlagenbau

Ein Anlagenbauer beurteilt die Ausgangslage in einem Strategieprojekt. Hierfür wird die aktuelle Wertkette als Geschäftsmodell ermittelt. Damit liegen auch die wichtigsten Prozesse und die relevanten Kostenanteile in Relation zu hundert Prozent des Nettoumsatzes vor.

Vorleistungen: Roh- und Hilfsstoffe Dienst-Leistungen: freie Handelsvertreter, jurist. Beratung, Betreuung vor Ort	Unternehmen führen und Controlling sicherstellen Personal entwickeln Summe: 1%	Rechnungswesen und Administration sicherstellen Summe: 1%	Einkauf und Qualitäts-Management gewährleisten Summe: 2%	Marketing gestalten Summe: 3%	Entwicklung und Innovation gestalten Summe: 3%	Rabatt: 6% Gewinn: 4%
	Aufträge akquirieren Aufträge kalkulieren	Vertrieb und Produktion planen Arbeitsvorbereitung (AVOR) durchführen	Anlagen fertigen Logistik bereitstellen	Logistik abwickeln Anlagen montieren	Anlagen übergeben/prüfen After-Sales-Service sicherstellen	
Summe: 40%	Summe: 5%	Summe: 10%	Summe: 15%	Summe: 8%	Summe: 2%	

Vorleistungen ⟷ Wertschöpfung

Umsatz

2. Wertkette als Prozesskette

Liegt die Wertkette als Geschäftsmodell vor, können die einzelnen Stufen als **Prozesskette**[17] analysiert und beurteilt werden. Pro Stufe sind sieben Arbeitsschritte durchzuführen. Als erstes sind die prozess-relevanten Kennzahlen aufzunehmen. Diese müssen aus den Umsätzen, dem Rechnungswesen oder Transaktionen (Bsp. Kundengespräche pro Tag) abgeleitet werden. Es geht an dieser Stelle nicht um eine Prozess-Buchhaltung, sondern um die erfolgsentscheidenden Größen. Zweitens ist pro Prozess zu klären, wo die Stärken liegen und inwieweit durch den Prozess eine Wirkung auf den Kundennutzen entsteht. Der dritte Schritt ist die Frage nach den Schwächen im Prozess. Viertens sind Komplexitäts- bzw. Kostentreiber zu identifizieren. Herauszuarbeiten ist, was die Qualität, die Produktivität und die Geschwindigkeit des Prozesses negativ beeinflusst. Im Idealfall können hierzu Zahlenwerte geliefert werden. Zumindest sollte eine freie Beurteilung möglich sein. Als fünftes sind die strategischen Herausforderungen pro Prozess zu erarbeiten. Diese beziehen sich auf die sechs Schlüsselgrößen. Aus den bisherigen Schritten sind in der sechsten Zeile Vorschläge in den Themenspeicher zu nehmen. Wo immer möglich werden – siebtens – Sofortmaßnahmen identifiziert.

Wertkette als Prozesskette **Checkliste**

1. Sind die einzelnen Wertstufen prozessbezogen formuliert und konkretisiert?
2. Können die wichtigsten Zahlen-Daten-Fakten auf die Wertstufen zugeordnet werden (v.a. Kosten und Mannjahre)?
3. Sind Aufgaben, Kompetenzen, Verantwortlichkeiten und der Informationsfluss klar?
4. Werden wichtige Schnittstellen innerhalb und außerhalb der Organisation sichtbar?
5. Ist identifizierbar, welche Wertschöpfungsaktivitäten welchen Beitrag zur Qualitäts- und Preisposition leisten?
6. Ist klar, wo die Stärken und wo die Schwächen in der Wertkette liegen?
7. Können Kunden und Konkurrenten in der Wertkette (und bei einzelnen Wertstufen) zugeordnet werden?
8. Sind Darstellung, Erläuterung und Interpretation verständlich?
9. Ist die richtige Flughöhe bei der Erarbeitung getroffen (Detaillierungsgrad der Prozesse)?

Wertkette als Prozesskette			Werkzeug
Prozesskette **Schlüsselfragen**			
1. Basis-Zahlenwerk			
2. Stärken/Wirkung auf Kundennutzen			
3. Schwächen			
4. Komplexitäts-/ Kostentreiber			
5. strategische Heraus-forderungen			
6. Themenspeicher			
7. Sofortmaßnahmen			

Wertkette als Prozesskette — **Beispiel Anlagenbau**

Ein Anlagenbauer analysiert die Prozesskette in seiner Wertkette. Entlang der einzelnen Prozesse werden die geschäftsrelevanten Fragen diskutiert und beurteilt. Gleichzeitig wird ein Basis-Zahlenwerk dargestellt.

Prozesskette **Schlüsselfragen**	• Aufträge akquirieren/ Aufträge kalkulieren	• Vertrieb u. Produktion planen/AVOR durchführen	...
1. Basis-Zahlenwerk	• Wertschöpfung: 5% • Vollzeit-MA: 75 • durchschn. Auftrag: 4.3 Mio • Kalkulationsvol.: 370 Mio	• Wertschöpfung: 10% • Vollzeit-MA: 120 • Planungsvol.: 280 Mio • Investment AVOR: 12 Mio	...
2. Stärken/Wirkung auf Kundennutzen	• Vertriebsnetz • Kalkulationspräzision: 94% • konstanter Projektleiter für Kunde von Anfang an	• kurze Wege, rasche und richtige Entscheide • geringe Nachplanungsquote	...
3. Schwächen	• genügend qualifizierte Auslandsvertriebs MA • unterentwickelte Service-Engineering-Denke	• Beschaffungsstrukturen in Middle-East und GUS • Planung Logistik-Speditionsdienste	...
4. Komplexitäts-/ Kostentreiber	• zu viele Kalkulations-Schemen (ca. 25) • häufige Info-Änderungen in Kalkulationsphase (in 35% der Fälle)	• Komponentenvielfalt • Spezifikationsarten • unterschiedliche AVOR-Systeme (weltweit: 4)	...
5. strategische Herausforderungen	• Bewältigung des Wachstums im Ausland (bzgl. Qualität) • Verstärkung Netzwerke bzw. Lobbying in Regionen A, B	• Vorbereitung des globalen Teilebezugs ab 200x • deutliche Verkürzung der kritischen Logistikzeiten	...
6. Themenspeicher	• bis 200x: Aufbau von 20 Auslandsvertriebs-MA • Übertragung Service-Engineering auf Asien und NAFTA bis 200x	• Neuausrichtung Beschaffung und AVOR bis 200x • Umstellung der AVOR auf globalen Teilebezug bis 200x	...
7. Sofortmaßnahmen	• »Müllabfuhr« und Reduktion auf 8 Kalkulations-Schemen • Personalmarketing Ausland	• Implementierung AVOR System R5 weltweit bis Ende 200x • sofortige Prüfung Investment-Reduktion (Lagerhaltung...)	...

Die Detaillierung der Prozesskette folgt der Grundlogik in dieser Strategiephase. Alle Ergebnisse aus der Untersuchung fließen in die Zusammenfassung der Ausgangslage ein. Die Auseinandersetzung mit den Prozessen führt zu einer sehr tiefen und marktnahen Einschätzung der Verhältnisse. Für den Erarbeitungsprozess sind nur Mitarbeiter und Führungskräfte heranzuziehen, die etwas vom Geschäft bzw. von den einzelnen Prozessen verstehen. Wichtig dabei ist wiederum die klare methodische Führung.

Anwendung und Nutzen der Wertkette sind vielschichtig und nicht nur auf die Strategieentwicklung beschränkt. Der übergeordnete Zweck dieses Instruments liegt in der Versachlichung der Diskussion und in der konsequenten Strukturierung des Themas. Es gibt kaum ein Werkzeug, das so stringent die Themen Strategie, Kunde und Prozesse miteinander verbindet. Dadurch wird ein tieferes **Verständnis für das Geschäft** hergestellt, vor allem weil es um die Grundlogik der Geschäftsprozesse und nicht um die Darstellung eines Organigramms geht.

Verwendung findet die Methodik auf unterschiedlichen Flughöhen. Erstens kann die gesamte Branche mit Hilfe einer Wertkette visualisiert werden. Interessant ist in solchen Zusammenhängen, an welchen Stellen die eigene Organisation anknüpft und wo noch zusätzliche Geschäftsaktivitäten liegen. Zweitens lassen sich ein Unternehmen und ein Geschäftsfeld als Ganzes erfassen. Drittens kann aber auch die einzelne Wertaktivität, also ein isolierter Prozess, mit dieser Methodik dargestellt werden. Wenn etwa in einem Handelsunternehmen die Logistik den größten Teil der Wertschöpfung ausmacht, dann muss fast zwingend dieser Prozess tiefer detailliert werden. Egal, auf welcher Flughöhe die Wertkette angewendet wird, es ist kein Wechsel in der Methodik notwendig.

Mit der Wertkette können auch regelmäßig wiederkehrende Managementfragen diskutiert, geregelt und gelöst werden: operative Verbesserungsinitiativen, Jahresziele oder auch Schlüsselprojekte. Die Wertkette fungiert als Katalysator für Maßnahmen. Der zusätzliche Vorteil liegt darin, dass die einzelnen Elemente quantifiziert sind. Dadurch ist die Wertkette ein Instrument für **kontinuierliche Verbesserung** und ein Umsetzungswerkzeug.

Mit der Wertkette wird die Ist-Situation analysiert und beurteilt. Auf Grundlage dieser Ausgangslage kann anschließend eine Wertkette der Zukunft gestaltet werden. Dieser Schritt vom Ist zum Soll wird insbesondere dann notwendig, wenn größere Turbulenzen im Umfeld oder in der eigenen Organisation zu erwarten sind. Der Gestaltungsvorgang führt letztlich auch zur **Weiterentwicklung des Geschäftsmodells**[18]. Konkret handelt es sich um die Fragen, was künftig getan oder eben nicht mehr getan werden soll. Damit ist das Ressourcenthema angesprochen im Sinn des Sourcings (In- und Outsourcing). Nicht nur Leistungen können innoviert werden, sondern auch Wertketten als Geschäftsmodell.

Weil die Wertkette das Geschäft widerspiegelt und in Form von Prozessen ausdrückt, ist sie auch die Basis für die Aufbau- und Ablauforganisation. Die Kernfrage lautet, wie die hierarchischen Strukturen die Grundlogik des Geschäftes unterstützen. Im Zweifel muss die Organisation an die Wertkette angepasst werden (und nicht umgekehrt). Jede **Reorganisation** braucht den Bezug zum Markt und den Bezug zu den

Prozessen. Mit der Wertkette ist beides sichergestellt. Letztlich liegt auch ein Prozessmodell vor. Dieses hilft in der Strukturierung der Prozessarbeit, bei der Ableitung von Zielen und bei der Gestaltung. Die Gefahr bei der Modellierung von Prozessen sind Abstraktionshüllen, die mit dem Geschäft und mit dem Kunden nichts mehr zu tun haben. Die Wertkette bietet sich als pragmatisches Hilfsmittel an, zu einem tauglichen Prozessmodell zu kommen.

3. Kundenbindung
Über Kundennutzen und insbesondere über die Wertkette können diejenigen Felder identifiziert werden, in denen **Kundenbindung** entsteht. Unter diesem Begriff werden all diejenigen Prozesse verstanden, die vermehrte Zusatz-, Folge- oder Wiederkäufe bewirken, Abwanderung zur Konkurrenz oder Kaufverzicht verhindern. Die Bedeutung der Kundenbindung hat in den letzten Jahren stark zugenommen. Die Gründe sind vielfältig: steigendes Qualitätsbewusstsein, höheres Anspruchsniveau, steigende Bedeutung von Marken- bzw. Imagefaktoren, besseres Wissen um Alternativangebote, Individualisierung der Leistungen und steigende Wechselbereitschaft. Keine Strategie, kein Qualitäts- oder Produktivitätsprogramm kann das Thema Kundenbindung ausklammern. Gerade vor dem Hintergrund weit gehend gesättigter Märkte ist es zu einem Dauerthema geworden.

Die positiven Effekte von Kundenbindungsmaßnahmen liegen auf der Hand: sinkender Aufwand zur Neukunden-Akquisition, maßgeschneiderte Angebote, Möglichkeiten für Cross-Selling, sinkende Qualitätskosten, weniger Reklamationen. Über die Wertkette sind die Hebel für Kundenbindung lokalisierbar. In beiliegender Checkliste sind die wichtigsten Anknüpfungspunkte für Kundenbindung zusammengefasst. Bei der Würdigung für das Thema Kundenbindung dürfen allerdings die Gefahren nicht übersehen werden. Eine ausschließliche Fokussierung auf die Bindung bestehender Kunden kann zu einseitiger Kundenstruktur, Verlust von Flexibilität, eingestellter Neukundenakquisition oder zur Ignoranz neuer Entwicklungen führen.

Erarbeitung und Umsetzung der Kundenbindung geschehen auf Basis des Kundennutzens und vor allem der **Wertkette**. Auf dieser Basis werden alle Möglichkeiten zur Kundenbindung geprüft. Die einzelnen Vorschläge sind in die Beurteilung der Ausgangslage aufzunehmen und insofern ein guter Themenspeicher für die Optionenphase. Bei umfangreichen Leistungen oder komplizierten Marktverhältnissen sind Kundenbindungsmaßnahmen immer in Abhängigkeit von Kundensegmenten zu erarbeiten. Kundenbindung kann so zu einer Umstellung der Verantwortlichkeiten, der Prozesse oder der Aufbauorganisation führen. Beiliegendes Werkzeug hilft in der strukturierten Diskussion aller relevanten Kundenbindungs-Themen.

Kundenbindung	Checkliste
Bereich	**Anknüpfungspunkte für Kundenbindung**
1. Erhöhung der relativen Qualität	• Erhöhung der Leistungsmerkmale oder Veränderung der Wert- bzw. Nutzenmerkmale • Erhöhung der Servicemerkmale: Kundenservice, Beratung, Betreuung... • Erhöhung der Imagemerkmale: Steigerung von Image, Markenbewusstsein, Exklusivität... • zusätzliche Leistungen • Steigerung der Einsatzmöglichkeiten
2. Optimierung des relativen Preises anhand des Nutzens	• Anpassen des relativen Preises zur Maximierung des Kundennutzens • konkurrenzorientierte Preisstellung • Rabattierungen, Kaufanreize über Preis, Mengenrabatte • Anbieten von Finanzierungslösungen • Value Pricing: Darstellung des Mehrwerts und Aufteilung zwischen Kunde und Anbieter
3. Erschweren bzw. Verhindern des Anbieterwechsels	• Anreize bei Folgekäufen • Lizenzen bzw. Angebot nur bei zeitlicher Bindung • Inkompatibilität mit anderen Systemen bzw. Leistungen • verstärkte Verwendungszusammenhänge bzw. ausschließliche Leistungen/Komponenten (Ersatz, Zubehör) • langfristige Vertragsgestaltung: Garantien, Wartung, Service, Mindestbezug, Ersatzteile...
4. Einfluss auf Mitarbeiter und Organisation des Kunden	• Einflussnahme auf Kundenprozesse • Schulung, Einbindung der Mitarbeiter des Kunden • Networking, Einflussnahme auf Entscheider beim Kunden • Kundenintegration bei: Entwicklung, Herstellung, Verkauf, Service • Optimierung/Nutzung aller Kundeninformationen

Kundenbindung über Wertkette	**Werkzeug**
Prozesse in der Wertkette	**Anknüpfungspunkte für Kundenbindung**
	•
	•
	•
	•
	•
	•
	•
	•

Kundenbindung über Wertkette	Beispiel Bauindustrie
Ein Zulieferer für Bauunternehmen erarbeitet ein Programm für Kundenbindung. Die Grundlage hierfür liefert die Klarheit über den Kundennutzen.	
Prozesse in der Wertkette	**Anknüpfungspunkte für Kundenbindung**
Auftrag bearbeiten	• einfache Softwarelösung zur Übermittlung und Quittierung der Aufträge • Auskunftshotline bei Aufträgen über 3 000 Euro • Einführung von langfristigen Lieferverträgen mit speziellen Konditionen (z.B. bei Überschreitung der Tonnagen) • Bestpreisgarantien bei Abnahmen über 1,5 Tonnen
Disposition durchführen/ Kies präparieren	• Verbindung der Disposition mit dem Auslieferplan (bzw. bei Großkunden mit »tracking and tracing«) • Garantien für Verarbeitbarkeit des Betons
Produkt herstellen/ausliefern	• automatische Versendung des Routenplanes der Auslieferung um 07.00 an den Kunden (mit »Objektliste nach Werk«) • Garantien für Pünktlichkeit der Lieferung (Toleranz: je 15 Minuten) mit entsprechenden Vertragsstrafen (Gutschriften) • Vereinfachung und Erhöhung Transparenz der Lieferscheine und Rechnungen
generelle Themen über alle Prozesse der Wertkette	• Prüfung: Auslagerung der Auslieferung an Bauspediteur (Konzentration auf Vertrieb, Produktion und Disposition) • Umlernen/Umstellen des Vertriebs auf die verstärkten Serviceleistungen

8 Bewertung der Ausgangslage

Die Beurteilung und Zusammenfassung der **Ausgangslage** ist die Grundlage für die Erarbeitung von Optionen und für die Entwicklung einer Strategie[19]. Gerade in der Strategieentwicklung ist die Versuchung sehr groß, sofort und unmittelbar die Lösungen zu formulieren und in die Umsetzung zu gehen. Bei den Beteiligten herrscht ein Gefühl subjektiver Gewissheit über die Lösungen vor. Der methodische Ansatz, zunächst sauber die Ausgangslage zu beurteilen, stösst dann häufig auf Kritik, vor allem mit dem Argument, dass alles sowieso klar sei und keine Zeit für unproduktive Analysen vorhanden wäre. Natürlich werden Analysephasen von Beratern und internen Stabsmitarbeitern gerne dazu verwendet, Umsätze zu maximieren oder sich in Szene zu setzen. Daher ist eine gewisse Skepsis von Führungskräften verständlich. Allerdings gibt es genügend Fälle, bei denen auf die Klärung und Beurteilung der Ausgangslage verzichtet wurde, sich später aber zweierlei schmerzhaft zeigte: Erstens war die Gewissheit zwar innerhalb einer Person vorhanden, nicht aber zwischen den Akteuren. Die Folgen waren Uneinigkeiten über Ziele und mangelndes gemeinsames Einverständnis über die Umsetzung. Zweitens wurden neue Perspektiven und zusätzliche Potenziale vergeben, weil nur das gerade jetzt Augenscheinliche im Zentrum stand. Es geht in diesem Abschnitt um die Darstellung, wie die Ausgangslage einfach, zielgerichtet und pragmatisch erarbeitet werden kann.

1. *Funktionen einer Analyse,*
2. *Erarbeitung der Ausgangslage anhand der sechs Schlüsselgrößen,*
3. *Zusammenfassung der Ausgangslage.*

1. Funktionen einer Analyse

Eine vernünftige Beurteilung und Zusammenfassung der Ausgangslage dauert nicht lange und liefert die Basis für Gestaltung und Umsetzung. Die **Funktionen einer Analyse** bestehen in Folgendem:

Erstens geht es um die Einigkeit über die Ausgangslage, die wesentlichen Problemfelder und die **strategischen Herausforderungen**[20]. Es macht einen erheblichen Unterschied, ob in der Strategie Marktstellung, Innovation oder die Kostenposition das Thema sind. Herrschen unterschiedliche Ansichten vor, müssen diese geklärt sein. Die strategischen Herausforderungen sind der Anker zu den anderen Phasen im Strategieprozess. Die strategischen Herausforderungen sollten in einer überschaubaren Anzahl vorliegen. Es geht um die Konzentration auf die wichtigsten Fragestellungen. In der Praxis sind dies nicht mehr als fünf bis zehn.

Die zweite Funktion besteht darin, Zusammenhänge, Überblick und **Vernetzung** herzustellen. Führungskräfte werden nicht dafür bezahlt, sich in Detailanalysen zu verlieren oder akademische Spezialistendiskussionen zu führen, sondern dafür, dass sie für Orientierung, für Überblick und für Ziele sorgen. In vielen Organisationen bestehen heute eher zu viele Analysen als zu wenige, zu viel an verteiltem Wissen als zu wenig. Für die Entwicklung der Strategie ist es entscheidend, eine Auslegeordnung am Beginn zu haben. Nur so wird klar, wo eine Vertiefung erforderlich ist und wo eine grobe Beurteilung genügt.

Die dritte Funktion liegt in **Beurteilungen**, Aussagen und eventuell auch schon Vorentscheiden. Analysen werden gerne als Katalysator für Zahlen missverstanden bzw. missbraucht. Natürlich sind Zahlen notwendig, um Einschätzungen machen zu können. Der entscheidende Punkt ist aber nicht die Zahl, sondern die Schlussfolgerung, die daraus gezogen wird. Zahlen können von Stabsmitarbeitern, Assistenten oder Beratern geliefert werden, eine Beurteilung kann aber nur durch jemand erfolgen, der Erfahrung im Geschäft hat. Dies heißt auch, dass nicht alle Themen einer hochgradigen Präzision bedürfen, um zu einer Aussage und zu einer strategischen Stoßrichtung zu kommen. Es ist beispielsweise unerheblich, ob ein Unternehmen nun 10.5%, 14.8% oder 17.3% unterhalb der branchenüblichen Kostenposition liegt. Es genügt die Aussage »10% bis 20% unterhalb des branchenüblichen Kostenniveaus«. Wesentlich sind die abgeleitete strategische Herausforderung »Verbesserung der Kostenposition um 20% innerhalb der nächsten zwei Jahre« und die abgeleiteten Maßnahmen. Strategie ist nicht hochgradige Präzision des Zahlenwerks, sondern präzise Vorbereitung der Umsetzung.

Arbeitsprinzipien und Funktionen einer Analyse — **Checkliste**

1. Identifikation der strategischen Herausforderungen (als Basis für die nächsten Phasen im Strategieprozess)
2. wenige, wichtige Fragestellungen und nicht viele Details
3. Herstellen von Zusammenhängen, Überblick und Vernetzung
4. Schaffung einer »Auslegeordnung« für die Strategieentwicklung
5. Beurteilungen, Aussagen und gegebenenfalls Vorentscheide
6. »nicht hochgradige Präzision des Zahlenwerks, sondern präzise Vorbereitung der Umsetzung«

Die **Informationsbeschaffung** ist eine wesentliche Voraussetzung für die Beurteilung der Ausgangslage. Die Quellen sind fast unendlich. In beiliegender Checkliste sind die wichtigsten genannt. Der entscheidende Punkt bei der Auswahl und beim Mix der Informationsquellen ist die Frage, ob echte Informationen vorliegen. Dies ist erst dann der Fall, wenn sie zu einer Beurteilung, zu einer Aussage und zu einem Entscheid führen.

Ein Urteil ist von der Faktenlage zu unterscheiden. Während das Faktum einen Zustand beschreibt, bedeutet Information brauchbares **Wissen**[21] und ist die Basis für ein Urteil. Nur so entsteht der Schritt von den Daten hin zur Umsetzung. Hierzu ein Beispiel: Die Zahl »8% Marktanteil« hat an sich noch keinen Informationswert. Information entsteht erst durch die Betrachtung des Umfeldes, die Entwicklung der Zahl und durch Interpretation. Acht Prozent können in einem sich entwickelnden, zersplitterten Markt eine hervorragende Leistung sein. Acht Prozent sind im Stadium der Marktsättigung und konzentrierter Anbieterzahl ein wahrscheinlich katastrophales Ergebnis. Acht Prozent Marktanteil sind eine wertlose Aussage, wenn der Markt nicht richtig segmentiert ist – entweder zu groß oder zu klein.

Informationsquellen zur Beurteilung der Ausgangslage **Checkliste**

1. Verwendung der bisherigen Resultate des Strategieprozesses: Leitbild/Leitplanken, Segment-Cockpit, Markt-Cockpit
2. Sichtung, Zusammenfassung und Bewertung bestehender Unterlagen aus der Organisation: Marktstudien, Konkurrenzanalysen, bestehende Strategieunterlagen, Kundenzufriedenheits-Studien, Qualitätsaufzeichnungen, Branchenberichte, Technologie-Screenings
3. Workshops mit klaren Methoden der Informationsbeschaffung und Verarbeitung: Szenarien, Situationsanalyse, Kundennutzen, Wertkette, Benchmarking, Erfahrungskurve, Mystery Shopping
4. Interviews oder Gruppendiskussionen mit Lieferanten, Kunden und internen Abnehmern mit den Methoden des Kundennutzens, der Wertkette…
5. externe Quellen über Text: Internet, Fachliteratur, Auskunfteien, Branchenerhebungen, Verbandsdaten, Fachexperten

Trotz dieser Liste ist der nach wie vor beste Weg der Informationsbeschaffung, mit den echten Wissens- und Erfahrungsträgern entlang der sechs Schlüsselgrößen eine Beurteilung und Zusammenfassung zu erarbeiten. Werden dabei auf Grundlage der Segmentierung noch Marktcockpit, Kundennutzen und Wertkette verwendet, ist das Gesamtbild hinreichend plausibel, um in die nächsten Phasen des Strategieprozesses gehen zu können. Die Anzahl der **Werkzeuge** (Tools) und die Tiefe der Ausführungen sind nicht entscheidend. Das einzige, was zählt, ist die Qualität in der Beurteilung der Ausgangslage.

2. Erarbeitung der Ausgangslage anhand der sechs Schlüsselgrößen

Die **Erarbeitung der Ausgangslage** ist methodisch gesehen nicht schwierig und setzt an den sechs Schlüsselgrößen an. Sind andere Informationsquellen vorhanden, wie etwa Kundennutzen oder Wertschöpfungskette, können und sollen diese einfließen. Jede Schlüsselgröße wird nun auf das heutige und künftige Geschäft angewendet und wie folgt strukturiert: Stärken, Schwächen, Chancen, Gefahren – die sogenannte SWOT – als Grundlage für die Bewertung der Schlüsselgrößen; weiter die künftigen Spielregeln im Geschäft, die strategischen Herausforderungen, ein Themenspeicher und die Sofortmaßnahmen.

1. Für die Schlüsselgröße sind echte **Stärken** zu identifizieren, die Wettbewerbsvorteile bringen und im Prinzip auch nicht leicht vom Wettbewerb imitierbar sind. In der Praxis nennen sich diese auch Kernkompetenzen, Wettbewerbsstärken, Konkurrenzvorteile usw. Die Wahl der Begriffe ist zweitrangig, wesentlich ist deren Eigenschaft. Bei den künftigen Spielregeln im Geschäft und den strategischen Herausforderungen geht es um die Frage, ob die Stärken auch künftig noch relevant sind und ob diese Stärken im Wettbewerb ausgebaut werden können.

2. Eine selbstkritische Diskussion muss auch **Schwächen** erkennbar machen. Es geht nicht um Anklage, Besserwisserei oder »Erbsenzählerei«, sondern um das ehrliche Aufzeigen von Defiziten, die im Geschäft relevant sind. Die Erörterung künftiger Spielregeln muss zeigen, ob Schwächen eine Bedrohung sein können. Die strategischen Herausforderungen leiten die Frage ab, ob Schwächen neutralisiert oder kompensiert werden müssen.

3. Leitbild, Segment- und Marktcockpit, Schlüsselgrößen, Kundennutzen und Wertkette liefern in kurzer Zeit ein transparentes Bild über Chancen und Gefahren. Diese ergeben sich entweder vom Markt oder aus dem Nutzen einer Stärke. Zusätzlich sind diese anhand der künftigen Spielregeln im Geschäft zu beleuchten und entsprechende strategische Herausforderungen abzuleiten. Anhand der Erkennung und Nutzung von **Chancen** zeigt sich, ob das Management konstruktiv denkt und aus schwierigen Situationen etwas macht. Liegen keine oder zu wenig Chancen vor, dann besteht kein strategisches Problem, sondern ein Führungsproblem.

4. Die **Gefahren** sind ein Ergebnis der Risiken, die gesehen werden. Risiken können sich aus dem Umfeld, aus dem Geschäft, aus der Organisation oder aus der Führung ergeben. Die Listung der Gefahren in den Schlüsselgrößen liefert das Risikoprofil für die Strategie und für das strategische Controlling.

5. Pro Schlüsselgröße wird nicht nur das heutige Geschäft diskutiert und bewertet. Es geht um die Erarbeitung der **Spielregeln im künftigen Geschäft**[22]. Dies soll eine mögliche Fortschreibung des heutigen Geschäftes in die Zukunft vermeiden. Diese Gefahr besteht insbesondere dann, wenn das Geschäft gerade gut läuft. Die derzeit vorliegenden operativ guten Daten geben vermeintliche Sicherheit und verleiten zur Fortschreibung der gegenwärtigen Erfolgspotenziale in die Zukunft. Das Wesen einer Strategie besteht aber gerade darin, für das künftige Geschäft vorbereitet zu sein. Gerade hier liegt der Kern des alten Sprichworts: »Strategie ist nicht das Gewinnen von Geld, sondern das Gewinnen von Zeit.«

6. Die **strategischen Herausforderungen** beziehen sich zu einem wesentlichen Teil auf die Spielregeln im künftigen Geschäft. Sie sind letztlich die Fragestellungen, die eine Strategie lösen muss. Darin liegt der Sinn einer Beurteilung der Ausgangslage, nämlich sich Klarheit über das heutige und künftige Geschäft zu verschaffen und die wichtigsten Fragen zu identifizieren, die in einer Strategie zu lösen sind.

7. Bei der Erarbeitung der bisher genannten Punkte werden automatisch erste Vorschläge für Optionen, Stoßrichtungen oder Maßnahmen entstehen. Diese sollen ge-

sammelt, aber noch nicht diskutiert und bewertet werden. Ansonsten ist die Gefahr groß, dass diese Phase endlos wird. Deshalb fließen Vorschläge in den **Themenspeicher** ein. Dieser Themenspeicher ist eine Quelle für die nächste Phase, die Optionen.

8. An verschiedenen Stellen können Ideen für **Sofortmaßnahmen** entstehen. Damit wird gezeigt, dass es bei der Strategie um Umsetzung geht und nicht um das Erstellen und Sammeln von intelligenten Papieren. Sofortmaßnahmen sind Zeichen von Ernsthaftigkeit, Resultatorientierung und damit eine der besten Formen der Unternehmenskommunikation. Bei den Sofortmaßnahmen ist aber eine Einschränkung zu machen: Sie müssen »strategie-neutral« sein, d. h. sie dürfen die Strategie nicht vorherbestimmen. Beispielsweise ist die Errichtung von fünf Vertriebsbüros in Südamerika keine Sofortmaßnahme, weil dies die Strategie schon vorwegnimmt. Demgegenüber ist die Professionalisierung des Cash-Managements eine Sofortmaßnahme, weil dies für jede zu ergreifende Strategie wichtig ist.

Mit Hilfe der Schlüsselgrößen können auch **Szenarien**[23] entworfen werden. Ein Szenario bildet einen erwarteten Zustand oder erwartete Marktkräfte in Zukunft ab. Insbesondere mit den Spielregeln im künftigen Geschäft lassen sich solche Szenarien entwerfen. Als Werkzeuge können Segmentierung, Kundennutzen oder der Wertkette verwendet werden.

Werkzeuge zum Erarbeiten von Szenarien (Simulation)	**Checkliste**

1. Segmentierung und Marktcockpit: Simulation von Marktstrukturen, Annahme von Entwicklungen auf Märkten bezogen auf Marktpotenzial, Marktvolumen, Marktanteil, Marktwachstum und Wettbewerb
2. Qualitätscockpit und Kundennutzen: Simulation von Kunden(gruppen), kaufentscheidende Qualitätskriterien, Marktcharakteristika, Qualitäts- und Preispositionen, Wettbewerbsdynamik, Systemkonkurrenz
3. Wertkette und Geschäftsmodell: Simulation eines Geschäftsmodells (Wertschöpfung), der Geschäftslogik in einer Organisation, von Systemgrenzen nach innen und außen, der Kostenverteilung
4. Spielregeln im künftigen Geschäft: Simulation von Einflussfaktoren und Kräften, die einen Markt oder eine Organisation bestimmen können

Die **Simulation** ist ein Verfahren, in dem ein Szenario abgebildet wird. In jedem Szenario sind die Auswirkungen auf die Schlüsselgrößen festzuhalten. Interessant sind Schnittmengen, wenn mehrere Szenarien gebildet werden. Je größer diese sind, umso deutlicher liegt ein Hinweis auf Plausibilität und Wahrscheinlichkeit vor. Am Ende der Ausgangsphase muss eine Einschätzung vorhanden sein. Zur Entwicklung einer Strategie braucht es ein Basis-Szenario, von dem das Management ausgeht.

Zur Erarbeitung der Ausgangslage findet sich nachfolgend eine Checkliste zu den **Schlüsselgrößen**. Die Fragestellungen sind (fast) unabhängig von der Branche zu beantworten. Selbstverständlich macht es Sinn, zusätzliche Analysefaktoren mit einzubeziehen, die sich aus der speziellen Situation im Markt, der Branche oder der Organisation ergeben. Als Resultat entsteht pro Schlüsselgröße ein zusammenfassendes Blatt. Beispielhaft ist ein solches nach den Checklisten dargestellt.

1. Schlüsselgröße: Marktstellung **Checkliste (1)**

Markt und Wettbewerb:

1. Zahlenwerk: Marktpotenzial, Marktvolumen, Marktwachstum, Lebenszyklus, absoluter bzw. relativer Marktanteil – bezogen auf uns und die wichtigsten Wettbewerber
2. Wettbewerbsvorteile der Konkurrenz, für die der Kunde eine Rechnung bezahlt
3. Konkurrenz im heutigen Geschäft (aus der Branche bzw. aus anderen Branchen)
4. Einschätzung der wichtigsten Konkurrenten anhand der Schlüsselgrößen
5. Spielregeln im heutigen Geschäft
6. Grad der Wettbewerbsintensität (Preiskampf, Angleichung der Qualitätsniveaus, Konsolidierung des Wettbewerbs)
7. Kapazitäten im Markt (Über- oder Unterkapazitäten)
8. Verhandlungs- und generell Wettbewerbsmacht von Kunden bzw. Lieferanten
9. Markttransparenz
10. gesellschaftliche Entwicklung und Demographie (Alter, Interessen, Werte…)
11. Wirtschaftliches Umfeld: Konjunktur, Verschuldungsgrad, Inflation/Deflation, Steuern, Zinsniveau
12. Politik/Gesetzgebung: Marktzugang, Eingriffe in Prozesse (Qualität, Auflagen…)
13. Lobbyismus auf Anbieter- bzw. Nachfrageseite
14. Einfluss der Globalisierung
15. Ausweichen: Nischen, »Blue Oceans«
16. Technologische Entwicklung/echter Fortschritt

Kundennutzen und Wettbewerbsvorteile:

17. Kenntnis des lösungsunabhängigen Kundenanliegens
18. Kenntnis des Kundennutzens (»Wofür bezahlt der Kunde eine Rechnung?«)
19. vorhandene Lösungstechniken (auch aus anderen Branchen)
20. Schwerpunkt einzelner Lösungstechniken in bestimmten Märkten: nach Anwendergruppen, nach Marktregionen
21. relative Qualitätsvorteile bei produktbezogenen Merkmalen
22. relative Qualitätsvorteile bei dienstleistungsbezogenen Merkmalen
23. relative Qualitätsvorteile bei imagebezogenen Merkmalen
24. relativer Preis (inkl. beeinflussende Elemente wie Rabatte, Skonti…)
25. Wettbewerbsvorteile bzgl. Verhandlungsmacht, Meinungsbildung, Kommunikation…

1. Schlüsselgröße: Marktstellung	**Checkliste (2)**

26. Wettbewerbsvorteile in den aktuellen Wertschöpfungs-Stufen/Prozessen: Einkauf, Leistungserstellung, Vertrieb...
27. Rückläufe, Reklamationen, »Defekte«

Kunden und Leistungen:

28. Kenntnis der relevanten Kundengruppen: aktuelle Kunden, ehemalige Kunden, Wechselkunden, »noch-nie« Kunden, Substitutions-Kunden
29. Vielfalt der Kunden bzw. Kundengruppen
30. Verhältnis Stammkunden zu Neukunden
31. Konzentration der Kunden
32. Nähe bzgl. Distanz zum Kunden bzw. zum »Kunden unseres Kunden«
33. generelles Kundenverhalten (Hybridität, »ich«-Gesellschaft, »wir«-Gesellschaft, Bedeutung der Marke...)
34. für die wichtigsten aktuellen Leistungen (Produkte und Dienstleistungen): Umsätze, Deckungsbeiträge, Lebenszyklus, Varianten, Sortimentstiefe
35. Sortimentsänderungen
36. Komplexität von: Leistungen, Qualität, Preissystem
37. Anzahl und Qualität der Vertriebskanäle bzw. Handelsstufen

2. Schlüsselgröße: Innovationsleistung	**Checkliste (1)**

Markt und Wettbewerb:

1. klare Marktsegmentierung für Innovationen
2. Konkurrenz im künftigen Geschäft (aus der Branche bzw. aus anderen Branchen)
3. Einschätzung der wichtigsten künftigen Konkurrenten anhand der Schlüsselgrößen
4. Substitution bzw. Systemkonkurrenz
5. Spielregeln im künftigen Geschäft/Markttransparenz der künftigen Märkte
6. Innovationsvorhaben und Zeitpunkt ihrer voraussichtlichen Markteinführung: bei der heutigen Konkurrenz, bei Lieferanten, bei Kunden, in anderen Branchen
7. Auswirkung neuer Lösungen auf unsere derzeitigen Produkte und Leistungen, auf unsere derzeitige Wertschöpfung
8. Konsequenzen von Innovationen: für die Erhaltung bestehender Marktanteilspositionen, für den Ausbau bestehender Marktanteilspositionen, für den Aufbau neuer Marktanteilspositionen
9. gesellschaftliche Entwicklung und Demographie (Alter, Interessen, Werte...)
10. Wirtschaftliches Umfeld: Konjunktur, Verschuldungsgrad, Inflation/Deflation, Steuern, Zinsniveau
11. Politik/Gesetzgebung: Marktzugang, Eingriffe in Prozesse (Qualität, Auflagen...)
12. Lobbyismus auf Anbieter- bzw. Nachfrageseite

2. Schlüsselgröße: Innovationsleistung **Checkliste (2)**

13. Einfluss der Globalisierung
14. Ausweichen: Nischen, »Blue Oceans«
15. Technologische Entwicklung/echter Fortschritt

Kundennutzen und Wettbewerbsvorteile:

16. Kenntnis des lösungsunabhängigen Kundenanliegens
17. Kenntnis des Kundennutzens (»Wofür bezahlt der Kunde eine Rechnung?«)
18. vorhandene und künftige Lösungstechniken (auch aus anderen Branchen)
19. Veränderung im Kundennutzen beim relativen Preis und in der relativen Qualität (jeweils aus Kundensicht)
20. markt- und nutzenorientierte Argumentation für das Neue (und nicht nach: Technik, Patenten, Potenzialen...)
21. heutige Distanz zu den neuen Märkten, den neuen Anwendungen, dem neuen Nutzen für den Kunden

Kunden und Leistungen:

22. Kenntnis der relevanten künftigen Kundengruppen
23. Vielfalt der künftigen Kunden bzw. Kundengruppen
24. neue Leistungen (Produkte oder Dienstleistungen)
25. neue Art und Weise, das Geschäft zu betreiben (Geschäftsmodell)
26. neue Geschäftsfelder
27. neue Märkte (geographisch, bezogen auf Branchen...)

Innovationsprozess und Umsetzung:

28. Innovationsrate, bisherige Floprate, Anzahl Versuche, Änderungsrate, Dokumentations- bzw. Systemaufwand
29. Professionalität und Erfahrung im Innovations- und Projektmanagement (Ausnutzen der Erfahrungskurve...)
30. Sicherstellung der Umsetzungsfähigkeit von Neuem: Zielvereinbarungen, klare Aufgaben, Kompetenzen und Verantwortlichkeiten (AKV)
31. erfolgskritische Umsetzungszeiten bei Produkten und Dienstleistungen
32. Verhältnis von Inventionen (reine Idee) zu echten Innovationen (umgesetzte Idee)
33. Abstimmung von Entwicklung, Leistungserstellung und Vertrieb
34. Verhältnis Eigen- und Fremdentwicklungen
35. Notwendigkeit von Kooperationen

3. Schlüsselgröße: Produktivitäten **Checkliste**

Produktivität des Kapitals (absolut und relativ zum Wettbewerb):

1. Verbesserung Investment-Intensität (eingesetztes Investment zu Wertschöpfung), Kapitalbindung, Kapazitätsauslastung
2. Steuerung der Komplexität in Sortiment, Vertriebswegen
3. Modularisierung bzw. Standardisierung von Leistungen und Leistungserbringung
4. Prüfung einzelner Prozesse bzgl. Sourcing (In-, Outsourcing)
5. relative Kostenposition (Kostenarten im Verhältnis zum Wettbewerber) insgesamt und pro Wertstufe
6. Kapazitätsauslastung
7. Nutzung von Größendegression (geringere Stückkosten durch Verteilung der Fixkosten auf mehr Absatz)
8. Automatisierungsgrad/Einsatz von technischen und DV-gestützten Verfahren im Akquisitions-, Leistungserstellungs-, Vertriebs- und Abrechnungsprozess
9. Entwicklung der Transaktionskosten (Geld-, Waren-, DL-Verkehr)

Produktivität der Arbeit (absolut und relativ zum Wettbewerb):

10. Produktivitätssteigerung: Erhöhung Umsatz, Wertschöpfung oder Transaktionen pro Vollzeit-Arbeitskraft
11. Reduktion nicht direkt wertschöpfender Aktivitäten (Wartezeiten, Kontrollen)
12. Kenntnis typische Fehler und Fehlerhäufigkeiten
13. Lerneffekte in den Prozessen (durch Wiederholung, Routine) versus »alles immer neu erfinden«

Produktivität des Wissens und der Zeit (absolut und relativ zum Wettbewerb):

14. Wissenstransfer mit positiver Auswirkung auf Qualität, Zeit, Kosten
15. Ausrichtung aller Prozesse auf die richtige zeitliche Taktung: »Time to Market«, »Time to Customer«, »Time to Celivery«, »Time to Money«
16. Erhöhung von Sicherheit/Routine in den Schlüsselprozessen (Nutzung Erfahrungskurve)
17. klare Aufgaben, Kompetenzen und Verantwortlichkeiten in den Abläufen (AKV)
18. Verminderung organisatorischer Schnittstellen
19. Komplexität im Sortiment (Varianten)
20. Komplexität auf Lieferanten- und auf Abnehmerseite (Kunden- und Händlermix)
21. Prüfung/Reduktion Durchlaufzeit in der Prozesskette (inkl. kritischer Wege)
22. Antwortzeit und Antwortqualität für Kunden und Händler
23. Qualität des Managements bei der Steuerung der Produktivität (Wissen um Kostenhebel...)

4. Schlüsselgröße: Attraktivität für gute Leute — Checkliste

Ausrichtung auf gute Leute:

1. Definition »gute Leute für uns«
2. Orientierung an Resultaten und Stärken
3. Anforderungen guter Leute in unserem Geschäft generell
4. Anforderungen guter Leute in unserer Organisation – herausfordernde Aufgaben
5. von uns gestellte Ansprüche an gute Leute
6. Fluktuation bei guten Leuten und deren Gründe
7. Konsequenz der Organisation im Umgang mit guten und schlechten Leuten (Beurteilung, Entwicklung, Entlohnung...)

Leistungs- und Resultatorientierung:

8. Möglichkeit zur echten Leistungserbringung (keine »Störungen durch die Organisation«)
9. Möglichkeit zur Selbstentwicklung und Selbstmotivation
10. Zielfestlegung, Messung der Performance, Kommunikation und Beurteilung der Resultate
11. klare AKV (Aufgaben, Kompetenzen, Verantwortlichkeiten)
12. Klarheit über das Anforderungsprofil und über die Beiträge von Mitarbeitern und Führungskräften
13. Dauer, Verlässlichkeit und Eindeutigkeit von Entscheiden
14. Stärken-, Chancenorientierung in der Organisation
15. Vertrauen, Offenheit und Integrität
16. Verlässlichkeit/Vertrauen im und ins Unternehmen
17. Ausmaß an Job-Rotation
18. Grad an Wissens-, Erfahrungstransfer

Personal- und Führungskräfteentwicklung:

19. Klarheit über den quantitativen und qualitativen Beschaffungs- und Entwicklungsbedarf
20. Fluktuation, Fehlzeiten, Krankenstände (gute oder schlechte Leute?)
21. Bewerbungen (gute oder schlechte Leute?)
22. systematische Personal- und Führungskräfteentwicklung
23. Verwirklichung des Grundsatzes: Anspruch auf kompetente Führung
24. Richtigkeit der Führungsspanne bzw. keine Mehrfachunterstellungen

5. Schlüsselgröße: Liquidität — Checkliste

Zahlungsverpflichtungen und Zahlungsbereitschaft:

1. Klarheit über Höhe, Takt und Risiko der finanziellen Verpflichtungen
2. Zahlungsverpflichtungen gegenüber Lieferanten, Lizenzgebern, Mitarbeitern, Staat, Versicherungen...
3. Unternehmenspolitik bzgl. Stundungen, Rabatten, Skonti, Zahlungszielen, Forderungen...
4. unterschiedliche Vertragstypen, Qualität der Verträge, »Veränderungsrate« der Verträge
5. Entwicklung: Bar- bzw. Kassenliquidität (»Liquidität 1. Stufe«)

Entwicklung der Liquidität:

6. typischer Verlauf des Geldflusses über das Geschäftsjahr: Schwankungen bzgl. Saison, Branche...
7. Finanzierbarkeit des Geschäftes aus sich selbst, aus anderen Geschäften oder fremdfinanziert (Banken, Börsen)
8. Lieferantenzahl und Lieferantenvielfalt
9. Kundenanzahl, Kundenvielfalt, Zahlungsmoral und Debitorenziel (Ausstandsdauer)
10. Entwicklung der Preise bzw. der Preisdisziplin
11. Kapazitätsauslastung und Konsequenzen für Verkaufspreise (positiv, negativ)
12. Entwicklung der Brutto- im Verhältnis zu den Nettoumsätzen: typische Erlösschmälerungen und deren Ursachen
13. Entwicklung der variablen Kosten (DB I) und der Fixkosten (DB II)

Professionalität der Liquiditätssteuerung:

14. Anlagepolitik flüssiger Mittel
15. Professionalität des internen Cash-Managements, der Rechnungstellung, des Mahnwesens
16. Mittelflusssaldo in den nächsten Jahren

6. Schlüsselgröße: Gewinn-Erfordernis — Checkliste

Gewinn und Sicherstellung der langfristigen Lebensfähigkeit der Organisation:

1. Klarheit über die Kosten des heutigen Geschäftes
2. Klarheit über die Kosten des künftigen Geschäftes (Rücklagen für das Unternehmen, kalkulatorische Kosten)
3. Finanzierungserfordernisse für Ziele aus den ersten vier Schlüsselgrößen
4. Entwicklung von: ROI (Gesamtkapitalverzinsung), ROS (Umsatzrendite), Kapitalumschlag

Gewinnbedarf und Gewinnpolitik:

5. Anforderungen seitens Personal (z.B. Personalfürsorgestiftung)
6. Anforderungen seitens Banken (z.B. Hypotheken, Darlehen) bzw. Aktionäre (Dividende)
7. Anforderungen seitens Staat (z.B. Steuern) bzw. Gesellschaft (z.B. Charity-Aktivitäten)
8. Klärung der externen Berichterstattungs-/Publizitätspflicht
9. Entwicklung der finanziellen Stabilität/Eigenfinanzierungsgrad (Eigenkapital-Quote)
10. Verschuldungsgrad

Aussagefähigkeit der Systeme:

11. Klarheit, Wahrheit und Vollständigkeit von: Kosten-, Leistungs-, Erlös-, Ergebnisrechnung
12. Bereinigung der G&V bzw. der Bilanz um nicht betriebsnotwendige Elemente
13. Mehrjahresvergleiche, klare Kontierungs- und Bewertungsregeln

Ausgangslage – Schlüsselgröße	Werkzeug (1)
Ausgangslage bezüglich	**Beurteilung und Zusammenfassung für:**
1. Stärken	
2. Schwächen	
3. Chancen	
4. Gefahren	

Ausgangslage – Schlüsselgröße	Werkzeug (2)
Ausgangslage bezüglich	**Beurteilung und Zusammenfassung für:**
5. Spielregeln im künftigen Geschäft	
6. strategische Herausforderungen	
7. Themenspeicher	
8. Sofortmaßnahmen	

Ausgangslage – Schlüsselgröße	Beispiel Immobilien (1)
Ein Immobilienunternehmen beurteilt die Ausgangslage für sein Geschäftsfeld »Vermietung Privat- und Gewerbekunden«. Die Schlüsselgröße »1. Marktstellung« ist wie folgt zusammengefasst.	
Ausgangslage bezüglich	**Beurteilung und Zusammenfassung für: 1. Marktstellung**
1. Stärken	• Akquisition, Vernetzung in der »Szene« in den Großstädten • Kundennutzen bei A und B-Kunden (Universalbetreuung) • Marktanteile durchschnittlich 5 bis 8% (jährl. Steigerung um 0,2% seit 200x) • Net Asset Value: 3.8 Mrd Euro (jährl. Steigerung um 300 Mio seit 200x) • FK-Quote, Relation Investitionen/Desinvestitionen, Erlöse: zufriedenstellend (vgl. Marktcockpit) • Bestand und Re-Development
2. Schwächen	• derzeitiges Portfolio-Management: zu sehr nach Bestandsoptimierung ausgerichtet und nicht nach Entwicklung • zu geringe Kenntnis der Zusammenhänge zwischen Bestands-, Entwicklungspolitik und der Wirkung auf Cash und Rentabilität • selbe Qualitäts-/Preispolitik im Standard- und Top-Geschäft • schlechter Kundennutzen bei C-/D-Kunden (Baualtersklassen…)
3. Chancen	• Ausnutzen des positiven Immobilienzyklus v.a. in den Städten X, Y und in den Regionen A, B • weitere Konzentration auf Anbieterseite • Segmentierung: Aufbau neuer Segmente, Definition unterschiedlicher Qualitäts- und Preisniveaus
4. Gefahren	• Abfederung des negativen Immobilienzyklus in den Städten X, Y, Z und in den Regionen A • Konzentration auf Kundenseite (Neujustierung der Netzwerke) • Segmentierung: Zersplitterung der Kräfte, zu hohe Anforderungen (v.a. an Vertrieb und interne Prozesse)

Ausgangslage – Schlüsselgröße	Beispiel Immobilien (2)
Ausgangslage bezüglich	**Beurteilung und Zusammenfassung für: 1. Marktstellung**
5. Spielregeln im künftigen Geschäft	• verstärkte Segmentierung und Verkürzung des Immobilienzyklus der Märkte, v.a. im Gewerbebereich/Druck auf das »Universal-Immobilengeschäft» • Margendruck auf das Kern-Immobiliengeschäft, dafür »Margen-Potenziale« bei anderen Dienstleistungen • hoher Anlagedruck offener Immobilien und anderer Fonds (Bereinigung des Portfolios) • Internationalisierung in gewissen Bereichen, v.a. bei Kundengruppen A, B und Branchen X, Y
6. strategische Herausforderungen	• künftige Unternehmenspolitik bzgl. der erweiterten Gewerbesteuerkürzung (Haltepflicht) • Anpassung des Portfolios an Kundengruppen bzgl. Lage, Größe, Verwendungszweck (primär im Umfeld der Großstädte) • Konzentration auf Kundenseite bei: Industrie- und Bankkunden, institutionellen Anlegern • rasche Antworten auf Druck durch Internationalisierung
7. Themenspeicher	• Prüfung Markteintritt in den Städten X, Y und den Regionen A, B • Bereinigungsplan für Portfolio (in Entsprechung der Fonds) • Abstimmung und Neuausrichtung der Verkaufs- und Vermietungsstrategie • zusätzliche Dienstleistungen »rund um die Immobilie«
8. Sofortmaßnahmen	• Neubewertung/Neuanalyse der Immobilienzyklen in den bestehenden Märkten • Prüfung der erfolgreichen und nicht-erfolgreichen Internationalisierungs-Strategien bei Wettbewerbern • sofortiges Herstellen von Zahlentransparenz und Kenntnis um die Hebel bzgl. Bestand/Entwicklung und Cash/Rentabilität

3. Zusammenfassung der Ausgangslage
Sind die bisherigen Schritte im Strategieprozess erarbeitet worden, geht es bei der **Zusammenfassung der Ausgangslage** nicht mehr darum, neue Inhalte zu finden, sondern diese zu verbinden, zu plausibilisieren und in eine »management-taugliche« Form zu bringen. An Quellen fließt Folgendes ein:

- alle strategierelevanten Aussagen des Leitbildes oder – falls nicht vorhanden – der Leitplanken in Form der Geschäftsabgrenzung bzw. des Wertvorstellungsprofils
- Resultate aus der Segmentierung: Segmentcockpit und Marktcockpits für die relevanten Segmente
- Ergebnisse aus dem Kundennutzen
- Zusammenfassung der Wertschöpfungskette
- Beurteilung und Zusammenfassung der einzelnen Schlüsselgrößen.

Das Wichtigste in der Zusammenfassung ist die **Plausibilisierung** der Erkenntnisse und der Aussagen. Wenn etwa aus dem Kundennutzen über längere Zeit außerordentlich gute Werte kommen, die Segmente richtig auf den Kunden »zugeschnitten« sind und viele Stärken identifiziert wurden, dann muss das zu einer dominanten Marktstellung führen. Sind der absolute und der relative Marktanteil schlecht, so sind die Ergebnisse kritisch zu durchleuchten oder bisher unbekannte Marktkräfte zu suchen. Wenn die Resultate im großen und ganzen stimmig sind, wird die Zusammenfassung als Verdichtung folgender Elemente erstellt:

- Spielregeln und strategische Herausforderungen im künftigen Geschäft
- Zusammenfassung des Marktcockpits
- SWOT und ggf. erläuternde Darstellungen
- Eckwerte: Zahlenwerk (z.B. anhand der sechs Schlüsselgrößen)
- Themenspeicher für die Optionenphase
- Sofortmaßnahmen.

Es geht in der Zusammenfassung eines Geschäftsfeldes um **Präzision**, Knappheit in der Aussage und die Vermeidung von Floskeln, Anglizismen und Fremdwörtern. Der Umfang sollte im Idealfall nicht fünf bis zehn Seiten übersteigen. Wird viel Information verarbeitet, kann natürlich zu besonderes wichtigen Themen ein Anhang erstellt werden.

Die Führung des Unternehmens bzw. des Geschäftes hat am Ende dieser Phase die Resultate zu besprechen und zu verabschieden. Sollten Einwände bestehen, sind diese nachzuarbeiten oder auszudiskutieren. Sind grundsätzliche Fragen des Geschäftes bei den Entscheidungsträgern strittig, muss der Strategieprozess an dieser Stelle gestoppt werden. Allenfalls können noch Optionen besprochen werden. Spätestens bei der Entscheidung über die Geschäftsstrategie braucht es das Einvernehmen der Entscheider. **Management-Entscheid**[24] bedeutet Konsens zur Ausgangslage und Auftrag zur Weiterarbeit.

Die Zusammenfassung der Ausgangslage ist kein isoliertes Dokument. Sie stellt quasi das Anforderungsprofil bzw. **Lastenheft für die Strategie** dar. Optionen- und

Strategiephase müssen Antworten auf die SWOT und die Herausforderungen finden. In der Umsetzung und Weiterentwicklung einer Strategie werden laufend die Kernaussagen der Ausgangslage geprüft, ob eine Veränderung oder eine Ergänzung stattgefunden hat. Die Strategie ist die Antwort auf die Ausgangslage, insbesondere auf die strategischen Herausforderungen. Am Ende sollen die Stärken ausgebaut, Schwächen vermieden, Chancen genutzt und Gefahren ungeschehen gemacht sein. Die Ausgangslage nimmt Bezug auf die Ausgangsfrage von Strategie: »Was müssen wir heute entscheiden und beginnen, damit wir langfristig im Geschäft bleiben?« Die Ausgangslage hat geklärt, welche die Fragen sind, die heute entschieden und geklärt werden müssen, um langfristig im Geschäft zu bleiben. Im nächsten Schritt geht es um das Finden von möglichen Antworten.

Zusammenfassung der Ausgangslage **Werkzeug (1)**

1. Spielregeln und Herausforderungen im künftigen Geschäft

Schlüsselgröße	**Spielregeln und Herausforderungen im künftigen Geschäft**
1. Marktstellung	
2. Innovationsleistung	
3. Produktivitäten	
4. Attraktivität für gute Leute	
5. Liquidität	
6. Gewinn-Erfordernis	

2. Zusammenfassung des Marktcockpits

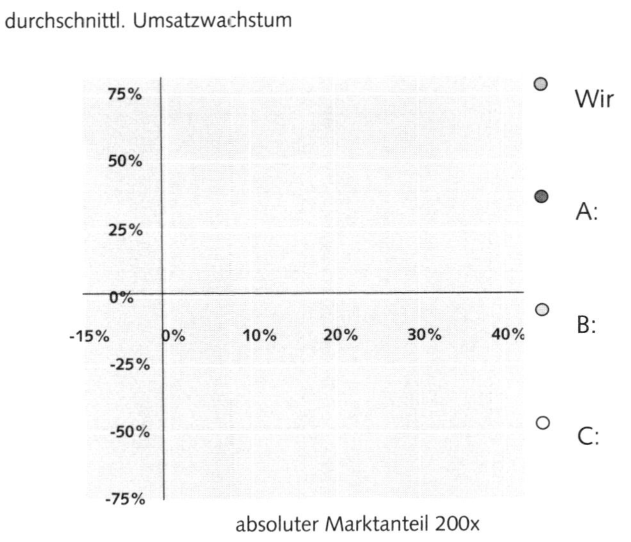

Zusammenfassung der Ausgangslage	Werkzeug (2)
3. SWOT aus den Schlüsselgrößen	
Stärken	**Schwächen**
•	•
Chancen	**Gefahren**
•	•

4. Eckwerte			
	200a	**200b**	**200c**

Zusammenfassung der Ausgangslage **Werkzeug (3)**

5. Themenspeicher für die Optionenphase	
Schlüsselgröße	**Themenspeicher**
1. Marktstellung	•
2. Innovationsleistung	•
3. Produktivitäten	•
4. Attraktivität für gute Leute	•
5. Liquidität	•
6. Gewinn-Erfordernis	•

6. Sofortmaßnahmen				
Nr.	**Maßnahme**	**Resultat bis**	**Verantw.**	**Status**
1				
2				
3				
4				
5				
6				
7				

Zusammenfassung der Ausgangslage	**Beispiel Baukonzern (1)**
Ein Baukonzern segmentiert sein Geschäft in vier SGF: »Hausbau Private«, »Gewerbe- und Industrieimmobilien«, »Generalunternehmer-Geschäft« und »Immobilien-Handel«. Für das SGF »Hausbau Private« wird die Ausgangslage wie folgt beurteilt.	
1. Spielregeln und Herausforderungen im künftigen Geschäft	
Schlüsselgröße	**Spielregeln und Herausforderungen im künftigen Geschäft**
1. Marktstellung	• steigender Wettbewerbsdruck (v.a. auf mittelgroße Anbieter) • steigende Bedeutung: Individualität, Demographie
2. Innovationsleistung	• wachsendes Segment bzgl. Innovation/Qualität • Tendenz hin zu Gesamtanbieter (alle kundenrelevanten Prozesse)
3. Produktivitäten	• Druck auf Investment/Verbesserung Investment-Intensität
4. Attraktivität für gute Leute	• Facharbeitermangel, Mangel an Führungskräften (Bauleiter) • hohe Fluktuation von guten Leuten (generell in der Branche)
5. Liquidität	• Druck auf Margen, v.a. in Regionen A, B • Liquiditätsdruck in der Branche
6. Gewinn-Erfordernis	• ca. 10 bis 15% Umsatzrendite als untere Grenze • Unabhängigkeit von Banken

2. Zusammenfassung des Marktcockpits

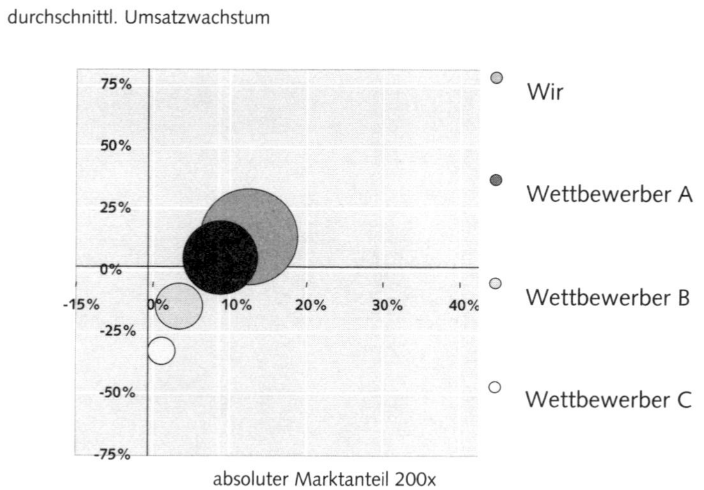

Zusammenfassung der Ausgangslage	Beispiel Baukonzern (2)
3. SWOT aus den Schlüsselgrößen	
Stärken	**Schwächen**
• Marktführer, gutes Image • Produktionsflexibilität/Produktivität • Qualität, Termintreue • …	• Innovation (Energie…) bzw. Individualisierung • sinkender Durchschnittsumsatz pro Niederlassung • Cash-Management, Forderungswesen • …
Chancen	**Gefahren**
• Marktbereinigung (Liquiditätsdruck) • Verkauf zusätzlicher Dienstleistungen (Planung, Projektleitung zusätzlicher Gewerke…) • …	• Zahlungsmoral bei Kunden und Lieferanten • kleinere Einheiten – relativ steigende Komplexitätskosten • …

4. Eckwerte

Eckwerte gemäß Logik der Schlüsselgrößen	200a	200b	200c
Marktvolumen	640	630	640
Marktanteil	14%	15%	15%
Umsatz	90	95	97
Absatz (errichtete Einheiten)	200	215	230
Einkauf	30	31	34
Wertschöpfung (Umsatz – Einkauf)	60	64	63
Investment	45	45	48
Investment-Intensität (Investment/Wertschöpfung)	0.75	0.70	0.76
Vollzeit-Arbeitskräfte	580	575	570
Produktivität (Wertschöpfung pro Vollzeitarbeitskraft)	0.10	0.11	0.11
Cashflow	10	12	8
Betriebsergebnis	13	14	14
Umsatzrendite (Betriebsergebnis/Umsatz)	14%	15%	14%
Return on Investment (Betriebsergebnis/Investment)	29%	31%	29%

Zusammenfassung der Ausgangslage **Beispiel Baukonzern (3)**

5. Themenspeicher für die Optionenphase

Schlüsselgröße	Themenspeicher
1. Marktstellung	• Forcierung des Segments »Schlüsselfertig» • Ausbau von Keller, Kaminen, Garagen für Fertigteilhäuser
2. Innovationsleistung	• Entwicklung innovativer Lösungen (Energie, Öko) • Entwicklung von Dienstleistungspaketen (z.B. Projektleitung für Kunde bei Gewerken, »Hauslebenszyklus«...)
3. Produktivitäten	• Senkung Fixkosten, Bereinigung Investment (Bauhöfe A, B) • Technik-Nachrüstung (Bsp. Systembau)
4. Attraktivität für gute Leute	• Einführung echter Personalentwicklung • Entwicklungsverantwortung der Führungskräfte
5. Liquidität	• Einführung: langfristige Liquiditätsplanung • Professionalisierung des Einkaufs bzgl. Konditionen • Überprüfung Gewährleistungspolitik
6. Gewinn-Erfordernis	• Einführung Risikoprofil (Subunternehmer...) mit direkter Wirkung auf die Ergebnisse • Verstärkung Ergebnisdenke (Bonus, Schulung BL...)

6. Sofortmaßnahmen

Nr.	Maßnahme	Resultat bis	Verantw.	Status
1	Verbesserung des Cash-Managements inkl. klarer organisatorischer Regelung	31.01.	Müller	
2	Prüfung Kooperation mit X im Rohbau	28.02.	Achleitner	
3	Prüfung Herstellkosten mit marktüblichen Kosten (Fenster, Türen...), Erstellung Vorschläge für systematische Müllabfuhr	30.06.	Krajic	
4	komplette Schließung Bauhof X	30.06.	Ebner	
5	...			

Anmerkungen

1 Vgl. die Orientierung am Geschäftsfeld in: *Kreilkamp, E.*, Strategisches Management und Marketing, Berlin 1987, S. 316; *Lombriser, R./Abplanalp, P.*, Strategisches Management, Zürich 1997, S. 69, S. 71.
2 *Malik, F.*, malik on management m.o.m.®-letter, Nr. 2001/08, Strategische Unternehmensführung I, S. 144.
3 *Müller-Stewens, G./Lechner, C.*, Strategisches Management, Stuttgart 2003, S. 191.
4 Vgl. *van Geldern, M.*, Organisation, Frankfurt/New York 1997, 117 ff.
5 Vgl. zum Thema Marktausrichtung, Klarheit über Märkte: *Bruckner, K. et al.*, What is the market telling you about your strategy?, in: www.mckinseyquarterly.com, S. 157 ff.
6 Vgl. den strategisch relevanten Markt in: *Buzzell, R./Gale, B.*, Das PIMS Programm, Wiesbaden 1989, S. 45 ff.
7 Vgl. *Hinterhuber, H.*, Strategische Unternehmensführung, Band 1, Berlin 2004, S. 173.; vgl. *Müller-Stewens, G./Lechner, C.*, Strategisches Management, Stuttgart 2003, S. 255.
8 *Thommen, J.*, Allgemeine Betriebswirtschaftslehre, Zürich 1991, S. 169.
9 Vgl. *Hamel, G./Prahalad, C.*, The core competence and the corporation, in: Harvard Business Review Vol 68, Nr. 3., S 79 ff.; vgl. *Hinterhuber, H. et al.*, Kundenzufriedenheit durch Kernkompetenzen, München 1997, S. 147 ff.; vgl. *Osterloh, M./Frost, J.*, Prozessmanagement als Kernkompetenz, Wiesbaden 2000.
10 Vgl. *Lanning, M./Michaels, E.*, A business is a value delivery system, in: www.mckinseyquarterly.com: Delivering value to customers, S. 53 ff.
11 Zur Qualität und zur Kompetenz der Erfüllung der Anforderungen des Kunden vgl. *Hinterhuber et al.*, Kundenzufriedenheit durch Kernkompetenzen, München 1997, S. 35.
12 Das Strategiecockpit geht über Porter`s polare Unterscheidung von Kosten- oder Q-Führerschaft hinaus und stellt die Frage des Kundennutzens ins Zentrum. Vgl. hierzu: *Porter, M.*, Competitive Advantage, New York 1985, S. 12 und *Stöger, R./Mispagel. J.,/Herse., R.*, Kundennutzen: richtige Qualität zum richtigen Preis, online-letter des Malik Management Zentrum St. Gallen, Juni 2005, S. 1 ff.
13 Vgl. *Bood R./Postma T.*, Strategic learning with scenarios, in: European management journal, Vol. 15/Nr. 6/1997, S. 633 ff.
14 Vgl. *Hamel G./Prahalad C.*, The core competence and the corporation, in: Harvard Business Review 1990, Vol. 68/Nr. 3, S. 79 ff. und *Connor, K.*, A historical comparison of resource-based theory and five schools of thought within industrial organization economics, in: Journal of Management, Vol 17/1991, S. 121 ff.
15 Vgl. die Orientierung der Wertkette an der Strategie in: *Porter, M.*, Wettbewerb und Strategie, München 1999, S. 83 ff
16 Vgl. hierzu *Drucker, P.*, Sinnvoll wirtschaften. Notwendigkeit und Kunst, die Zukunft zu meistern, Düsseldorf 1997, S. 148.
17 Vgl. die Wertkette als Prozesskette in: *Stöger, R.*, Geschäftsprozesse, Stuttgart 2005, S. 66.
18 Zur markt- und ressourcenorientierten Gestaltung der Wertkette und des Geschäftsmodells vgl. *Hamel, G.*, Bringing silicon valley inside, in: Harvard Business Review 1999, Vol. 77/Nr. 5, S. 71 ff.
19 Vgl. zur Bedeutung und Erarbeitung der Ausgangslage für eine Strategie: *Ulrich, H.*, Gesammelte Schriften, Band 2, Bern-Stuttgart-Wien 2001, S. 234 ff.
20 Vgl. *Drucker, P.*, Sinnvoll wirtschaften. Notwendigkeit und Kunst, die Zukunft zu meistern, Düsseldorf 1997, S. 88 ff.
21 Zum Thema Information und Wissen vgl. *Probst, G./Raub, S./Romhardt, K.*, Wissen managen – Wie Unternehmen ihre wertvollste Ressource optimal nutzen, Wiesbaden 1997.
22 Vgl. hierzu *Ansoff, I.*, Managing surprise and discontinuity, in: Zeitschrift für betriebswirtschaftliche Forschung, Vol. 28/1976, S. 129 ff.

23 Vgl. zur Szenariotechnik *Van der Heijden, K.*, Scenarios: The art of strategic conversation, New York 1996.

24 Zur Bedeutung und Methodik von Managemententscheiden vgl. *Ulrich, H.*, Gesammelte Schriften, Band 2, Bern-Stuttgart-Wien 2001, S. 127.

Phase 2: Erarbeitung von Strategieoptionen

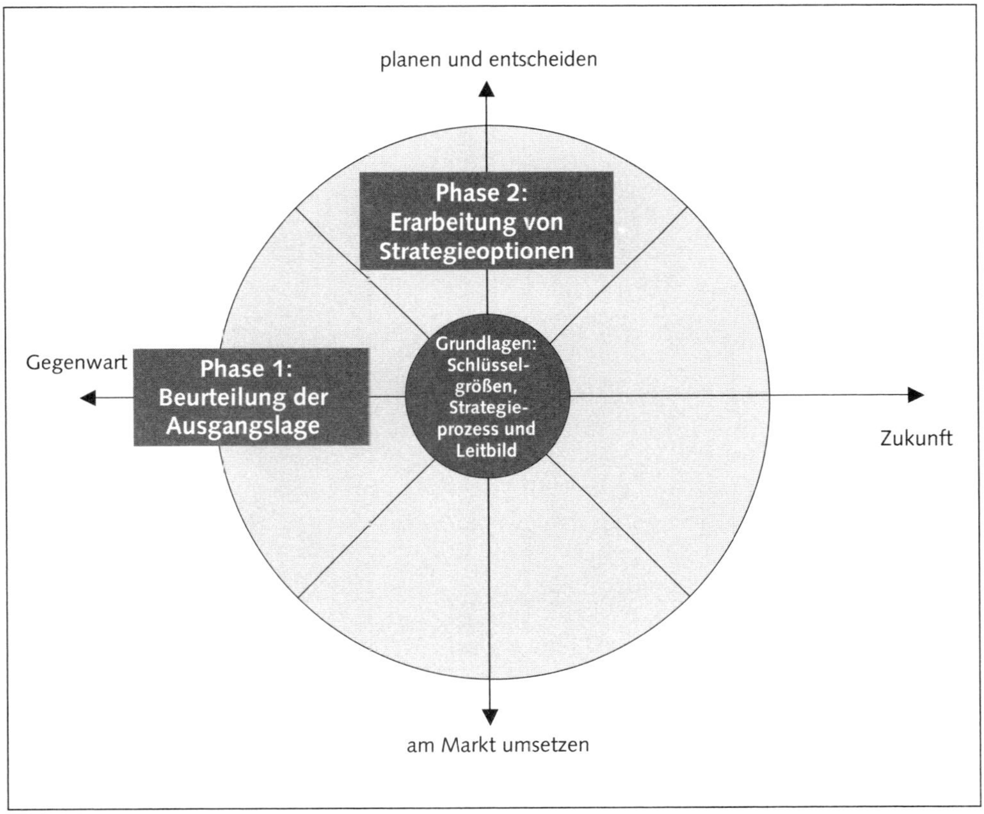

9 Optionen zur Marktstellung

Strategieentwicklung ist ein Entscheidungsprozess. Zu jeder soliden Entscheidung gehören mehrere Alternativen zur Auswahl. Nur so wird eine breite und umfassende Perspektive sichergestellt und das Geschäft von unterschiedlichen Seiten aus betrachtet. Nachdem die erste Phase die gegenwärtige Ausgangslage und künftige Herausforderungen geklärt hat, geht es in der anschließenden darum, die Handlungsalternativen zu erarbeiten. In der Strategensprache werden diese **Optionen** genannt[1]. Die Kernfrage lautet: »Welche Optionen geben Antwort auf die strategischen Herausforderungen und nutzen unsere Stärken?«

Optionen sind grundsätzlich mögliche Geschäftsaktivitäten und lassen sich anhand der **Schlüsselgrößen**[2] gliedern. Eine erste Optionenart betrifft die Marktstellung, das heutige Geschäft. Es geht im Wesentlichen um Marktdurchdringung und die Verbesserung der Qualitätsposition. Die zweite bezieht sich auf die Innovationsleistung, das künftige Geschäft. Hier spielen die Markt- bzw. Leistungsentwicklung und die Veränderung des Geschäftsmodells eine wesentliche Rolle. Die dritte Art von Optionen sind solche der Produktivitäten, das heißt der Kostenposition und der Prozesse. Die Schlüsselgrößen »Attraktivität für gute Leute«, »Liquidität« und »Gewinn-Erfordernis« werden nicht als eigene Optionen dargestellt, sondern sind wesentliche Anforderungen zur Umsetzung der genannten drei **Optionenarten**.

Für den **Erarbeitungsprozess der Optionen** ist es wichtig, wiederum vom strategischen Geschäftsfeld auszugehen und nicht vom Gesamtunternehmen. Die Wissens- und Erfahrungsträger, vor allem aber die Umsetzungsverantwortlichen sind einzubeziehen. Zuerst werden die Optionen bezüglich Markt, Innovation und Produktivität erarbeitet. Anschließend sind die Optionen zu bewerten und zu priorisieren. Ganz wesentlich dabei sind Fragen des Risikos, der Umsetzbarkeit und die Beantwortung der strategischen Herausforderungen. Diejenigen Optionen, die im Bewertungsprozess übrig bleiben, bilden dann als Stoßrichtungen den Kern der Geschäftsstrategie. In diesem Kapitel stehen die Optionen zur Marktstellung im Vordergrund.

1. Marktdurchdringung,
2. Verbesserung der Qualitätsposition als »Moments of Truth«,
3. Beispiel einer ausgearbeiteten Option zur Marktstellung.

1. Marktdurchdringung
Unter der **Marktdurchdringung** wird die konsequente Ausschöpfung des gegenwärtigen Geschäftes verstanden[3] , d.h. die heutigen Märkte und die heutigen Leistungen. Es geht vor allem um die Steigerung der Marktanteile und um die Verbesserung des Kundennutzens im Geschäft hier und heute. Dies mag eher unspektakulär,

wenig spannend und für viele »unstrategisch« klingen. Tatsache ist aber, dass diese Optionen genau so wichtig wie andere zur Bewältigung der künftigen Herausforderungen sein können. Zudem bieten sie den Vorteil, dass das heutige Geschäft mit all seinen Chancen und Gefahren bekannt ist und die Diskussionen üblicherweise viel sachlicher und mit weniger Strategieromantik behaftet verlaufen.

Eine Möglichkeit zur Marktdurchdringung stellt die vertiefte **Segmentierung des bestehenden Geschäftes** dar. Gemeint ist eine Untersegmentierung der bestehenden Kunden(-gruppen) bzw. Leistungen. Ziel ist es, durch maßgeschneiderte Marktbearbeitung bei Qualität und Preis den Kundennutzen zu erhöhen. Vertrieb und Kundenbetreuung sind auf die segmentierten Kunden und Leistungen konzentriert und daher wirksamer. Ein Beispiel ist die Ausdifferenzierung von Getränkeherstellern, die für spezielle Kundengruppen gezielte Produkte anbieten, ohne dabei aber am Geschäft grundsätzlich etwas zu verändern.

In diesen Zusammenhang fällt auch die **Verbesserung des Kunden- oder Leistungsmix**. Alle Kunden und Leistungen sind nach Kriterien des Umsatzes, des Deckungsbeitrages und der Bedeutung für das künftige Geschäft zu prüfen. Ziel ist es, regelmäßig Kunden- und Leistungsgruppen zu eliminieren, die keinen Beitrag für das heutige oder künftige Geschäft liefern. So prüft etwa eine Bank jährlich ihre Kreditprodukte für ausgewählte Kommerzkunden mit dem Ziel, dreißig Prozent der Produkte abzustellen und den Anteil der Stammkunden um zehn Prozent zu erhöhen. Dadurch werden Ressourcen frei, sich auf die interessanten Kunden und Leistungen zu konzentrieren.

Die **intensivere Verwendung der Leistung** stellt eine weitere Möglichkeit der Marktdurchdringung dar. Es geht darum, dass der Kunde die Leistung häufiger in Anspruch nimmt und diese Erhöhung im Umschlag auch bezahlt. So hat ein Lieferant für spezialisierte Bürosoftware seine Oberfläche und seine Basisprozesse auf alle Anwendungen im Tagesgeschäft ausgedehnt. Dadurch steigert er Eintrittsbarrieren für Konkurrenten und kann den Preis für die Software erhöhen. Die Grundlage für diese Marktdurchdringung muss immer die Verbesserung des Kundennutzens sein. Eine intensivere Nutzung durch Qualitätsverschlechterung mag zwar kurzfristig positive Wirkung auf Umsätze haben, führt aber schnell zu einer deutlichen Verschlechterung der Marktstellung.

Eng mit der intensiveren Verwendung der Leistung verbunden ist die **Beschleunigung des Ersatzes**, etwa die Verminderung der Einsetzbarkeit bzw. des Lebenszyklus. Dadurch muss die Leistung häufiger bezogen werden. Dies klingt zunächst sehr riskant und vielleicht sogar »unmoralisch«. Es gibt aber ganze Industrien, die letztlich ihr Geschäftsmodell darauf bauen, wie etwa die Lifestyle-, Mode- oder Skibranche. Diese Fälle sind insbesondere interessant, als es sich nicht um eine Abnutzung oder verminderte Einsatzfähigkeit handelt, sondern um das gekonnte Erzeugen eines Mangelgefühles bei alten Produkten. In der Servicierung von Industriegütern lassen sich ähnliche Beispiele finden, etwa durch Verkürzung von Wartungsintervallen.

Zusatzleistungen rund um die bestehende Leistung sind ein klassischer Fall von Marktdurchdringung. Die Grundidee lautet, den Verwendungsprozess aus Kundensicht zu prüfen und ergänzende Produkte oder Dienstleistungen einzubauen. Dadurch entstehen Umsatz, Kundenbindung und Abschirmung vom Wettbewerb. Es kann sogar zu einem völligen Drehen des Geschäftsmodells kommen. Beispielsweise lebt der klassische Maschinenbau in vielen Segmenten nicht mehr vom Kernprodukt, sondern nur noch von den ergänzenden Leistungen, wie Finanzierung, Wartung oder Instandhaltung. Auch diese Option funktioniert nur bei Steigerung des Kundennutzens.

Die **Kapazitätspolitik** ist ein Hebel für Marktdurchdringung. Die Angebots-Nachfrage-Funktion wird damit direkt beeinflusst. Ein Ansatz ist die Schaffung von Überkapazität und dadurch die Überschwemmung der Märkte. Ein Beispiel sind die Discountgeschäfte im Einzelhandel. Die Marktdurchdringung funktioniert, weil die Qualitäten in Ordnung sind, gleichzeitig aber die Preise – zumindest aus Kundensicht – stark gesenkt werden. Ein weiterer Ansatz ist die bewusste Verknappung des Angebots und die Erzeugung von »Nachfragesog« und Preisanstieg. Beispielsweise verfolgen Luxusartikel, wie Sportwagen, diese Kapazitätspolitik.

Mit gezielter **Preispolitik** lassen sich viele Märkte ebenfalls durchdringen, zum Beispiel durch das Erhöhen oder Senken des Preises zur Verbesserung der Marktstellung. Zusätzlich können noch andere preisbezogene Elemente, wie Rabatte oder Skonti, optimiert werden. Beispiele für gezielte Preissenkungen unter Beibehaltung guter Qualität hat jahrzehntelang die japanische Industrie vorgemacht, namentlich im Elektro-, Elektronik oder Automobilgeschäft. Beispiele für die professionelle Erhöhung von Preisen sind Markenartikler etwa bei Schreibwaren oder Mode. Die Preispolitik hat üblicherweise enormen Einfluss auf das Geschäftsmodell. Sie setzt ganz klar voraus, dass die Kostenposition und das Image entsprechende Voraussetzungen schaffen.

Eine professionelle **Kommunikationspolitik** kann in verschiedenen Branchen eine Voraussetzung für Marktdurchdringung sein. Durch PR, Werbung oder Verkaufsförderung wird mehr Oberfläche zum Kunden aufgebaut und der Kunde gebunden. Einzelhandel, Marken-, Bank- oder Versicherungsgeschäft arbeiten in vielen Segmenten klar über die Kommunikation. So sind etwa Neueinführungen von Markenartikeln im Lebensmitteleinzelhandel ohne massive Vermarktung nicht mehr lebensfähig bzw. werden vom Handel nicht mehr gelistet. Im deutschsprachigen Raum gehen die Kommunikationskosten hier bis in zweistellige Millionenbereiche pro Markteinführung.

Mit der **Distributionspolitik** wird die Verbindung zum Kunden über den Vertriebsweg hergestellt. Es geht um die Überprüfung und Optimierung von allen direkten oder indirekten Kanälen zum Kunden, wie etwa den eigenen Vertriebsapparat, Handelsstufen oder elektronische Marktplätze. Gegebenenfalls sind neue Kanäle zu erschließen. Im Kern lautet die Frage, wie der Kaufentscheid beim Kunden entsteht und dieser am wirksamsten über die Distribution beeinflusst werden kann. Beispielsweise setzt das Generikageschäft im Pharmabereich voraus, alle Kanäle zu Krankenhäusern, Ärzten und insbesondere Apotheken professionell zu beherrschen.

Die gezielte und selektive **Imitation der Konkurrenz** kann eine Möglichkeit der Marktdurchdringung sein. Dies betrifft zum einen die Imitation von Wettbewerbsvorteilen der Konkurrenz und damit die Schaffung von Markttransparenz. Zum zweiten ist Imitation eine gezielte Nivellierung des Wettbewerbsvorteils der Konkurrenz. Die koreanische und insbesondere chinesische Auto- und Maschinenbauindustrie geht diesen Weg der Imitation. Interessant dabei ist, dass viele dieser Angebote eine solide Kernqualität zu einem sehr guten Preis bieten, dafür aber in den Funktionalitäten deutliche Abstriche machen. Imitation der Konkurrenz klingt simpel, erfordert aber ein rasches Erreichen der Qualitäts- und Preisposition der Wettbewerber. Zudem ist mit nachhaltigen Reaktionen zu rechnen, wenn der Versuch unternommen wird, das Wettbewerbsniveau zu nivellieren. Und schließlich besteht die Gefahr, andere Entwicklungen und innovative Geschäftsmöglichkeiten zu übersehen.

Marktdurchdringung wird durch das **direkte Angreifen der Konkurrenz** und das Übernehmen von Marktanteilen erreicht. Dies setzt eine klare Segmentierung der Märkte voraus und Klarheit über die Stoßrichtung des Angriffs (über Qualität bzw. Preis). Die PIMS-Forschung hat gezeigt, dass Marktanteile nachhaltig nur dann gewonnen und verteidigt werden können, wenn ein deutlich besserer Kundennutzen vorliegt. In jedem Fall erfordert das Angreifen der Konkurrenz eine glasklare Strategie, genügend Liquidität und einen »langen Atem«. Die Marktführer im europäischen Telefoniegeschäft zeigen, wie sie über Preis, Dienstleistungen und PR Marktanteile von kleineren Wettbewerbern gewinnen. Dies ist anfänglich immer mit Verlusten verbunden, bedeutet aber auf längere Sicht hohe Marktanteile und damit eine positive Vorsteuerung für das betriebswirtschaftliche Ergebnis.

Eine andere Form des Angriffs ist die **»Aneignung« der Konkurrenz** zum Erreichen der Marktdurchdringung. Es gibt verschiedene Stufen, angefangen bei einer Kooperation einzelner Funktionen (F&E, Leistungserstellung, Vertrieb) über eine Beteiligung bis hin zu einer Akquisition. Die Marktwirtschaft wird hierbei insofern außer Kraft gesetzt, als Wettbewerb durch Integration ersetzt wird. Im äußersten Fall werden staatliche Institutionen, d. h. Kartellbehörden, aktiv, um volkswirtschaftliche Schäden abzuwenden. Ein Marktführer in der Lebensmittelindustrie macht sehr professionell vor, wie über das allmähliche Aufkaufen von Wettbewerbern und Marken eine dominante Marktstellung erreicht wird.

Die **Erhöhung der Verhandlungs- und Wettbewerbsmacht** kann in gewissen Branchen zu einer Marktdurchdringung führen. Dies bedeutet nichts anderes, als dass die Macht des eigenen Unternehmens auf Entscheidungsprozesse bei Marktteilnehmern ausgedehnt wird. Dies kann Lieferanten, Kunden des Kunden oder politische Akteure betreffen. Gewisse lokale Bauunternehmen zeigen, wie sie professionell Entscheidungsprozesse in politischen Gremien beeinflussen und damit öffentliche Investitionen, d.h. Umsatz für das eigene Unternehmen, hervorrufen.

Mit letzterem ist der **Einfluss auf die Markttransparenz** zur Marktdurchdringung angesprochen. Dies kann entweder gezielte Erhöhung oder gezielte Verminderung der Markttransparenz bei Kunden und anderen relevanten Gruppen bedeuten. Viele ehemalige staatlich regulierte Branchen bieten hier Beispiele, wie etwa der Verkehrs-, der Telekommunikations- oder der Energiesektor. Neu eintretende Anbieter tun alles, um Transparenz und Kostenwahrheit zu erwirken. Etablierte Anbieter haben oftmals kein Interesse an zu viel Transparenz bei ihren Leistungen und den zugrunde liegenden Kalkulationen bzw. Prozessen. Ein anderes Beispiel ist die Versicherungswirtschaft, wo über eine Komplexitätssteigerung bei den AGBs und den Angeboten eine Vergleichbarkeit für den Kunden unmöglich gemacht wird.

Die radikalste Form der Marktdurchdringung zu eigenen Gunsten ist der **direkte Einfluss auf den Wettbewerb**. Dies kann der Einfluss auf die Gesetzgebung über Lobbyismus sein. Aber auch das Einwirken auf Ausschreibungen, Normen, Standards, Pflichten- und Lastenhefte stellt eine Beeinflussung der freien, wettbewerblichen Kräfte dar. Vor allem Unternehmen im Umkreis gesetzlich regulierter oder beeinflusster Märkte bedienen sich dieser Einflussnahme, um ihre Marktstellung zumindest zu verteidigen. Betroffene Branchen finden sich im Gesundheits-, Pharma-, Umwelt- oder Energiebereich.

Optionen zur Marktdurchdringung	Checkliste (1)
Marktdurchdringung durch…	**mögliche Ansatzpunkte**
1. Segmentierung des bestehenden Geschäftes	• vertiefte Segmentierung der bestehenden Kunden(gruppen) bzw. Leistungen • leichte Ausdifferenzierung von Preis und Qualität in den Untersegmenten
2. Verbesserung im Kunden- oder Leistungsmix	• Erhöhung des Stammkundenanteils, Senkung des Anteils der Wechselkunden • regelmäßiges »Ausmisten« des Sortiments
3. intensivere Verwendung der Leistung	• Verbesserung der Leistung bzgl. Kundennutzen (Preis-Qualitäts-Position) • Erhöhung der Einsetzbarkeit (und dadurch häufigerer Kauf)
4. Beschleunigung des Ersatzes	• Verminderung der Einsetzbarkeit und des Lebenszyklus (und dadurch häufigerer Kauf) • festgelegter und limitierter Einsatz
5. Zusatzleistungen rund um die bestehende Leistung	• bei Produkten: zusätzliche Dienstleistungen oder ergänzende Produkte • bei Dienstleistungen: zusätzliche Produkte oder ergänzende Dienstleistungen
6. Kapazitätspolitik	• Überkapazität und dadurch Überschwemmung der Märkte (mit deutlichem Preisvorteil für den Kunden) • Unterkapazität und damit Sog von Nachfrage
7. Preispolitik	• gezielte Preiserhöhung oder gezielte Preissenkung • Optimierung der preisbezogenen Elemente (Rabatte, Skonti…)
8. Kommunikationspolitik	• verstärkte PR, Werbung • verstärkte Verkaufsförderung
9. Distributionspolitik	• Nutzung neuer Vertriebskanäle oder Wieder-Übernahme der Vertriebskanäle • Optimierung der Incentivierung der Vertriebswege und Handelsstufen

Optionen zur Marktdurchdringung	Checkliste (2)
Marktdurchdringung durch...	**mögliche Ansatzpunkte**
10. gezielte und selektive Imitation der Konkurrenz	• Imitation von Wettbewerbsvorteilen der Konkurrenz und Schaffung von Markttransparenz • Imitation bis zur Nivellierung des Wettbewerbsvorteils
11. direktes Angreifen der Konkurrenz	• Angriff durch deutlich besseren Kundennutzen • selektives Angreifen rein auf Qualitäts- oder Preisseite
12. »Aneignung« der Konkurrenz	• Kooperation mit deutlicher Dominanz in einzelnen Funktionen • Beteiligung mit deutlicher Dominanz bis zur Akquisition
13. Erhöhung der Verhandlungs- und Wettbewerbsmacht	• Ausdehnung der Marktmacht auf Entscheidungsprozesse beim Kunden • Ausdehnung der Marktmacht auf vor- und nachgelagerte Entscheidungsprozesse beim Kunden (Lieferanten, Kunden des Kunden, Politik...)
14. Einfluss auf die Markttransparenz	• gezielte Erhöhung der Markttransparenz bei Kunden und anderen relevanten gesellschaftlichen Gruppen • gezielte Verminderung der Markttransparenz bei Kunden und anderen relevanten gesellschaftlichen Gruppen
15. direkter Einfluss auf den Wettbewerb	• Lobbyismus, Einfluss auf Gesetzgebung • Beeinflussung von Ausschreibung, Normen, Standards, Pflichten- und Lastenheften

Die dargestellten Optionen zur Marktdurchdringung decken den größten Teil der in der Praxis erfolgreich angewendeten Strategien ab. Die einzelnen Optionen sind nicht immer strikt voneinander zu trennen, einzelne Vorschläge können mehrere Felder der Marktdurchdringung betreffen oder sich auch gegenseitig verstärken. Für den Erarbeitungsprozess steht die beigelegte Checkliste zur Verfügung. Diese Liste ist bezüglich der eigenen Branche, der Unternehmensgröße, der aktuellen Wettbewerbsverhältnisse und des Lebenszyklus des Marktes anzupassen. Nicht jeder Punkt wird gleich relevant sein, einzelne Positionen sind zu vertiefen. Vorsicht ist in jedem Fall bei »Rezepten« oder typischen, branchenüblichen Lösungen geboten, weil diese nicht die **Einzigartigkeit** des Unternehmens hervorheben und leicht kopierbar sind.

Entlang der Checkliste werden im ersten Schritt Ideen gesammelt und möglichst konkret dargestellt. Beispielsweise macht es wenig Sinn, von einer »Qualitätssteigerung durch Bewusstseinswandel beim Kunden« zu sprechen; wenn, dann ist anzugeben, wie dieser Bewusstseinswandel herzustellen ist. Eine gut formulierte erste Idee lautet beispielsweise »Steigerung der Flächenpräsenz um 20% durch drei zusätzliche Distributoren bis Ende November«. Im zweiten Schritt werden die einzelnen Ideen thematisch gebündelt. Ziel ist es, etwa fünf bis zehn Optionen für die Marktdurchdringung vorzulegen.

2. Verbesserung der Qualitätsposition als »Moments of Truth«

Die **Moments of Truth** sind eine Ergänzung und Vertiefung der Marktdurchdringung. Der Ansatz besteht darin, die Geschäftsbeziehung aus Kundensicht prozesshaft darzustellen. Dies setzt natürlich voraus, dass heutige wie auch künftige Kunden bekannt sind und dass Klarheit über den **Kundennutzen** besteht. Die Prozesse des Unternehmens werden konsequent an den Kundenanforderungen ausgerichtet[4]. Letztlich ist es der Kunde, der die Prozesse bzw. Leistungen der Organisation definiert, prüft und abnimmt. Jeder Ablauf wird anhand der für den Kunden relevanten Anforderungen »gebaut«, um eine reine Innensicht zu vermeiden und eine kundenorientierte Organisation zu erreichen. Zusätzlich führt dieser Ansatz zu einer gewissen Objektivierung, nachdem der Kundennutzen messbar und vom Kunden aus beurteilbar ist. Somit schließt sich der Kreislauf von außen (Kunde definiert Anforderung) nach innen (Leistung durch Prozesse) und wieder nach außen (Kunde nimmt Resultat ab). »Moments« bedeutet die Verbindung des Kunden mit den eigenen Prozessen, »Truth« entsteht durch den Kaufentscheid des Kunden.

Moments of Truth | **Werkzeug**

Prozess aus Kundensicht	1.	2.	3.
1. Qualitäts- und Preisanforderungen aus Kundensicht			
2. eigene Stärken			
3. mögliche Störungen, eigene Schwächen			
4. Optionen			

Moments of Truth | **Beispiel Privatklinikum**

Ein Privatklinikum mit dem Schwerpunkt auf Orthopädie, Tages-Chirurgieleistungen und Plastische Chirurgie steht im Wettbewerb mit freiberuflichen Fachärzten und zwei öffentlichen Kliniken. Im Rahmen einer Strategieerarbeitung werden die wichtigsten Prozesse mit den »Moments of Truth« geprüft und Optionen erarbeitet. Das Resultat für orthopädische Therapieleistungen sieht wie folgt aus:

Prozess aus Kundensicht	**1. Patient von zu Hause zur Therapie bringen**	**2. Therapie durchführen**	**3. Patient von Therapie nach Hause bringen**
1. Qualitäts- und Preisanforderungen aus Kundensicht	• stressfreier Transport (plus ggf. Hilfe beim Vorbereiten) • Exklusivität in der Betreuung • Pünktlichkeit • »all inclusive«	• vollständige Therapie-Infos • professionelle Durchführung • »Wohlfühl«-Atmosphäre • Überzeiten nicht verrechenbar	• pünktlicher, störungsfreier Transport • klare Therapie-Dokumentation bzw. Abrechnung • Preisabschlag bei Fehlzeiten
2. eigene Stärken	• konstante Personen (für ältere Patienten) • Leitsystem für Patienten	• konstante Therapeuten • Ausstattung	• siehe Prozess 1 • Dokumentation bzw. Abrechnung
3. mögliche Störungen, eigene Schwächen	• Patient nicht abholbereit • zu wenig Exklusivität	• mangelhafte Therapiedispo (Infos…) • Wartezeiten	• Fehlinformation über Transportzeit • zu späte Dokumentation
4. Optionen	• Aufbau von Exklusivität (»Transport als erste Visitenkarte«) • einheitlicher Dispositionsplan: gemeinsamer Zugriff über Intranet	• Vermarktungs-Offensive für alle Therapieleistungen • Ausdehnung der Therapie auf Wellness-Angebote • standardisiertes Patienten-Feedback	• siehe Prozess 1 • monatlicher Qualitätsbericht (Basis: Patienten-Feedback und Dispositionsplan)

Das Verfahren besteht darin, die wichtigsten **Prozesse aus Kundensicht**[5] darzustellen und die Kundenanforderungen an Qualität und Preis pro Schritt zu erheben. Anschließend werden die eigenen Stärken und mögliche Störungen bzw. eigenen Schwächen identifiziert. Dies ist die Basis für die Erarbeitung der Optionen. Dabei empfiehlt es sich, nicht allzu viele Prozessschritte zu definieren, und Qualitätsanforderungen, mögliche Störungen bzw. Maßnahmen nicht ausufern zu lassen. In fast allen Fällen genügen eine grobe Einschätzung und zwei bis drei Optionen pro Prozess.

Dieses Verfahren bringt in kurzer Zeit den Fokus auf die wesentlichen Punkte: den Kundennutzen und die Prozesse aus Kundensicht mit den eigenen Stärken. Selbstverständlich kann dieses Instrument nicht nur bei externen, sondern auch bei internen Kunden und internen Leistungen angewendet werden.

3. Beispiel einer ausgearbeiteten Option zur Marktstellung
Marktdurchdringung und Moments of Truth dienen der Entwicklung von Optionen. Neben diesen beiden Vorgehensweisen gibt es noch andere **Quellen für Optionen**, die für die Ausarbeitung verwendet werden können und bereits in den vorigen Arbeitsschritten dargestellt wurden. In praktisch allen Methoden wurde ein Themenspeicher für die Optionenphase geliefert.

Quellen von Optionen zur Marktstellung — **Checkliste**

1. Strategieaudit: bzgl. Führung des derzeitigen Geschäftes und Marktbearbeitung
2. Leitbild/Leitplanken: bzgl. der heutigen Märkte und Leistungen (»Themenspeicher«)
3. Segmentierung: bzgl. des heutigen Geschäftes (»Themenspeicher«)
4. Marktcockpit bzgl. des heutigen Geschäftes – Kunden, Konkurrenten (»Themenspeicher«)
5. Kundennutzen/Qualitätscockpit/Strategiecockpit: bzgl. der heutigen Segmentierung, der kaufentscheidenden Kriterien, der Qualitäts- und Preisposition
6. Wertkette als Geschäftsmodell/als Prozesskette: bzgl. des heutigen Geschäftes
7. Beurteilung der Ausgangslage: bzgl. der Marktstellung (»Themenspeicher«) und der Zusammenfassung (»Themenspeicher«)
8. Optionengeneratoren: Marktdurchdringung, Moments of Truth

Erfahrungsgemäß liegt ein Großteil der Optionen bereits nach Ende der Ausgangslage vor. Es kommt darauf an, die verschiedenen Vorschläge zu sammeln, zu verdichten und auf eine »Flughöhe« zu bringen. Im Anschluss werden die Optionen im Sinn eines einheitlichen und vergleichbaren Vorgehens zusammengefasst.

Die Zusammenfassung einer **Option zur Marktstellung** beginnt zunächst mit dem Ziel der Option. Dieses ist in Resultatform darzulegen und grob zu skizzieren. Zwingend zu vermeiden sind Allgemeinplätze, Anglizismen oder das Abtauchen in die Detailebene. Die Ziele sind in ein Zahlencockpit zu gießen. Die Struktur sollte sich an den bestehenden Reports ausrichten, in jedem Fall aber die wichtigsten Aussagen zu den Schlüsselgrößen beinhalten, die sich aus der Option ergeben.

Die Zusammenfassung enthält die wichtigsten Maßnahmen und Mittel zur Umsetzung. Das Resultat sind fünf bis zehn Schlüsselmaßnahmen und die daraus folgenden Erfordernisse für die Ressourcen. Damit entsteht der Zwang, eine Option nicht nur strategisch zu fundieren, sondern auch bis ins operative Geschäft zu übersetzen. Dies ist gleichzeitig die beste Basis für eine Bewertung.

Die Bewertung der Option gliedert sich in zwei Teile. Der erste ist die Einschätzung der strategischen Bedeutung. Jede Option sollte mindestens eine strategische Herausforderung beantworten und mindestens eine Schlüsselgröße nachhaltig verstärken. Dies bedeutet, dass es zu den klassischen monetären Bewertungsmaßstäben andere, nämlich strategische, braucht. Die zweite Bewertung betrifft das Risiko. Es handelt sich im Wesentlichen um die Risiken der Reaktion im Markt (Konkurrenz), der Umsetzung, der Verfügbarkeit von Ressourcen und des Aufbaus von Know-how. Die beiden Bewertungen fließen direkt in die Zusammenfassung und Konsolidierung der Optionen ein.

Abschließend findet sich eine Zeile zur Protokollierung des Management-Entscheids nach Vorliegen aller Optionen. Dies dient der Verbindlichkeit, der Transparenz und – im Fall einer Zurückstellung der Option – der Dokumentation der Entscheidungsprozesse.

Option zur Marktstellung	Werkzeug
Option	
1. Ziele der Option	
2. Zahlencockpit der Option (Basis: 200x, Zieljahr: 200y)	
3. Maßnahmen zur Umsetzung der Option	
4. Mittel zur Umsetzung der Option	
5. Bewertung: strategische Bedeutung (bzgl. Herausforderungen und Schlüsselgrößen)	Gesamtaussage:
6. Bewertung: Risiko (bzgl. Reaktion im Markt, Umsetzung, Verfügbarkeit Ressourcen, Aufbau Know-how)	Gesamtaussage:
7. Management-Entscheid nach Zusammenfassung aller Optionen	

Option zur Marktstellung	**Beispiel Universalbank (1)**
Die Beurteilung der Ausgangslage hat gezeigt, dass die Marktanteile einer Universalbank mit stark regionalem Fokus stagnieren und in einigen Geschäften zurückgehen. Aus diesem Grund wird eine Option zum Ausbau der Marktanteile im SGF »Filialgeschäft« von derzeit 13% auf 18% erarbeitet.	
Option	Ausbau der Marktanteile auf 18% im SGF »Filialgeschäft« bis 200x
1. Ziele der Option	• Steigerung des Marktanteiles von derzeit 13% auf 18% bis ins Jahr 200x im SGF »Filialgeschäft» • überproportionale Steigerung (rund 10%) im Filialgeschäft und in der Gewerbekunden-Betreuung • Verteidigung und leichter Ausbau (ca. 3%) im Filial-Immobiliengeschäft • Ausbau der Marktanteile bei proportional geringeren Personalkosten
2. Zahlencockpit der Option (Basis: 200x, Zieljahr: 200y)	• Entwicklung Marktanteile: von 13% auf 18% • Entwicklung Mitarbeiter-Produktivität: 50 TEURO Betriebsergebnis pro Mitarbeiter, 30 TEURO EGT pro Mitarbeiter • Cost-Income-Ratio: 60% • Betriebsergebnis pro Filiale: 500 TEURO
3. Maßnahmen zur Umsetzung der Option	• Aufbau von 8 zusätzlichen Filialen mit durchschnittlich 10 Mitarbeitern bis 200x • Anbindung der Filialen an die DV • Verstärkung des Gewerbekunden-Vertriebs und gleichzeitig Produktivitätssteigerung • Produktivitätssteigerung im Immobilien-Vertrieb • Professionalisierung des Außenauftritts und des Networkings (Tourismusverbände, Vereine…)

Option zur Marktstellung	**Beispiel Universalbank (2)**
4. Mittel zur Umsetzung der Option	• Entwicklungs- und Umsetzungskosten pro Filiale (durchschn. 200m²): 400 TEURO Errichtungskosten • laufender Betrieb pro Filiale pro Jahr (inkl. Vermarktungskosten): 100 TEURO • Personalkosten pro Jahr pro Filiale (10 Mitarbeiter): 500 TEURO • zusätzliche System-/DV-Kosten: pauschal 15 T EURO pro Jahr
5. Bewertung: strategische Bedeutung (bzgl. Herausforderungen und Schlüsselgrößen)	• Gesamtaussage: sehr hoch • Beantwortung der strategischen Herausforderungen »deutliche Steigerung der Marktanteile«, »Durchdringung des Flächengeschäftes« und »Hebung von Produktivitätsreserven« • Verstärkung der Schlüsselgrößen »Marktstellung« und »Produktivitäten« • keine Gefährdung der Liquidität, leichte Reduktion des Gewinns bis 200x
6. Bewertung: Risiko (bzgl. Reaktion im Markt, Umsetzung, Verfügbarkeit Ressourcen, Aufbau Know-how)	• Gesamtaussage: niedrig • keine deutliche Verschärfung des Preiskampfes bei Konditionen und Gebühren • deutlich stärkerer Wettbewerb im Direktvertrieb (v.a. bei Konkurrenten A, B) • Personalressourcen im großen und ganzen verfügbar
7. Management-Entscheid nach Zusammenfassung aller Optionen	• Die Option wird wie vorgeschlagen zu einer Stoßrichtung in der Strategie. • Quartalsweise wird ein Umsetzungsbericht von der Geschäftsführung mit den Bereichsleitern erstellt und an den Aufsichtsrat gesendet.

10 Optionen zur Innovationsleistung

Die Kernfrage für jede Strategie lautet: »Was müssen wir heute entscheiden und beginnen, damit wir langfristig im Geschäft bleiben?« Die Optionen zur Marktstellung sichern das heutige Geschäft ab. Marktdurchdringung zielt auf die heutigen Märkte und auf die heutigen Leistungen. Hingegen hat die **Innovationsleistung** mit neuem Geschäft zu tun. Dies betrifft neue Märkte, neue Leistungen und neue Geschäftsmodelle[6].

1. *Markt- und Leistungsentwicklung,*
2. *Veränderung des Geschäftsmodells,*
3. *Beispiel einer ausgearbeiteten Option zur Innovationsleistung,*
4. *Steuerung der Innovation.*

1. Markt- und Leistungsentwicklung
Bei der Beurteilung und Zusammenfassung der Ausgangslage werden strategische Herausforderungen und Spielregeln für das künftige Geschäft erarbeitet. Neben den Optionen zur Marktstellung haben **Optionen der Innovationsleistung** sicherzustellen, dass Antworten auf die Herausforderungen gefunden werden. Hier gibt es einerseits Optionen, die im derzeitigen Leistungsprogramm nichts oder nur marginal etwas verändern, dafür aber neue Märkte aufbauen. Dies wird in der Strategensprache **Marktentwicklung**[7] genannt und kann sich auf Regionen, auf Branchen oder Kundengruppen beziehen. Wenn etwa ein Finanzdienstleister die Märkte in China aufbaut, so ist dies genauso eine Marktentwicklung wie ein Systemlieferant, der in Deutschland neben der Chemiebranche jetzt neu die Pharmabranche erschließt. Andererseits sind Optionen möglich, die den derzeitigen Markt im Prinzip gleich belassen, dafür aber die Leistungen neu gestalten. Die Leistungsentwicklung bezieht sich auf Produkte oder Dienstleistungen. Die Entwicklung eines neuen Zahnreinigungssystems, ein neues Lebensversicherungsprodukt oder eine neue Silikonverbindung als Fugenklebstoff – all das steckt die **Leistungsentwicklung**[8] ab.

Die nachfolgenden Ausführungen betreffen das Neugeschäft, das sogenannte **Start-up-Geschäft**. Gemeint sind sowohl Innovationen, die noch nie auf den Märkten vorhanden gewesen sind, d. h. Neues im strengen Wortsinn. Es kann sich aber auch um Geschäft handeln, welches für eine Organisation neu, am Markt aber bereits vorhanden ist. Die **Quellen für die Markt- und Leistungsentwicklung** sind vielfältig. Es geht nicht primär um Kreativitätsübungen oder um das Warten auf die zündende Idee, als vielmehr um das systematische Durchdenken des Geschäftes und das Schauen auf Kunden und Märkte. Die nachfolgenden Methoden können als Grundlage für neues Geschäft verwendet werden. Sie beziehen sich gleichzeitig auf die bisherigen Phasen im Strategieprozess.

Zunächst sind es Kernaussagen zur Innovationsleistung, die aus **Leitbild bzw. Leitplanken** kommen. In einem Leitbild können Eckpunkte zur Markt- oder Leistungsentwicklung vorhanden sein, etwa wenn der Anspruch erhoben wird, weltweit tätig zu sein, das aktuelle Geschäft aber noch nicht so weit fortgeschritten ist. Letztlich ist es der Geschäftsauftrag, der die Innovationsleistung hier anleitet. Aufgabe der Optionenphase und anschließend der Strategie ist es, diesen Auftrag auf die nächsten Jahre zu konkretisieren. Eine noch in Mitteleuropa tätige Versicherung für das Kommerzkundengeschäft hat zum Beispiel in ihrem Leitbild den Auftrag, das Geschäft europäisch zu erschließen. Dies wurde zusätzlich bestätigt durch die strategischen Herausforderungen im Strategieprozess. Eine Stoßrichtung in der Strategie lautet nun, den europäischen Markt über eine klare Länder-Prioritätenliste zu entwickeln. Leitbild und Leitplanken sind ihrer Natur nach normativ und müssen nicht zwingend durch eine langatmige Analyse begründet sein. Wird diese normative Fundierung, der Geschäftsauftrag, ernst genommen, ergeben sich in vielen Fällen Ansatzpunkte für Innovationen.

Eine zweite Quelle ist das **lösungsunabhängige Kundenanliegen**. Es geht um die Frage, für welchen Nutzen der Kunde bezahlt. Die derzeit am Markt von den Wettbewerbern angebotenen Lösungen stehen noch nicht im Vordergrund. Innovationen ändern an sich beim lösungsunabhängigen Kundenanliegen nichts, entwickeln aber eine neue Lösung oder kommen zu einem anderen Geschäft über die bisherige Lösung. Damit verbunden ist oftmals eine **Substitution** oder eine neue Segmentierung des Geschäftes[9]. Ein Hersteller für Bohrmaschinen hat beispielsweise das lösungsunabhängige Kundenanliegen mit dem Befestigen definiert. Die Bohrtechnologie ist eine mögliche und von diesem Hersteller angebotene Lösung. Über das lösungsunabhängige Kundenanliegen wird aber eine Leistungsentwicklung angestoßen, die in die Technologie von Kleben, Dübeln und Nieten geht. Das lösungsunabhängige Kundenanliegen hat sich nicht verändert, wohl aber die Anforderungen an die Marktleistung und in weiterer Folge die Segmentierung. Jede der neuen Technologien wird in der Optionenphase konkretisiert.

Direkt an die Diskussion des lösungsunabhängigen Kundenanliegens knüpft sich die dritte Quelle, der **Kundennutzen**. Über das Qualitäts- bzw. das Strategiecockpit können Überlegungen zu neuen Leistungen, neuen Kundengruppen, einer neuen Positionierung bei Qualität und bei Preis angestellt werden. Beispielsweise hat eine global agierende Hotelkette über den Nutzen des Wohlfühlens neue, eng mit dem Kerngeschäft verbundene Leistungen für Wellness und Selfness angeboten. Die kaufentscheidenden Kriterien haben sich nicht grundsätzlich von den bisherigen Angeboten unterschieden, wohl aber die neu angesprochenen Kundengruppen und neu kombinierte Angebote. Auch die Innovation über den Kundennutzen kann zu neuer **Segmentierung**, zu Nischen, zu völlig neuen Kunden- oder Leistungsgruppen führen. Wichtig ist der methodische Ansatz: Innovation wird aus dem bestehenden Geschäft heraus entwickelt, aus der systematischen Diskussion von Nutzen für Kunden.

Die vierte Quelle für Markt- und Leistungsentwicklung sind **Wertkette und Prozessanforderungen**. Über die Darstellung des Geschäftes als Wertkette erschließen sich die wichtigsten Prozesse vom Einkauf und der Leistungserstellung hin zum Liefern des Kundennutzens. Aus der heutigen Wertkette können Quellen für Innovationen abgeleitet werden, etwa indem einzelne Wertstufen hinzu- bzw. herausgenommen werden oder indem das Geschäftsmodell grundsätzlich umgebaut wird. Beispielsweise hat ein Brauunternehmen sich völlig aus Einkauf, Herstellung und Abfüllung des Bieres zurückgezogen und sich nur mehr auf die professionelle Vermarktung und auf das Markengeschäft konzentriert. Dies geschah aufgrund der Erkenntnis der nicht mehr wettbewerbsfähigen Produktionsstruktur und der klar vorhandenen Stärke in der Vermarktung und im Image.

Fünftens können aus dem **Umfeld** Impulse für die Markt- und Leistungsentwicklung kommen. Es geht um die demographische Entwicklung, die technologischen Fortschritte, die Konjunktur, den Lobbyismus, den Einfluss der Globalisierung, die politischen und gesetzlichen Einflussfaktoren. Interessant sind auch Innovationsvorhaben und Zeitpunkt ihrer voraussichtlichen Markteinführung bei der Konkurrenz, bei Lieferanten, bei Kunden und in anderen Branchen, die auf dasselbe lösungsunabhängige Kundenanliegen zielen. Die Umfeldfaktoren sind sehr breit gespannt und müssen auf die Branche, die Unternehmensgröße und die Situation im Wettbewerb angepasst werden. Ein Logistikunternehmen etwa hat ein Geschäftsfeld nur für den Lebensmittelbereich entwickelt, nachdem die gesetzlichen Bestimmungen innerhalb EU verschärft wurden und künftig auch mit noch mehr Regelungen zu rechnen ist. Diese logistischen Leistungen liegen außerhalb des Kerngeschäftes der Lebensmittelproduzenten und bieten ein interessantes Innovationsfeld.

Die sechste Quelle schließlich ist die **Beurteilung und Zusammenfassung der Ausgangslage**. Die strategischen Herausforderungen und die Stärken der eigenen Organisation stecken den Rahmen für die Markt- und Leistungsentwicklung ab. Zusätzlich liegt ein Themenspeicher zu allen Werkzeugen in dieser ersten Phase vor, der in praktisch allen Fällen auch Ansatzpunkte für Innovationen liefert: Optionen geben eine Antwort auf die strategischen Herausforderungen und basieren auf den eigenen Stärken.

Quellen für Markt- und Leistungsentwicklung	Checkliste (1)
Quelle	**Detaillierung**
1. Leitbild bzw. Leitplanken	• Kenntnis des normativen Geschäftsauftrages • grundsätzliche Aussagen und Vorgaben zur Innovationsleistung • grundsätzliche Aussagen und Vorgaben zu heute noch nicht erschlossenen Kunden, Märkten, Regionen, Verfahren • grundsätzliche Aussagen und Vorgaben zu heute noch nicht umgesetzten Leistungen (Produkte, Dienstleistungen) • grundsätzliche Aussagen und Vorgaben zu den innovationsnahen Funktionen (Einkauf, F&E, Leistungserstellung, Vertrieb)
2. lösungsunabhängiges Kundenanliegen	• Kenntnis des lösungsunabhängigen Kundenanliegens • vorhandene und künftige Lösungen (auch andere Branchen) • neue Segmentierung für das Geschäft anhand des lösungsunabhängigen Kundenanliegens • heutige Distanz zu den neuen Märkten, den neuen Anwendungen, dem neuen Nutzen für den Kunden • Einschätzung der wichtigsten künftigen Konkurrenten anhand des lösungsunabhängigen Kundenanliegens • Substitution bzw. Systemkonkurrenz • markt- und nutzenorientierte Argumentation für das Neue (und nicht nach: Technik, Patente, Potenziale…)
3. Kundennutzen	• Kenntnis des Kundennutzens • Veränderung im Kundennutzen beim relativen Preis und in der relativen Qualität (jeweils aus Kundensicht) • Kenntnis der relevanten heutigen und künftigen Kundengruppen • Vielfalt der heutigen und künftigen Kunden bzw. Kundengruppen • Ausweichen: Nischen, »Blue Oceans« • Auswirkung neuer Lösungen auf unsere derzeitigen Leistungen und auf die heutige Wertschöpfung • Konkurrenz sowohl aus der Branche als auch aus anderen Branchen um denselben Kundennutzen

Quellen für Markt- und Leistungsentwicklung	Checkliste (2)
Quelle	**Detaillierung**
4. Wertkette und Prozessanforderungen	• Prüfung der Wertkette und der Prozesse anhand der strategischen Herausforderungen • Prüfung der Wertkette und der Prozesse anhand der eigenen Stärken • Darstellung von Alternativen im Sourcing: Funktionen selber übernehmen (Selfsourcing) oder auslagern (Outsourcing) • neue Art und Weise, das Geschäft zu betreiben (Geschäftsmodell) • Notwendigkeit von Kooperationen
5. Umfeld	• gesellschaftliche Entwicklung und Demographie (Alter, Interessen, Werte…) • Wirtschaftliches Umfeld: Konjunktur, Verschuldungsgrad, Inflation/Deflation, Steuern, Zinsniveau • Politik/Gesetzgebung: Marktzugang, Eingriffe in Prozesse (Qualität, Auflagen…) • Lobbyismus auf Anbieter- bzw. Nachfrageseite • Einfluss der Globalisierung • technologische Entwicklung/echter Fortschritt • Innovationsvorhaben und Zeitpunkt ihrer voraussichtlichen Markteinführung: bei der heutigen Konkurrenz, bei Lieferanten, bei Kunden, in anderen Branchen
6. Beurteilung und Zusammenfassung der Ausgangslage	• strategische Herausforderungen als Bezugspunkt für Markt- und Leistungsentwicklung • eigene Stärken als Basis für Markt- und Dienstleistungsentwicklung • Themenspeicher aus der ersten Phase (bzgl. der verwendeten Werkzeuge)

Sind Vorschläge für die Markt- und Leistungsentwicklung erarbeitet, empfiehlt sich eine Einschätzung bezüglich ihrer Aussicht auf Erfolg. Naturgemäß gibt es kein Verfahren, das mit absoluter Verlässlichkeit die Erfolgsaussichten von Neuem bestimmen kann. Aus verschiedenen empirischen Quellen und aus der Beobachtung von erfolgreichen und gescheiterten Innovationen kann aber ein **Erfolgsfaktoren-Profil** gewonnen werden. Das beiliegende Muster baut auch Erkenntnisse aus PIMS bzw. aus den Arbeiten von Peter Drucker ein. Drei Bereiche werden dabei unterschieden: Der erste sind die Erfolgsfaktoren für das Geschäft und das Marktumfeld. Gemeint ist der genannte **strategisch relevante Markt** für Innovationen. Untersucht werden etwa das Marktwachstum, der Lebenszyklus, die Art des Markteintritts, die Anzahl und das Reaktionsprofil der Wettbewerber. Der zweite Bereich sind die Erfolgsfaktoren für die **Marktleistung**. Dabei wird geprüft, inwieweit das neue Angebot echten Kundennutzen stiftet, vom Kunden als Innovation wahrgenommen wird oder Kapazitäten bzw. Know-how vorgehalten sind. Der dritte Bereich sind die Erfolgsfaktoren für die Führung und **Umsetzung** der jeweiligen Markt- und Produktentwicklung. Es geht um die Klarheit der Zielsetzung, die Verantwortung für Resultate, die bestehende Erfahrung, mögliche Standardisierung, die Anzahl der Projekte etc.

Jede Option wird anhand der Erfolgsfaktoren beurteilt. Die wichtigsten Erkenntnisse und Maßnahmen werden in die Zusammenfassung der jeweiligen Option eingebaut. Damit liegt gleichzeitig ein Kriterienkatalog vor, der bei Einführung und während der Umsetzung der Innovation als Controlling-Instrument verwendet werden kann.

Die Auseinandersetzung mit den Erfolgsfaktoren zwingt dazu, den Vorschlag für eine Markt- oder Leistungsentwicklung zu konkretisieren. Viel zu oft werden Ideen geboren und im ersten emotionalen Überschwang für gut befunden, ohne sich ein realistisches Bild über Markt, Leistung und Umsetzung zu machen. Ein Zuviel an **Kreativität** ohne die entsprechende Fundierung kann gefährlich sein, weil sie ein Unternehmen in die Irre leitet und die Kräfte in viel zu vielen neuen Projekten verzettelt. Nur bei einem klaren Bild und im Großen und Ganzen positiven Werten im Profil besteht eine realistische Chance auf **Markterfolg für Innovationen**. Dies ist keine Garantie, aber ein Indikator für die Plausibilität einer Option für die Markt- und Leistungsentwicklung.

Erfolgsprofil in der Markt- und Produktentwicklung **Werkzeug (1)**

1. Erfolgsfaktoren für das Geschäft bzw. das Marktumfeld			
Faktor	**negative Ausprägung**	**Profil**	**positive Ausprägung**
1.1. Marktwachstum	klein (unter 10%)		groß (deutlich über 10%)
1.2. Lebenszyklus des Marktes	Sättigungs-/Rückgangsphase		Einführungsphase
1.3. Markteintritt als	Nachfolger		einer der ersten
1.4. Anzahl der Wettbewerber	viele		wenige
1.5. Reaktionsprofil des Hauptkonkurrenten	ausgeprägt («Existenzkampf»)		marginal (»Nebengeschäft«)
1.6. Macht von Lieferanten bzw. Abnehmern	groß		klein
1.7. Substitutionsgefahr im Markt	groß		klein

2. Erfolgsfaktoren für die Marktleistung			
Faktor	**negative Ausprägung**	**Profil**	**positive Ausprägung**
2.1. gestifteter Kundennutzen	schlechter		besser
2.2. vom Kunden wahrgenommene Innovation	nicht existent/gering		deutlich
2.3. vom Kunden wahrgenommenes Image	schlechter		besser
2.4. relative Kunden-Ausschöpfung	kleiner		größer
2.5. Kapazitäten und Know-how	zu gering oder zu spät		vorhanden
2.6. relative Vermarktungs- und Vertriebsausgaben	geringer, gleich, etwas höher		deutlich höher
2.7. Sortimente, Varianten	breit, »offensiv«, kreativ		eng, begrenzt

Erfolgsprofil in der Markt- und Produktentwicklung			Werkzeug (2)
3. Erfolgsfaktoren für die Führung und Umsetzung der Markt- und Produktentwicklung			
Faktor	**negative Ausprägung**	**Profil**	**positive Ausprägung**
3.1. Zielsetzung	sehr global, nicht spezifiziert		konkret, zielt auf Marktführerschaft
3.2. Verantwortung für Resultate	unklar, auf vielen Schultern		definiert, nur Einzelpersonen
3.3. Erfahrung in Markt- und Produktentwicklung	gering, theoretisch		groß
3.4. Standardisierung, Nutzen von Erfahrung	schwer möglich		gegeben, möglich
3.5. Sitzungen/Gremien/Teams	sehr viele, unproduktiv		sehr wenige, produktiv
3.6. Neugeschäft wird…	durch bestehendes dominiert		eigenständig geführt
3.7. Anzahl von Innovationen, Projekten	viele		sehr wenige

4. Zusammenfassung und Entscheid	
Zusammenfassung	
Entscheid	

Erfolgsprofil in der Markt- und Produktentwicklung — Beispiel Hotelkette (1)

Eine österreichische Hotelkette mit Schwerpunkt auf gehobene, traditionelle Qualität erarbeitet eine Strategie. In der Optionenphase wird der Vorschlag diskutiert, die Märkte im süddeutschen Raum zu entwickeln. Mit dem Erfolgsprofil wird die Diskussion zusammengefasst und schließlich ein Grundsatzentscheid gefällt.

1. Erfolgsfaktoren für das Geschäft bzw. das Marktumfeld

Faktor	negative Ausprägung	Profil	positive Ausprägung
1.1. Marktwachstum	klein (unter 10%)		groß (deutlich über 10%)
1.2. Lebenszyklus des Marktes	Sättigungs-/Rückgangsphase		Einführungsphase
1.3. Markteintritt als	Nachfolger		einer der ersten
1.4. Anzahl der Wettbewerber	viele		wenige
1.5. Reaktionsprofil des Hauptkonkurrenten	ausgeprägt («Existenzkampf»)		marginal (»Nebengeschäft«)
1.6. Macht von Lieferanten bzw. Abnehmern	groß		klein
1.7. Substitutionsgefahr im Markt	groß		klein

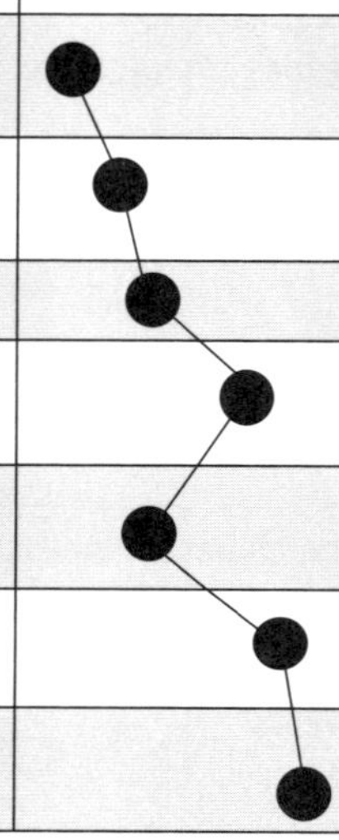

2. Erfolgsfaktoren für die Marktleistung

Faktor	negative Ausprägung	Profil	positive Ausprägung
2.1. gestifteter Kundennutzen	schlechter		besser
2.2. vom Kunden wahrgenommene Innovation	nicht existent/gering		deutlich
2.3. vom Kunden wahrgenommenes Image	schlechter		besser
2.4. relative Kunden-Ausschöpfung	kleiner		größer
2.5. Kapazitäten und Know-how	zu gering oder zu spät		vorhanden
2.6. relative Vermarktungs- und Vertriebsausgaben	geringer, gleich, etwas höher		deutlich höher
2.7. Sortimente, Varianten	breit, »offensiv«, kreativ		eng, begrenzt

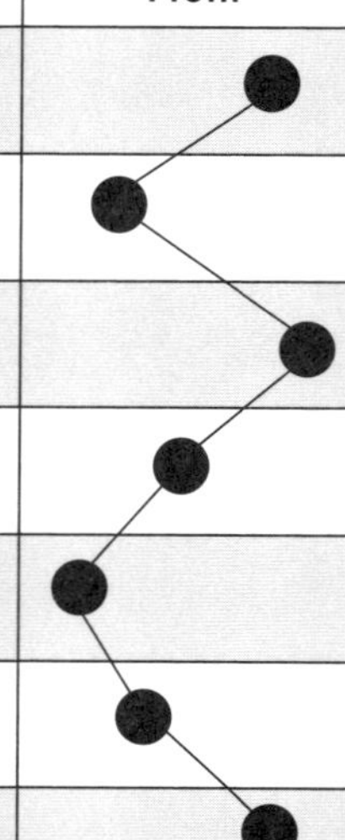

Erfolgsprofil in der Markt- und Produktentwicklung **Beispiel Hotelkette (2)**

3. Erfolgsfaktoren für die Führung und Umsetzung der Markt- und Produktentwicklung			
Faktor	**negative Ausprägung**	**Profil**	**positive Ausprägung**
3.1. Zielsetzung	sehr global, nicht spezifiziert		konkret, zielt auf Marktführerschaft
3.2. Verantwortung für Resultate	unklar, auf vielen Schultern		definiert, nur Einzelpersonen
3.3. Erfahrung in Markt- und Produktentwicklung	gering, theoretisch		groß
3.4. Standardisierung, Nutzen von Erfahrung	schwer möglich		gegeben, möglich
3.5. Sitzungen/Gremien/Teams	sehr viele, unproduktiv		sehr wenige, produktiv
3.6. Neugeschäft wird…	durch bestehendes dominiert		eigenständig geführt
3.7. Anzahl von Innovationen, Projekten	viele		sehr wenige

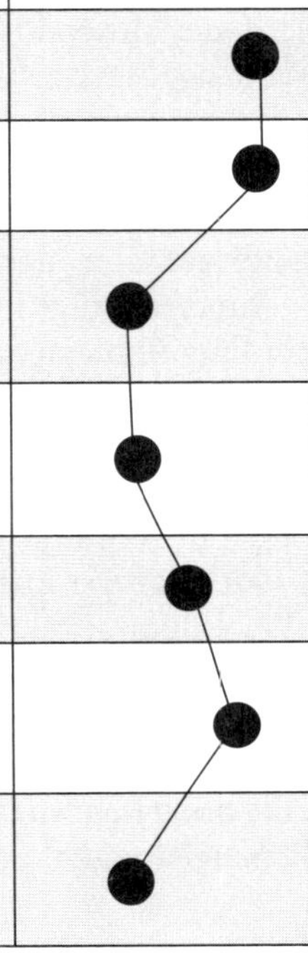

4. Zusammenfassung und Entscheid	
Zusammenfassung	• Aus heutiger Sicht ist eine Marktentwicklung unrealistisch. Daher wird der Vorschlag zur Marktentwicklung im süddeutschen Raum zurückgestellt und nicht weiter als Option behandelt. • Im Jahr 200x soll das Thema noch einmal geprüft werden.
Entscheid	• Die Erfolgsfaktoren für das Geschäft und das Marktumfeld in der dortigen Qualitätshotellerie sind »durchwachsen«. Bei Markteintritt ist mit entsprechenden Reaktionen der Konkurrenten A und B zu rechnen (Preis, Druck auf die Marge…). • Nach anfänglicher Euphorie ist klar, dass unsere Marktleistung – zumindest in absehbarer Zeit – weder größeren Kundennutzen stiftet, noch dass wir Management-Ressourcen haben, dieses Geschäft aufzubauen. • An sich liegt große Umsetzungsstärke vor. Diese wird aber dadurch begrenzt, dass viel zu wenig Erfahrung in der Marktentwicklung vorliegt.

2. Veränderung des Geschäftsmodells
Eine Innovationsleistung kann sich auf eine Markt- oder Leistungsentwicklung beziehen. An diese Dimension denken die meisten Führungskräfte als erstes, zudem ist sie auch am häufigsten in den Medien und Lehrbüchern verbreitet. Es gibt aber noch eine zweite Dimension der Innovation und diese besteht in der **Veränderung des Geschäftsmodells**[10]. Jedes Geschäft hat eine bestehende Struktur, eine Grundlogik der Funktionen. Von der Beschaffungsseite über die Leistungserstellung bis hin zur Lieferung der Leistung laufen die Funktionen einer Organisation. Das Ziel ist die Sicherstellung von Kundennutzen. Jede Funktion kostet Personal- und Sachaufwand, der echte **Wert** entsteht erst durch den Kaufentscheid des Kunden, durch den Umsatz, den ein Unternehmen macht. Unabhängig ob gewollt, bewusst oder gesteuert – jedes Unternehmen verfügt über eine **Geschäftslogik**, ein Geschäftsmodell. Dieses hat sich über eine Strategie gebildet oder historisch mehr oder weniger zufällig entwickelt. Zum jetzigen Zeitpunkt liegt es vor, es hat Stärken und Schwächen. Durch die Veränderung einzelner wichtiger Stufen oder der kompletten Wertkette kann das Geschäftsmodell auch Gegenstand einer Innovation werden. Beispielsweise hat ein Möbelproduzent und -händler bereits vor Jahrzehnten den Markt in Bewegung gebracht, indem er die Endmontage an den Kunden ausgelagert hat. Dieses »Do-It-Yourself« bei einem attraktiven Paketpreis hatte nicht nur die Umsätze drastisch gesteigert, sondern auch eine andere Auseinandersetzung mit dem Lebensgegenstand »Möbel« bei vielen Menschen hervorgerufen.

Im Zusammenhang mit der Veränderung des Geschäftsmodells sind zwei wichtige Themen anzusprechen, die hohe Relevanz in der Praxis haben. Zum einen geht es um die Vermarktung von Dienstleistungen, zum anderen um Kooperationen und Allianzen.

In vielen Fällen wird das Geschäftsmodell über die **Vermarktung von Dienstleistungen** verändert bzw. »angereichert«. Die Idee besteht darin, bereits vorhandenes Know-how in eine Leistung für den Kunden umzuwandeln. Dabei werden die gesamte Prozesskette oder mehrere Teile durchdrungen. Zum Beispiel hat ein Hersteller von Fertigungsautomaten zusätzliches Geschäft über die Servicierung von Konkurrenzprodukten erschlossen. Diese Wartungs- und Instandhaltungsleistungen hatten nicht nur Umsatz zur Folge, sondern auch vermehrte Kenntnis von Wettbewerbsprodukten und einen schleichenden Ersatz durch die eigenen.

Die Vermarktung von Dienstleistungen hat den Vorteil, dass das Wissen meistens über lange Zeit aufgebaut und kompetent vertrieben werden kann. Zusätzlich werden mehr Prozesse des Kunden bekannt und die Kundenbindung intensiviert. Der Nachteil kann in der Preisgabe von Wissen bestehen und in der zunehmenden Abhängigkeit von Schlüsselkunden, auf die ein Großteil der eigenen Ressourcen konzentriert wird.

Die Veränderung des Geschäftsmodells kann ausschließlich mit eigenen Ressourcen erfolgen oder in Form von **Kooperationen und Allianzen** mit einem oder mehreren Unternehmen. Dies bezieht sich auf einzelne Wertstufen oder auf die komplette Wertkette. Verbreitete Beispiele sind etwa: Einkaufspartnerschaften, gemeinsame Marktforschung, Vermarktungskooperationen (auf Messen, gegenüber Händlern), partnerschaftliche Serviceleistungen bzw. Call Center, gemeinsame Personalentwicklung (Ausbildungsprogramme), Erfahrungsaustausch in definierten Prozessen, Vermittlungsverträge, Normierungslizenzen für Zubehör, Lizenzgeschäft, Franchising, Lohnfertigung wie etwa Private Label.

Kooperationen und Allianzen sind auch in unterschiedlichen Intensitätsgraden der Eigentumsverhältnisse möglich. Von der eigentumsrechtlichen Trennung bei Entwicklungspartnerschaften bis zu einer Fusion zweier Unternehmen reicht der Variantenraum. Aus Sicht der Optionenphase sind die Wirkung auf das Geschäft und weniger der juristisch relevante Eigentumstitel wichtig. Die Vorteile von Kooperationen und Allianzen liegen im Zugang zu Wissen, zu Märkten und in einer Aufteilung von Risiko. Die Nachteile bestehen wiederum in der Weitergabe von strategischem Wissen, in Abhängigkeiten und im enormen Führungsaufwand. In jedem Fall muss zumindest eine der sechs strategischen Schlüsselgrößen nachhaltig gesteigert werden. Ist dies nicht der Fall, braucht es keine Kooperationen und Allianzen. Die Führungskapazitäten sind dann viel wirksamer in das eigene Geschäft investiert.

Die Innovation über das **Geschäftsmodell** kann sehr systematisch und zielgerichtet erarbeitet werden. Es geht als erstes um eine Aufnahme des Geschäftsmodells über die Wertkette. Die einzelnen Stufen werden dargestellt und entsprechend ihres Aufwandes in Bezug zum Umsatz eingeschätzt. Wertschöpfung ist dabei die Differenz aus Umsatz und Vorleistung. Zweitens werden – entsprechend der Beurteilung und Zusammenfassung der Ausgangslage – die Wertstufen inhaltlich und strukturell neu gestaltet. Auch hier bleibt der Umsatz als Bezugsgröße mit hundert Prozent. Die einzelnen Stufen werden neu ausgerichtet. Das nun vorliegende, neue Geschäftsmodell ist als eigene Option zusammenzufassen.

Veränderung des Geschäftsmodells **Werkzeug**

1. heutiges Geschäftsmodell

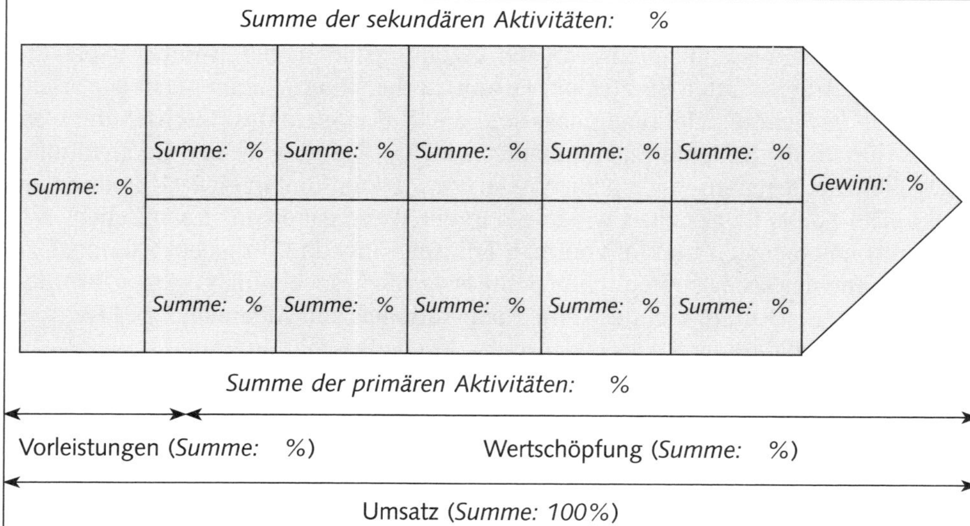

2. künftiges Geschäftsmodell

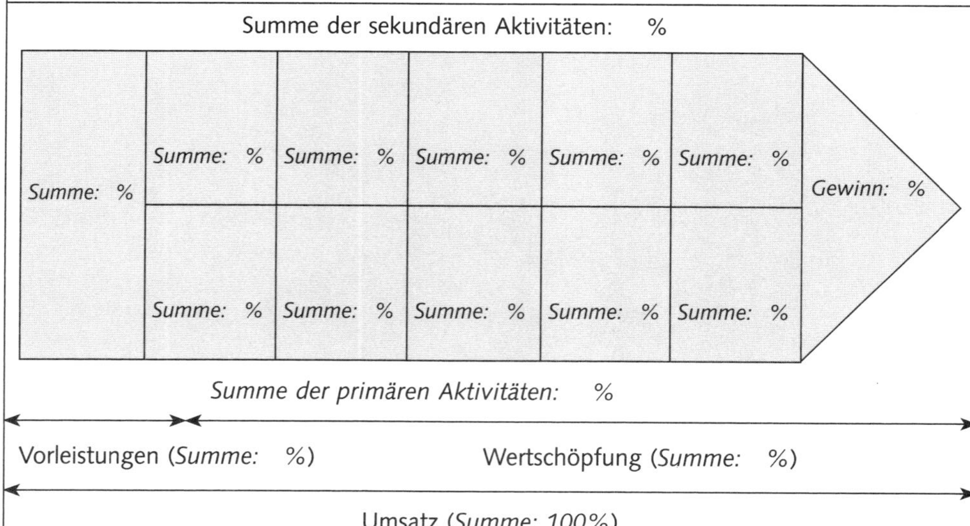

Veränderung des Geschäftsmodells | **Beispiel Brauerei**

Eine Brauerei verändert ihr Geschäftsmodell. Die bisherigen Funktionen »Einkauf (Roh- und Hilfsstoffe)«, »Bierproduktion«, »Abfüllung/Label«, »Logistik« werden an eine Großbrauerei abgegeben. Kern des neuen Geschäftsmodells sind die Vermarktung und die Markenführung.

1. heutiges Geschäftsmodell **voll integrierter Bierbrauer**

Summe der sekundären Aktivitäten: 15%

Vorleistungen: Roh- und Hilfsstoffe	Führung und Controlling *Summe: 2%*	Rechnungswesen, Admin *Summe: 2%*	Marketing *Summe: 4%*	Personal *Summe: 2%*	Entwicklung *Summe: 5%*	*Gewinn: 5%*
Summe: 20%	Einkauf *Summe: 2%*	Bier-Produktion *Summe: 20%*	Abfüllung/ Label *Summe: 13%*	Logistik *Summe: 15%*	Vertrieb *Summe: 10%*	

Summe der primären Aktivitäten: 60%

Vorleistungen (*Summe: 20%*) Wertschöpfung (*Summe: 80%*)

Umsatz (*Summe: 100%*)

2. künftiges Geschäftsmodell **»Die Nr. 1 im Bier-Markengeschäft«**

Summe der sekundären Aktivitäten: 15%

Vorleistungen: abgefülltes Bier (inkl. Label), Logistik	Führung und Controlling *Summe: 3%*	Rechnungswesen, Admin *Summe: 2%*	Marketing *Summe: 9%*	Personal *Summe: 1%*	Entwicklung entfällt	*Gewinn: 5%*
Summe: 65%	Einkauf *Summe: 3%*	Bier-Produktion entfällt	Abfüllung/ Label entfällt	Logistik entfällt	Vertrieb *Summe: 12%*	

Summe der primären Aktivitäten: 15%

Vorleistungen (*Summe: 65%*) Wertschöpfung (*Summe: 35%*)

Umsatz (*Summe: 100%*)

3. Steuerung der Innovation

Ein Kennzeichen von Innovationen besteht darin, dass Entscheidungsabläufe latent länger dauern und Umsetzungsaktivitäten viel stärker koordiniert werden müssen als im gewohnten, operativen Geschäft. Die besten Ideen für Neues brauchen einen professionellen Prozess und professionelle **Steuerung der Innovation**, damit sie zum Markterfolg werden können. Im Rahmen der Innovationsoptionen muss daher diesem Thema entsprechende Aufmerksamkeit gewidmet werden. Im Kern geht es um vier Phasen.

Die erste Phase ist diejenige der Ideensammlung und des **Ideensteckbriefes**. Gemeint sind die Generierung und die erste, grobe Strukturierung von Vorschlägen für Neues. Als Quelle von Ideen für Projekte gibt es prinzipiell keine Beschränkungen. Entwicklungen im Umfeld, Kunden, Konkurrenten, Recherchen und vor allem systematisches Nachdenken kommen als Ideengeber in Frage. Das wichtigste ist die Sammlung aller Ideen und die Bewertung. Die Ideenbeschreibung in Form eines so genannten Ideensteckbriefes dient der Strukturierung dieser Ideenphase. Dadurch wird die **Kreativität** einer Organisation kanalisiert[11)]. Oft ist zu beobachten, dass durch die Einführung eines Ideensteckbriefes weniger Ideen an die Oberfläche kommen, diese dann aber viel konkreter sind und die Entscheidungsbasis um ein Vielfaches verbessert wird. Dieses Verfahren zwingt den Ideengeber zur Spezifikation und die jeweiligen Vorgesetzten zur Entscheidung. Zudem entsteht Transparenz des Prozesses. Die Umsetzungsstärke einer Organisation nimmt merklich zu[12)].

In der zweiten Phase geht es um die Konkretisierung des Ideensteckbriefes. Wenn die Entscheider die vorgeschlagene Idee als interessant und verfolgenswert eingestuft haben, ist vom Verantwortlichen ein **Rahmenheft** auszuarbeiten. Die Konkretisierung nimmt in dieser Phase entsprechend zu: aus der Idee wird ein Antrag. Das Rahmenheft ist also nichts anderes als ein Umsetzungsvorschlag. Aufgrund der ausgearbeiteten Inhalte soll die Innovation zuverlässig planbar und damit umsetzbar sein. Nach Vorliegen des Rahmenheftes ist wiederum zu entscheiden, ob das Thema zurückgewiesen, verbessert ausgearbeitet oder als Auftrag in Form eines Lastenheftes weiterverfolgt werden soll.

In der dritten Phase wird das **Lastenheft** erarbeitet – sofern das Rahmenheft genehmigt wurde. Im Kern ist das Lastenheft nichts anderes als die Weiterentwicklung des Rahmenheftes mit erhöhter Konkretisierung, Terminen und Meilensteinen[13)]. Die Grundstruktur des Rahmenheftes bleibt bestehen und wird durch einzelne Punkte ergänzt: Darstellung der Ausgangs- und Problemlage, Kundennutzen, Organisation zur Umsetzung der Innovation und Genehmigungszeile. Hier unterschreiben der Auftraggeber und der operative Projektleiter das Lastenheft. Es wird so zum **Innovationsauftrag**. Damit liegt die Grundlage für Planung, Umsetzung und Controlling vor. Nach letztmaliger Genehmigung durch das Entscheidungsgremium wird das Innovationsprojekt gestartet.

Steuerung der Innovation **Checkliste**

	Inhalt	Entscheid
Ideensteckbrief	1. Ideennummer 2. Bezeichnung/Titel der Idee 3. Ideenart: echte Innovation, Verbesserung aktueller Leistungen oder Prozess-Optimierung 4. Problembeschreibung 5. Lösungsbeschreibung 6. Nutzenbeschreibung 7. Verantwortlicher für die Umsetzung	1. Zurückweisung (mit Begründung), oder 2. Aufforderung zur besseren Ausarbeitung des Ideensteckbriefes, oder 3. Weiterverfolgung bis zum Rahmenheft
Rahmenheft	1. Ideennummer und Titel 2. Ziele (Haupt- und Teilziele) 3. Wirtschaftlichkeit 4. Vorgehen/Zeitplan 5. Verantwortlichkeiten 6. Budget (Geld, Mannstunden...) 7. Schnittstellen 8. Informationsfluss 9. Dokumentation	1. Zurückweisung (mit Begründung), oder 2. Aufforderung zur besseren Ausarbeitung des Rahmenheftes, oder 3. Weiterverfolgung bis zum Lastenheft
Lastenheft	1. Innovationsnummer und Titel 2. Ausgangs-/Problemlage 3. Ziele (Haupt- und Teilziele) 4. Kundennutzen 5. Wirtschaftlichkeit 6. Vorgehen/Zeitplan 7. Verantwortlichkeiten 8. Organisation 9. Budget (Geld, Mannstunden...) 10. Schnittstellen 11. Informationsfluss 12. Projektdokumentation 13. Unterschriften/ Genehmigungszeile	1. Umsetzung 2. Umsetzungsprozess 3. Berichtswege 4. Prüfung der Wirksamkeit bzw. des Erfolges

In jeder Art von Organisation ist die systematische Steuerung von Innovationsthemen eine ständige Herausforderung. Große Organisationen haben zwar meistens die Ressourcen zur Umsetzung neuer Themen, dafür sind Entscheidungswege häufig langsam und die Organisation entsprechend umständlich. Kleine Organisationen sind zwar in der Entscheidungsfindung schnell, doch mangelt es hier oft an Ressourcen. Der vorgestellte Steuerungsprozess hat sich in vielen Unternehmen bewährt, weil er einen systematischen **Innovationstrichter** darstellt. Initiative, Kreativität, Spontaneität und Engagement werden kanalisiert und in sinnvolle Bahnen gelenkt. Der gesamte Ablauf zwingt Ideengeber, Entscheider und Auftraggeber zur systematischen Diskussion der Inhalte und zur umfassenden Diskussion vor der Entscheidung. Der Prozess stellt Transparenz und Nachvollziehbarkeit (Objektivität) sicher. Alle wissen, welche Inhalte erwartet werden und kennen den Entscheidungsablauf. Das Lastenheft ist die beste Basis für Projektcontrolling.

Eine wichtige Erfolgsvoraussetzung für den Prozess und für die **Innovationsleistung** einer Organisation ist die Steuerungsstelle, die für alle Schritte im Ablauf sorgt, die Dokumente verwaltet und das Controlling erledigt. In einer solchen Steuerungsstelle sind die Führungskräfte der jeweiligen organisatorischen Einheit(en) vertreten. Das Verfahren wird in einen Führungskreislauf eingebettet, damit die einzelnen Aufträge aus der Gesamtstrategie abgeleitet werden und in die Zielvereinbarungen kommen. Die dargestellte Methodik kann auch in sehr kleinen Organisationen angewendet werden und braucht keine vollamtlichen Formularverwalter. Führungskräfte haben darauf zu achten, dass der Prozess schlank bleibt und keine Bürokratie bzw. eine Verschlimmbesserung entsteht.

Steuerung der Innovation — **Beispiel Softwareentwicklung**

Ein Software-Entwickler für spezielle Branchenlösungen führt einen Prozess zur Innovationssteuerung ein. Dies soll ermöglichen, dass die in der Strategie definierten Innovationsthemen umgesetzt werden. Durch das Verfahren entsteht ein »Innovationstrichter«. Alle Mitarbeiter kennen das Verfahren und wissen, wie die Innovationssteuerung im Unternehmen verankert ist.

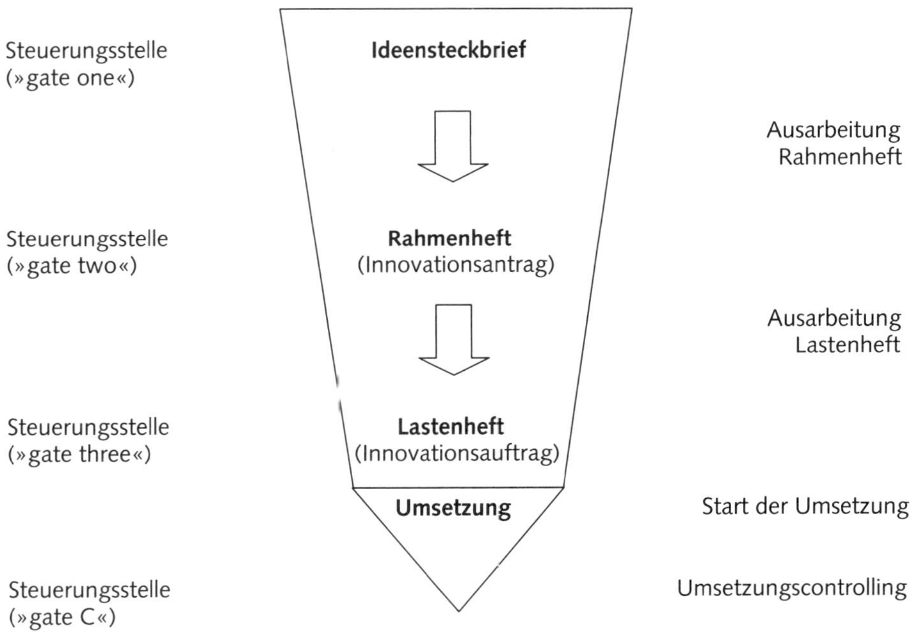

Sitzungstakt »Steuerungsstelle«	1. und 3. Montag im Monat, 08.00 bis 12.00
Ort	Sitzungszimmer S 02
Leitung	G. Müller
Teilnehmer	L. Berger, C. Krimpmann, A. Längenfeld
Protokoll/Dokumentation	S. Scholz
Verteiler	GL, Bereichsleiter, Verwaltungsrat

4. Beispiel einer ausgearbeiteten Option zur Innovationsleistung

Die Struktur einer Zusammenfassung einer **Option zur Innovationsleistung** ist im Prinzip dieselbe wie bei Optionen zur Marktstellung. Das Ziel der Option ist in Resultatform darzulegen und grob zu skizzieren. Auch hier sind Allgemeinplätze, Anglizismen oder das Abtauchen in die Detailebene zu vermeiden. Ziele sind nach Möglichkeit in einem Zahlencockpit darzustellen, wobei bei Innovationsoptionen oft mit Annahmen gearbeitet werden muss. Die Struktur des Zahlencockpits sollte sich an den bestehenden Reports ausrichten, um die Anschlussfähigkeit sicherzustellen.

Gerade bei einer Option zur Innovationsleistung ist eine Konkretisierung in die wichtigsten Maßnahmen und Mittel unerlässlich. Damit entsteht ein gesunder Druck zur Auseinandersetzung mit der Umsetzung, mit den Risiken und vor allem mit den erforderlichen Ressourcen. Dies ist wiederum die beste Basis für eine Bewertung der Option. Vorschläge zu Innovationen, die keine Maßnahmen und Mittel enthalten, sind für eine Organisation gefährlich, weil sie systematisch zu falschen Entscheiden führen.

Wie auch bei Optionen zur Marktstellung gliedert sich die Bewertung in zwei Teile. Der erste ist die Einschätzung der strategischen Bedeutung. Eine Innovation sollte im Minimum eine strategische Herausforderung beantworten und im Minimum eine Schlüsselgröße nachhaltig verstärken. Die zweite Bewertungsdimension ist das Risiko. Es geht um Risiken des Marktes, der Reaktion durch die Konkurrenz, der Umsetzung, der Verfügbarkeit von Ressourcen und des Aufbaus von Know-how. Das dargestellte Erfolgsprofil in der Markt- und Leistungsentwicklung ist nichts anderes als eine Einschätzung des Risikos und kann als Anhang zur Zusammenfassung beigelegt werden. Die beiden Bewertungsdimensionen zur strategischen Bedeutung und zum Risiko werden für die Zusammenfassung und Konsolidierung aller Optionen verwendet.

Abschließend findet sich wieder eine Zeile zur Protokollierung des Management-Entscheids nach Vorliegen aller Optionen. Damit sind Verbindlichkeit, Transparenz und die Dokumentation der Entscheidungsprozesse sichergestellt.

Option zur Innovationsleistung	Werkzeug
Option	
1. Ziele der Option	
2. Zahlencockpit der Option	
3. Maßnahmen zur Umsetzung der Option	
4. Mittel zur Umsetzung der Option	
5. Bewertung: strategische Bedeutung (bzgl. Herausforderungen und Schlüsselgrößen)	Gesamtaussage:
6. Bewertung: Risiko (bzgl. Reaktion im Markt, Umsetzung, Verfügbarkeit Ressourcen, Aufbau Know-how)	Gesamtaussage:
7. Management-Entscheid nach Zusammenfassung aller Optionen	

Option zur Innovationsleistung	Beispiel Elektroindustrie (1)
Ein Schweizer Hersteller für Industriemotoren will einen neuen Generator für einfache Prozessanwendungen, insbesondere für die Industrie in Drittwelt-Staaten und Schwellenländer, bauen. Dieser Generator zeichnet sich dadurch aus, dass er sehr robust und bedienungsfreundlich ausgestattet ist. Zudem muss er mit wenig Service und Zusatzfunktionen auskommen. Nachdem das Unternehmen high-tech getrieben ist, stellt diese Innovation eine besondere Herausforderung dar.	
Option	low-tech Generator für Drittweltstaaten und Schwellenländer
1. Ziele der Option	• Entwicklung und Vermarktung eines neuen low-tech Generators IGP 1 für GUS, Afrika, Asien und Südamerika • Erreichen eines Marktanteils zwischen 5% und 10% bis 200y in diesen Regionen • vor allem Substitution der Konkurrenzprodukte, aber auch der eigenen, »abgespeckten« Generatorenlösungen • Abwehr der low-tech Konkurrenz, v.a. aus China, Indien und Brasilien

2. Zahlencockpit der Option (in Euro; Details siehe Marktcockpits und Kundennutzen)	• Situation heute: Marktvolumen/Umsatz/Marktanteil:
	  • GUS: 2.5 Mrd/200 Mio/8%
	  • Afrika: 1 Mrd/30 Mio/3%
	  • Asien: 6.3 Mrd/252 Mio/4%
	  • Südamerika: 1.4 Mrd/56 Mio/4%
	• Ziel in 200x: Marktvolumen/Umsatz/Marktanteil:
	  • GUS: 2.8 Mrd/280 Mio/10%
	  • Afrika: 1.1 Mrd/55 Mio/5%
	  • Asien: 7.2 Mrd/360 Mio/5%
	  • Südamerika: 1.7 Mrd/119 Mio/7%
	• Umsatzrendite: konstant bei 14%
	• Personalkosten: Steigerung um 4% bis 200x
	• Materialkosten: Steigerung um 6% bis 200x

Option zur Innovationsleistung	**Beispiel Elektroindustrie (2)**
3. Maßnahmen zur Umsetzung der Option	• Entwicklung des IGP 1 bis 200x inkl. Testung, Normierung und 20 Referenzprojekte über alle Branchen und Unternehmensgrößen • Vermarktung ab 01.01.200x, leistungsfähiger, spezialisierter Vertrieb bis dorthin aktiv (v.a. in Afrika und Südamerika) • Vertriebsoffensive, v.a. in den Tochtergesellschaften Indien, Brasilien, Russland, Ukraine, Nord-Afrika • Aufbau bzw. Umrüstung der Produktion bis 30.06.200x in den Werken: Belo Horizonte, Charkow, Xhanzhou, Ahmadabad
4. Mittel zur Umsetzung der Option	• Entwicklungskosten inkl. Aufsetzen eines Wartungs- und Instandhaltungsprozesses: 32 Mio Euro einmalig, p.a. 15 Mio Euro bis 200x • Vermarktungsoffensive: 20 Mio Euro bis 200x • Aufbau und Umrüstung der Produktion: 75 Mio Euro einmalig, p.a. 10 Mio Euro bis 200x
5. Bewertung: strategische Bedeutung (bzgl. Herausforderungen und Schlüsselgrößen)	Gesamtaussage: sehr hoch • Angriff der low-tech Konkurrenz, v.a. in Asien • Ausbau der Marktstellung bei »Schwellenkunden« v.a. bzgl. »upgrading« der Generatoren • Stärkung der Präsenz vor Ort
6. Bewertung: Risiko (bzgl. Reaktion im Markt, Umsetzung, Verfügbarkeit Ressourcen, Aufbau Know-how)	Gesamtaussage: sehr hoch • großteils unbekannte Märkte • noch zu wenig technisches Know-how für Low-tech • derzeit: fehlende Vertriebsressourcen und zu wenige kompetente Projektmanager für die Entwicklung und Umstellung der Produktion
7. Management-Entscheid nach Zusammenfassung aller Optionen	• Die Option wird wie vorgeschlagen zu einer Stoßrichtung in der Strategie. • Bis 16.04. wird ein Vorschlag seitens der GL eingereicht, wie diese Stoßrichtung personell kompetent besetzt wird bzw. ob die Organisation als eigenes SGF Sinn macht.

11 Optionen zu den Produktivitäten

In jeder Strategie gibt es eine Marktseite und eine Produktivitätsseite. Lange Zeit war der Fokus eindimensional auf den Markt, das »Außen« der Organisation gerichtet. Dies hatte den positiven Effekt, dass Marktstellung, Innovationsleistung und Vermarktung systematisch angegangen wurden. Der Nachteil lag aber im Ignorieren der Produktivität. Eine Strategie funktioniert nur dann in der Umsetzung, wenn Markt und Produktivität, Außen und Innen, Kunde und Organisation verbindungsfähig sind. Die Schlüsselgröße der **Produktivitäten** verweist auf diesen Zusammenhang. Es geht um die Produktivität des Kapitals, der Arbeit, des Wissens und der Zeit[14]. Mit der Produktivität des eingesetzten Kapitals ist u. a. die Investment-Intensität gemeint, d. h. die Frage, wie sich das eingesetzte Geld verzinst. Die Produktivität der Arbeit wird etwa als Umsatz, Wertschöpfung oder Anzahl Transaktionen pro Vollzeit-Arbeitskraft gemessen. Die Produktivität des Wissens und Produktivität der Zeit sind in Praxis und Wissenschaft noch nicht befriedigend erschlossen. Dies steht in krassem Gegensatz zur Bedeutung dieser Themen für Wissensorganisationen. Anhaltspunkte können beispielsweise sein: Fähigkeit zur Produktentwicklung, zur Generierung neuer Lösungen etc.

In vielen Organisationen ist Produktivität zu einem wichtigen Hebel für **Lebensfähigkeit**[15] geworden. Dies liegt an den weitgehend gesättigten Märkten, an den aus Kundensicht vergleichbaren Qualitätsniveaus und aus dem daraus folgenden Preiskampf. Produktivität bedeutet zweierlei: entweder die Kosten unterhalb des üblichen Wettbewerbsniveaus bei gegebenem Output zu senken oder bei gleich belassener Kostenstruktur den Output über Wettbewerbsniveau zu erhöhen. Letzteres erfordert die Fähigkeit, den gesteigerten Output auch absetzen zu können. In jeder Organisation werden Ressourcen eingesetzt – Kapital, Arbeit, Wissen und Zeit. Eine Organisation besteht zunächst nur aus Kosten. Zeitlich steht damit vor der Wertschöpfung eine Kostenschöpfung. Ob aus den eingesetzten Kosten ein Wert entsteht, entscheidet nur der Kunde durch den Kaufpreis, den er bereit ist zu zahlen. Der Kaufpreis multipliziert mit der Menge der entsprechenden Leistung ergibt den Umsatz. Und über diesen Umsatz müssen die **Kosten der Wertschöpfung** und aller eingekauften Vorleistungen abgedeckt sein. Damit ist auch gezeigt, dass Wert und Kosten, Kundennutzen und Produktivitäten untrennbar zusammengehören.

1. *Gestaltung der Kostentreiber,*
2. *Systematische Müllabfuhr und Ausstieg,*
3. *Erfahrungskurve als strategisches Instrument,*
4. *Beispiel einer ausgearbeiteten Option zu den Produktivitäten.*

1. Gestaltung der Kostentreiber

Es gibt fünf **Bestimmungsfaktoren für Produktivitäten**. Diese haben sowohl »harte« als auch »weiche« Aspekte. Produktivität ist nicht ausschließlich ein Gegenstand von Kostenrechnung oder generell von Zahlen, sondern auch von Organisation und dem Markt. Somit wird erstens ein grundsätzlicher Kostenentscheid bei der Definition der **relativen Qualität** gefällt. Die Art und Weise, wie eine Organisation die kaufentscheidenden Kriterien produziert, definiert nachhaltig das Kostenniveau. Zumeist sind damit auch Fragen der Komplexität der Marktleistung und der betroffenen internen Prozesse betroffen. Discounting-Konzepte stellen etwa völlig andere Herausforderungen an die Produktivitäten als Vollsortimenter. Der Lebensmittel-, Möbel- oder Bekleidungshandel zeigt diese Zusammenhänge sehr drastisch auf.

Der zweite Hebel für Produktivität ist die Gestaltung der **Wertkette**. Die Grundlogik des Geschäftes wird von der Beschaffung der Vorleistungen bis hin zur Lieferung des Kundennutzens dargestellt. Die Kosten – Kapital, Arbeit, Wissen und Zeit – werden dabei auf die einzelnen Wertstufen verteilt. Beispielsweise macht es einen erheblichen Unterschied, ob die Leistungserstellung im eigenen Haus erfolgt oder zugekauft wird. Im einen Fall dominieren die Fix-, im anderen Fall die variablen Kosten. Gerade im Fall von geringer werdender Wertschöpfungstiefe gewinnen die Beschaffungsprozesse immer mehr Bedeutung und werden so zu Schlüsselfaktoren für das Kostenmanagement. Hohe Fixkosten führen zu einer hohen Investmentintensität, also zu einem schlechten Verhältnis aus Wertschöpfung (Nettoumsatz minus Vorleistungen) zu Investment (Working Capital plus betriebsnotwendiges Nettoanlagevermögen).

Die Wertschöpfung verweist auf die Prozesse. Der dritte Bestimmungsfaktor für die Produktivitäten sind **Prozessneugestaltung und Prozessverbesserung**. Die Prozessneugestaltung orientiert sich am »magischen Dreieck« Qualität, Zeit und Kosten. Das Streichen eines gesamten Prozesses oder von Teilprozessen und die Zusammenlegung von Prozessschritten führen zu einer nachhaltigen Absenkung des Kostenniveaus. Die Prozessverbesserung verändert die Prozesslandschaft zwar nicht radikal, hat aber positive Auswirkung auf die heutige und künftige Kostenstruktur. Es geht um die Prüfung auf Zeit- und Kostenfallen, Verkürzung der Durchlaufzeiten oder das Prinzip der Selbststeuerung.

Viertens liefert die Analyse und Gestaltung der **Kostentreiber**[16] die Voraussetzung zur Kostensenkung und Produktivitätssteigerung auf Dauer. Indem bei den Hebeln für die Kostenarten angesetzt wird, ergeben sich nachhaltige Effekte. Die Reduktion des Kostentreibers »Variantenvielfalt« beispielsweise hat positive Auswirkungen auf fast alle Prozesse in der Wertschöpfung. Wenn dieses Verfahren mit einer systematischen Müllabfuhr gekoppelt wird, entsteht ein permanentes Fitnessprogramm für jede Organisation.

Der fünfte Bestimmungsfaktor für die Produktivitäten ist die **Organisation**. Gemeint ist die Aufbauorganisation, die Wirksamkeit von Gremien im Sinn des professionellen Sitzungsmanagements und die Funktionengestaltung. Hier entscheidet sich, ob die Aufgaben, Kompetenzen und Verantwortlichkeiten so gebündelt werden, dass Nutzen entsteht. Unklare Zuständigkeiten, zu viele Sitzungen mit zu vielen Leuten, fehlende Anforderungsprofile an Menschen und Prozesse bewirken eine nicht wettbewerbsfähige Kostenposition. Über die Kostenwirkung dieser Faktoren herrscht zumeist völlige Unwissenheit, weil es etwa keine Kostenstelle für »Sitzungen« gibt, auf die gebucht werden kann.

Bestimmungsgrößen der Produktivitäten

Die **Produktivität** einer Organisation ist ein Schlüssel für Wettbewerbsfähigkeit. Ein wesentlicher Bestimmungsfaktor für die Produktivität sind Geschäftsprozesse. Diese Zusammenhänge sind in der Strategieliteratur in den vergangenen Jahrzehnten vielfach herausgearbeitet worden. Einige sollen exemplarisch genannt sein[17]. Peter Drucker etwa spricht von der Basis für ein Geschäft durch permanente Produktivitätsführerschaft. Für ihn besteht eine Organisation im Prinzip nur aus Kosten und aus Prozessen. Hans Ulrich unterstreicht in seinen Werken die Bedeutung von Prozessen und ihre Wirkung auf die Kosten- und die Erlösseite. Michael Porter setzt auch bei den Prozessen an, wenn er die Wettbewerbsvorteile nach Differenzierung, Kostenführerschaft und Einzigartigkeit unterteilt. Die Beherrschung der Prozesse hat jeweils einen unterschiedlichen Fokus, ist aber Grundvoraussetzung zum Aufbau und Erhalt der Wettbewerbsvorteile. Für Fredmund Malik sind die Produktivitäten eine Schlüsselgröße zur Beurteilung der Gesundheit einer Organisation.

Die Produktivitäten betreffen aber nicht nur die Kosten, sondern auch die **Erlöse**. Produktive Prozesse oder Nutzung aller Wissensressourcen für den Kundennutzen sind die Voraussetzung dafür, dass Umsätze gemacht werden und damit die notwendige Liquidität in die Organisation fließen kann. Veranschaulicht werden kann dieser Zusammenhang mit dem Dupont-Schema aus den 1920er-Jahren, welches auch als **ROI-Baum** bekannt geworden ist[18]. Der ROI (Return on Investment) ist eine Relationsgröße, welche die Verzinsung des eingesetzten Kapitals im Wirtschaftsprozess wiedergibt. Prinzipiell bestehen für Kapital zwei Möglichkeiten zur Verzinsung: Veranlagung am Kapitalmarkt oder Investition in Form unternehmerischen Einsatzes. Der ROI wird nun gemessen als Gegenüberstellung einer Gewinngröße vor Zinsen und Steuern (EBIT – Earnings before Interest and Taxes) gegenüber dem eingesetzten betriebsnotwendigen Kapital (Investment). Der EBIT wiederum geht aus dem Umsatz minus eingesetzte Kosten und den Vorleistungen hervor. Nachfolgende Abbildung macht dies deutlich.

Beeinflussung der Erlös- und Kostenseite

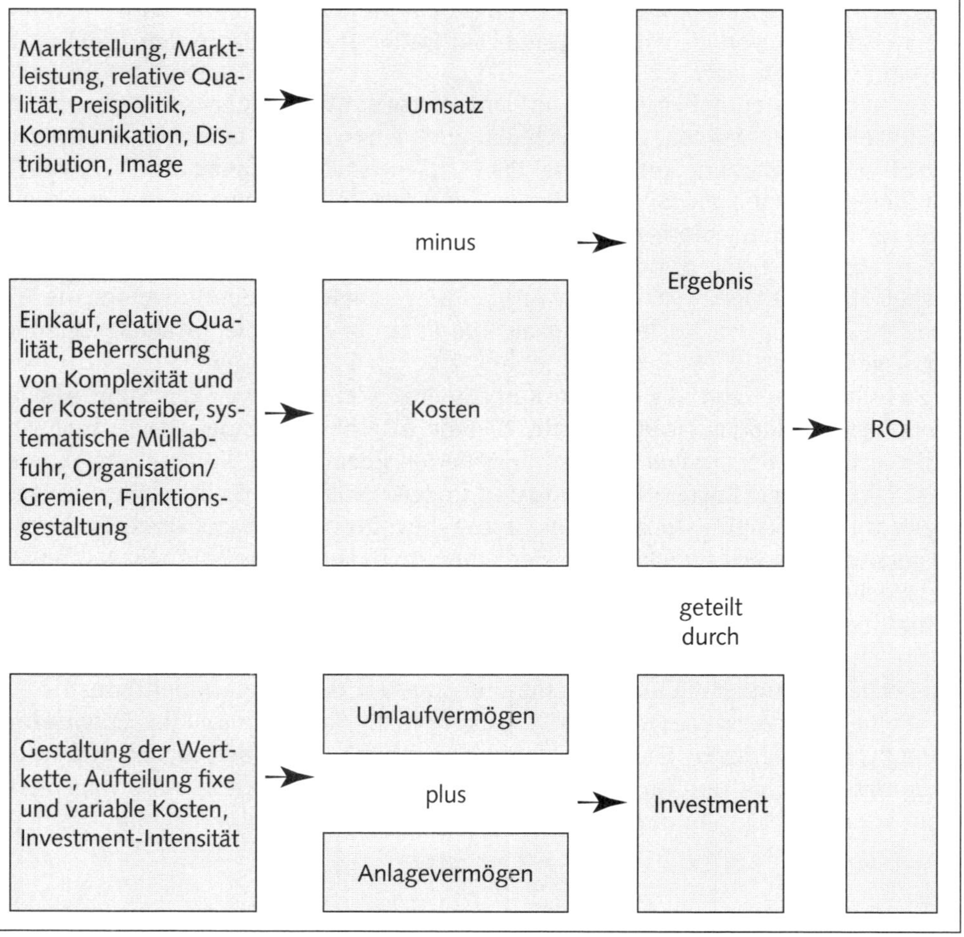

Der Gestaltung der **Kostentreiber** kommt in der Optionenphase eine wesentliche Bedeutung bei. Das Konzept der Kostentreiber setzt direkt an der Wurzel aller Kosten an, nämlich an der Frage, welche Faktoren die Kosten in Bewegung bringen, also antreiben. Zunächst werden die wichtigsten Prozesse der Wertkette identifiziert. Auf einer Matrix werden anschließend die Prozesse in den Spalten eingetragen und zeilenweise die kritischen Kostentreiber herausgearbeitet. Klar unterschieden werden muss zwischen einem Kostentreiber und der Kostenart, wie sie in der Kostenrechnung abgebildet ist. Auf die Frage »Was ist der größte Kostentreiber in Ihrer Organisation?« geben fast alle Führungskräfte die Antwort »Natürlich die Personalkosten!« Dieser Zusammenhang ist aber grundlegend falsch, weil Personalkosten eine Kostenart und kein Kostentreiber sind. Bei den Kostentreibern geht es um die Frage, was dafür verantwortlich ist, dass die Kostenart »Personalkosten« so hoch ist. Dies kann viele Gründe haben, von schlechter Führung über Tarifbestimmungen oder ungenügende Aus- und Weiterbildung. Genau das sind die Kostentreiber im Geschäft. Eine nachhaltige **Kostengestaltung** setzt an diesen Hebeln an und nicht an pauschalen Kostensenkungs-Schnitten (»alle minus zehn Prozent«), die vielleicht in Notlagen sinnvoll sind, auf Dauer aber nichts an den Treibern des Kostenniveaus ändern.

Wenn die Kostentreiber identifiziert sind, muss die Wirkung dieser Treiber auf die Prozesse beurteilt werden. Dies geschieht durch ein einfaches Quantifizierungsraster von »0« (keine Wirkung auf Prozess) bis »3« (sehr starke Wirkung auf Prozess). Die jeweiligen Summen pro Spalte (Prozess) und pro Zeile (Kostentreiber) ergeben in weiterer Folge eine Priorisierung der erfolgskritischen Prozesse und Kostentreiber. Dieses mechanistische Verfahren muss natürlich abgeglichen werden mit einem kritischen Plausibilitäts-Check aus der Ausgangslage. Im letzten Schritt werden die Wirkung der wichtigsten Kostentreiber auf die Prozesse und entsprechende Optionen herausgearbeitet.

Das Verfahren zeigt auf, welche Kostentreiber von der jeweiligen Führungskraft beeinflussbar sind und welche nicht. Gerade in großen Organisationen sind viele Führungskräfte der zweiten, dritten und vierten Ebene damit konfrontiert, dass sie zwar Budget- und **Kostenverantwortung** tragen, viele Kostentreiber oder Umlagen aber gar nicht beeinflussen können. Gerade dies führt dann dazu, dass bei linearen Kostensenkungsprogrammen nur bei den unmittelbar beeinflussbaren Kostentreibern angepackt wird. Erfahrungsgemäß sind es aber die nicht direkt beeinflussbaren Kostentreiber, in denen die großen Potenziale liegen.

Die Frage der Wirkung eines Kostentreibers auf einen Prozess ist das eine. Darüber hinaus interessant ist die Frage nach der **Kostenverursachung**. In der Industrie entstehen beispielsweise Varianten im Vertrieb (»Happy Sales«) und in der Entwicklung (»Happy Engineering«). Dieser Kostentreiber schlägt aber überproportional in der Leistungserstellung und im Kundenservice auf. Der Ansatzpunkt muss folgerichtig beim Verursacher liegen und nicht dort, wo die Kosten dann ablesbar sind.

Gestaltung der Kostentreiber							Werkzeug (1)
Prozesse → / Kostentreiber							Summe
1.							
2.							
3.							
4.							
5.							
6.							
7.							
8.							
9.							
Summe							

Legende:

0 keine Kostenwirkung auf Prozess

1 schwache Kostenwirkung auf Prozess

2 hohe Kostenwirkung auf Prozess

3 sehr starke Kostenwirkung auf Prozess

Gestaltung der Kostentreiber			Werkzeug (2)
Kostentreiber	**Kostenwirkung**	**Option**	**Potenzial**
1.			
2.			
3.			
4.			

Gestaltung der Kostentreiber **Beispiel Großhandel (1)**

In der Optionenphase wird die Logistik eines Bekleidungsartikel-Großhändlers geprüft. Die strategische Herausforderung liegt darin, die Kostenposition gerade in der Logistik langfristig wettbewerbstauglich zu machen.

Prozesse → / **Kostentreiber**	Ware beschaffen	Ware disponieren	Ware annehmen/ bearbeiten	Ware ausliefern	Retoure bearbeiten	DV sicherstellen	Summe
1. Belieferungshäufigkeit	0	3	1	3	2	2	11
2. ungleiche Auslastung	0	2	3	3	0	0	8
3. mangelndes Warenwirtschaftssystem	1	3	2	3	2	3	14
4. Nachbestell., unvorhergesehene Aufträge	0	2	2	3	1	2	10
5. Sortimentsbreite und -tiefe	3	2	3	1	3	3	15
6. Sonderwünsche des Kunden	0	2	3	3	0	2	10
7. mangelndes Entscheidungsverhalten	0	3	2	3	0	1	9
8. Betriebsvereinbarungen	0	0	3	3	0	1	7
9. mangelnde Qualifikation der Mitarbeiter	0	2	3	3	1	0	9
Summe	4	19	22	25	9	14	

Legende:
- 0 keine Kostenwirkung auf Prozess
- 1 schwache Kostenwirkung auf Prozess
- 2 hohe Kostenwirkung auf Prozess
- 3 sehr starke Kostenwirkung auf Prozess

Gestaltung der Kostentreiber			Beispiel Großhandel (2)
Kostentreiber	**Kostenwirkung**	**Option**	**Potenzial**
1. Sortimentsbreite und -tiefe	• Komplexität bei Bewirtschaftung und im Handling • hohe Bestandskosten (Kapitalbindung)	Sortimentsreduktion von derzeit 850 auf 600 Artikel	2 Mio € p.a.
2. mangelndes Warenwirtschaftssystem	• mangelnde Auftragssteuerung • nur händische Inventurerfassung • schwierige Bearbeitung von Reklamationen	Umstellung des Warenwirtschafts-Systems auf WWS-2	3 Mio € einmalig 4 Mio € p.a.
3. Belieferungshäufigkeit	• zwei- bis dreifacher Kommissionier- und Fahraufwand • Mehrkosten durch Mautgebühr (jährlich ca. 1.5 Mio €)	Prüfung: Reduktion der Belieferungshäufigkeit (je nach Geschäftstyp von 30 bis 60 Prozent)	3 Mio € p.a.
4. Nachbestellungen, unvorhergesehene Aufträge	• permanentes Chaos in Disposition und Bearbeitung • schlechte Qualitätswerte (Pünktlichkeit...)	Schaffung eines Auftragsleitstandes mit Verantwortlichkeiten pro Disponent	0.5 Mio € p.a.

Kostentreiber — Checkliste (1)

Funktion	Kostentreiber	
1. Einkauf	1. Lieferantenzahl und Lieferantenvielfalt 2. unterschiedliche Vertragstypen 3. Spezifikationsaufwand 4. mangelhafte Verträge 5. Distanz zum Kunden 6. Kaufteilpositionen	7. Eilaufträge/-beschaffungen 8. mangelhafte Spezifikation 9. geringe Modularität und Standardisierung 10. fehlende Abstimmung mit Entwicklung und Leistungserstellung 11. Zahl Verhandlungsgespräche
2. Entwicklung	1. Eigenentwicklung 2. fehlender Marktbezug 3. »Happy Engineering«/Überbetonung technischer Verkaufsargumente 4. Änderungsrate 5. ungesteuerte Kreativität 6. Anzahl Versuche 7. Floprate 8. Distanz zum Kunden	9. fehlende Modularität 10. Einarbeitungszeit 11. Dokumentationsaufwand 12. Dokumentationsfehler 13. Technologie- und Verfahrensänderungen 14. kurze Lebenszyklen bei Leistungen 15. mangelnde Lernkurve 16. Bonus nach Kreativität
3. Leistungserstellung/ Produktion	1. Sortimentsbreite/Varianten 2. Anzahl Standorte 3. Sortimentstiefe/Varianten 4. unvollständige Produkt- und Projektspezifikation 5. Einarbeitungszeit 6. Schwankungen bzgl. Saison oder Kundengruppe 7. fehlende Nutzung der Erfahrungskurve	8. zu wenig Modularität 9. mangelhafte Standardisierung 10. Ausschuss 11. zu hohe/zu niedrige Kapazität 12. Unterbrüche/Umrüstungen in Leistungserstellung 13. gesetzliche Normen 14. hohe Investment-Intensität 15. kurze Lebenszyklen
4. Logistik	1. gesetzliche Normen 2. mangelnde Lieferbereitschaft 3. mangelnde Spezifikationen bzgl. Zeit/Lieferqualität 4. niedriger Umschlag 5. Lieferfrequenz 6. mangelnder Forecast	7. fehlende Rationalisierung (Routen, Läger...) 8. Anzahl Artikel 9. Fehlerrate/Defektrate/Anzahl Rückholungen 10. fehlendes On-Time-Delivery 11. mangelhafter Informationsfluss

Kostentreiber		Checkliste (2)
Funktion	**Kostentreiber**	
5. Vertrieb und Service	1. Anzahl Vertriebskanäle 2. mangelnde Standardisierung 3. Einarbeitungszeit 4. Rückläufe, Reklamationen 5. Vielfalt der Kunden 6. kompliziertes Preissystem 7. Anzahl Handelsstufen	8. Sortimentsbreite/Varianten 9. mangelhafter Reifegrad der Leistungen im Markt 10. kurze Lebenszyklen 11. Noteinsätze, Improvisation 12. rel. wenige Stammkunden 13. spezifische Dokumentationen 14. Sortimentsänderungen
6. Personal	1. gesetzliche/ interne Vorschriften (Betriebsvereinbarungen) 2. Fluktuation, Fehlzeiten, Krankenstand 3. hohe Jobrotation 4. fehlender Wissenstransfer 5. mangelnde Führung	6. zu junges/zu altes Personal 7. zu hohe oder fehlende Spezialisierung 8. fehlende Anreize zur Standardisierung 9. mangelhafte Qualifikation und Personalentwicklung 10. fehlende Personalplanung
7. Informationssysteme	1. unterschiedliche Standards bei Hard- und Software 2. unterschiedliche Systeme 3. mangelhafte Stammdaten 4. Schulungsaufwand für Benutzer 5. Insellösungen	6. Verschlüsselungen, Sperrungen 7. Verfügbarkeit von Systemen 8. mangelnde Kompatibilität 9. wenig Echtzeitinformationen
8. Controlling/ Rechungswesen	1. falsche Buchungen, Falscheingaben 2. zu viel Kreativität beim Erfinden von Systemen 3. falsche Rechnungen 4. Controller mit zu viel Zeit	5. fehlende Systematik 6. niedrige Automatisierung 7. Anzahl und Tiefe von Kalkulationen 8. Belegkontrollen (Vollerhebung)
9. Führung und Organisation	1. unklare Aufgaben, Kompetenzen und Verantwortlichkeiten 2. Zahl Entscheidungsebenen 3. Doppelunterstellungen 4. falsche Führungsspanne (zu große oder zu kleine) 5. Management-Modewellen	6. schlechtes Sitzungsmanagement 7. fehlende Arbeitsmethodik 8. unklare Zielvereinbarungen 9. mangelnde Entscheidungsbereitschaft/ Entscheidungsabläufe 10. Geld- und Machtdenken

2. Systematische Müllabfuhr und Ausstieg
Die **systematische Müllabfuhr**[19] ist nicht nur ein Ansatz für Produktivitätssteigerung in der Strategieentwicklung. Sie ist als Management-Werkzeug eine Daueraufgabe wirksamer Führung. Der Grundgedanke setzt an den Dimensionen von Effektivität und Effizienz an.

Die **Effektivität** betrifft die Frage »Welche Leistungen können abgebaut werden, ohne deswegen den Gesamtnutzen für Kunden und für die eigene Organisation zu verringern?« Im Kern ist hier eine »**No-Strategy**« angesprochen. Discounting-Geschäftsmodelle basieren auf diesem Konzept. Sie senken die Anzahl von Aufgaben, Ausprägungen und Varianten – ohne dabei den wahren Kundennutzen zu gefährden. Damit schaffen sie die Voraussetzung für eine ausgezeichnete Kostenposition und geben das über Preise weiter. Der Abbau von Leistungen oder Aufgaben kann vielfältig erfolgen und nach verschiedenen Dimensionen gegliedert werden. Die Ansätze reichen vom kompletten Wegfall einer Leistung über die Senkung der Frequenz bis zum Abbau von Qualität oder zur Senkung des Umfanges.

Effektivität und Effizienz in der systematischen Müllabfuhr	**Checkliste**
Effektivität: Abbau von Leistungen	**Effizienz: produktivere Leistungserbringung**
1. Wegfall einer Leistung (Bsp. Produkt, Dienstleistung, Reports, Kontrollen) 2. Wegfall von Kunden (-gruppen) 3. Senkung der Frequenz (Bsp. Besuche, Berichtsrhythmus, Sitzungen) 4. Abbau von Qualität (Bsp. 12- statt 24-Stunden-Service, Wegfall von Service) 5. Senkung des Umfanges (Bsp. Stichproben statt Totalerfassung) 6. zeitliche Verlangsamung (Bsp. Verlängerung von Liefer- und Servicerhythmen)	1. Standardisierung und Straffung der Prozesse (Bsp. pauschale Spesen, Angebotsvorlagen) 2. Delegation auf andere Stellen (Bsp. Reklamationsbearbeitung durch Produktion, Angebotserstellung durch Akquisiteur bzw. Abwickler) 3. Outsourcing (Bsp. Logistikdienste) 4. Optimierung der Kapazitäten (Bsp. Flexibilisierung von Arbeitszeit) 5. Entscheidungs- und Informations-Optimierung (Bsp. kompatible DV-Systeme, Sitzungsmanagement)

Der Ansatz der **Effizienz** setzt bei den Leistungen an, die nicht gestrichen werden. Die Fragestellung lautet »Wie kann das Leistungsniveau bei geringerem Aufwand gleich belassen bzw. wie kann bei gleichem Aufwand mehr Leistung erzielt werden?« Gemeint ist das **ökonomische Prinzip**[20], d.h. die Optimierung der eingesetzten Ressourcen von Kapital, Arbeit, Wissen und Zeit. Die systematische Müllabfuhr kann bei diesen vier Produktivitätsarten ansetzen: von Standardisierung der Prozesse über Delegation auf andere Stellen, Outsourcing, Optimierung der Kapazitäten bis hin zur Entscheidungs- und Informationsverbesserung.

Die Erarbeitung einer systematischen Müllabfuhr setzt beim Kundennutzen und bei der Wertkette an. Als erstes werden die relevanten Prozesse entlang der Wertkette festgelegt und die Ist-Situation quantifiziert. Die Grundlogik der Wertkette und der Prozesse richtet sich am Kundennutzen, an der Leistung aus. Mit der beiliegenden Checkliste anhand der Produktivitäten werden anschließend Prozesse und Leistungen geprüft und Optionen mit entsprechenden Potenzialen entwickelt. Methodisch ist zu beachten, dass die Erarbeitung der systematischen Müllabfuhr nur mit den Betroffenen erfolgen soll. Gleichzeitig bedarf es einer anspruchsvollen Zielsetzung, die vorgegeben sein muss, etwa »Worauf verzichten wir, wenn der Marktpreis auf siebzig Prozent sinkt?«, »Worauf ist zu verzichten, wenn dreißig Prozent der Personalkosten gestrichen werden müssen?« oder »Was wird abgestellt, wenn der Umsatz auf achtzig Prozent einbricht?« Nur über eine sportliche Vorgabe entstehen Bereitschaft und Druck zur grundsätzlichen Hinterfragung der Aktivitäten und Aufgaben. Über **Prozesse** kann das Instrument der systematischen Müllabfuhr am besten eingesetzt werden, weil an dieser Stelle der Schnittpunkt von Kundennutzen, Wertkette und damit Geschäftslogik vorliegt.

Durch die systematische Müllabfuhr werden nicht nur Strategieoptionen erarbeitet. Dieses Instrument ist eine »Entschlackungskur« für Organisationen. Sie gewinnen dadurch an Geschwindigkeit und schaffen Platz für Neues. Eine Organisation nutzt so ihre **Erfahrungskurve**[21] mit konkreten Ansatzpunkten.

Ein Spezialfall und eine Vertiefung der systematischen Müllabfuhr ist der **Ausstieg**. Bezugspunkte sind Märkte, d. h. Kunden oder Kundengruppen, Regionen, Branchen, Leistungen oder Leistungsgruppen. Zusätzlich stehen natürlich alle internen Prozesse oder Organisationseinheiten zur Disposition. Ausstieg muss nicht zwangsweise das völlige Aufgeben bedeuten, sondern kann auch eine selektive Streichung betreffen. Beispiele für »Ausstiegs-Optionen« sind etwa der Verzicht auf vierzig Prozent der Varianten eines Gewürzherstellers, die Zusammenlegung der Vertriebsverantwortung für Banken und Versicherungen eines Softwarehauses oder der Verkauf des Pharmageschäftes eines Konzerns an einen Konkurrenten.

Systematische Müllabfuhr und Ausstieg	**Checkliste (1)**
1.Systematische Müllabfuhr und Ausstieg: Produktivität des Kapitals	1. Verbesserung Investment-Intensität über Senkung der Kapitalbindung bzw. von Leerzeiten (Kapazitätsauslastung) 2. Senkung/Streichung von vorgehaltenen Kapazitäten 3. Senkung der Komplexität in Sortiment bzw. in den Vertriebswegen 4. Abbau von Sonderentwicklungen, Sonderleistungen und anderen »Einmaligkeiten« – Verstärkung von Standardisierung 5. Senkung der eigenen Wertschöpfung über verstärktes Outsourcing 6. Streichung von Prozessen: Ersatz von Fixkosten durch variable Kosten 7. Nutzung von Größendegression (geringere Stückkosten durch Verteilung der Fixkosten auf mehr Absatz) 8. Vereinfachung der Transaktionswege (Geld-, Waren-, DL-Verkehr) 9. Optimierung der Kapazitäten (Bsp. Ausgleich der Leistungsspitzen, Flexibilisierung von Arbeitszeit) 10. Vereinfachung und Senkung der Umstellzeiten bei Leistungen 11. Konzentration auf Kernleistungen und Streichung aller anderen Leistungen 12. (Teil-)Verkauf des Geschäftes, von Betriebsstätten, Regionen...
2. Systematische Müllabfuhr und Ausstieg: Produktivität der Arbeit	1. Produktivitätssteigerung über gleichen Output bei verringertem Input 2. Erhöhung der Wertschöpfung oder Transaktionen pro Vollzeit-Arbeitskraft 3. Reduktion nicht direkt wertschöpfender Aktivitäten (Wartezeiten, Kontrollen) 4. Kenntnis und konsequenter Abbau typischer Fehler und Fehlerhäufigkeiten 5. Steigerung der Lerneffekte in den Prozessen (durch Wiederholung, Routine) und Senkung von »Versuch und Irrtum« 6. Wegfall einer Leistung (Bsp. Produkt, Dienstleistung, Reports, Kontrollen) 7. Abbau von arbeitsgebundener Qualität (Bsp. Beratung, Service) 8. Senkung des Umfanges (Bsp. Stichproben statt Totalerfassung, Trennung von Leistungen und gesonderte Bezahlung) 9. Delegation auf andere Stellen (Bsp. Reklamationsbearbeitung durch Produktion, Angebotserstellung durch Akquisiteur bzw. Abwickler) 10. Senkung der Quote von Rückfragen, Warteschleifen, Suchzeiten, »Erfindungszeiten« und Kreativität ohne Resultatbezug 11. Senkung von Sitzungen/Streichung von Gremien 12. Steigerung der Selbststeuerung und Stärkung der Selbstverantwortung (Deckung von Aufgabe, Kompetenz und Verantwortung)

Systematische Müllabfuhr und Ausstieg	Checkliste (2)
3. Systematische Müllabfuhr und Ausstieg: Produktivitäten des Wissens und der Zeit	1. Erhöhung von Sicherheit/Routine in wettbewerbsrelevanter Zeit: »On Time Delivery« (Liefertreue – bezogen auf Zeit), »Time to Market«, »Time to Customer«, »Time to Money«, »Time to Break-even« 2. Erhöhung von Sicherheit/Routine in den Schlüsselprozessen (Nutzung Erfahrungskurve) 3. Verminderung organisatorischer Schnittstellen 4. Senkung der Komplexität im Sortiment (Varianten) 5. Senkung der Komplexität auf Abnehmerseite (Kunden- und Händlermix) 6. Prüfung/Reduktion Durchlaufzeit in der Prozesskette (inkl. kritischer Wege) 7. Senkung von Frequenz (Bsp. Besuche, Berichtsrhythmus, Sitzungen) 8. zeitliche Verlangsamung (Bsp. Verlängerung von Liefer- und Servicerhythmen, Verzögerung von Bearbeitungen) 9. Entscheidungs- und Informations-Optimierung (Bsp. kompatible DV-Systeme, Sitzungsmanagement) 10. Klarheit über zurechenbare Kosten der gesamten Wertkette und zurechenbare Kosten pro Prozess 11. Parallelisierung oder Zusammenlegung von Prozessschritten (Bsp. Verkürzung der Durchlaufzeiten, unmittelbarer Wissensaustausch, geringerer Koordinationsaufwand) 12. Senkung des Grads der Arbeitsteilung und der Anzahl von Berichts- und Genehmigungsstufen 13. Identifikation und Streichung aller »Zeittreiber« und entsprechende Sensibilisierung durch das Messen 14. Senkung der personenbezogenen Abhängigkeiten

Systematische Müllabfuhr			Werkzeug
Prozess	**Ist**	**Option**	**Potenzial**

Systematische Müllabfuhr — **Beispiel Betriebsverpflegung**

Ein Hersteller und Verteiler von Automaten erarbeitet Optionen über die Methodik der systematischen Müllabfuhr. Aufgrund des enormen Kostendrucks in der Branche lautet die strategische Herausforderung: »Was wird nicht mehr getan bzw. wo muss größere Produktivität entstehen, wenn wir zwanzig Prozent der Personalkosten einsparen müssen?«

Prozess	Ist	Option	Potenzial
Automaten beschildern	15 Mannjahre	• künftig nur mehr Beschilderung durch Auftraggeber (Werber), nicht mehr durch das eigene Unternehmen	15 MJ
Automaten befüllen und Inkasso sicherstellen	27 Mannjahre	Optimierung durch: • Auslagerung der Befüllung auf Vertragspartner (v.a. bei Neuverträgen) • Akkordsystem bei Befüllung und Inkasso	5 MJ
Geld zählen	11 Mannjahre	• Vereinheitlichung der Geldzählfunktion durch: Zusammenlegung der Regionen A und B bzw. C und D	1.5 MJ
Automaten servicieren	14 Mannjahre	• Verbesserung der Rate »Automat pro Techniker« durch Erhöhung der Automaten in den Zielvereinbarungen um 5% • Abschaffung des alten Gehaltsystems/Einführung eines neuen Prämiensystems (Basis: servicierte Automaten)	2 MJ

3. Erfahrungskurve als strategisches Instrument
Im strategischen Management gilt die **Erfahrungskurve**[22)] als eines der klassischen Instrumente. Die Grundlage für die Erfahrungskurve liegt in der Rüstungs- und Transportmittelproduktion der USA im Zweiten Weltkrieg. Damals wurde ein erstaunlicher Effekt entdeckt: Mit steigendem Output einer Losgröße (Panzer, Frachtschiffe...) sanken die Stückkosten der eigenen Wertschöpfung. In späteren Jahren wurden zahlreiche empirische Untersuchungen gemacht, die alle zu ähnlichen Resultaten kamen und sich als Erfahrungs- oder **Lernkurve** zusammenfassen lassen: Mit jeder Verdoppelung der kumulierten Menge ergibt sich ein Kostensenkungspotenzial der eigenen Wertschöpfung von zwanzig bis dreißig Prozent.

Aus diesem Befund lassen sich mehrere Schlussfolgerungen ableiten: Erstens steht nicht die absolute jährliche Mengenleistung im Fokus, sondern die Kumulation, d.h. die Summe des Ausstoßes über die Zeit. Ein hoher Marktanteil ist daher ein guter Indikator für vorhandene Erfahrungspotenziale. Erfahrungseffekte sind somit am Beginn eines Zyklus groß und flachen sich dann aufgrund der Kumulationswirkung ab. Zweitens ist eine gewisse Kontinuität der Leistung erforderlich, um Erfahrungseffekte zu heben. Ob es sich dabei um Frachtschiffe, Therapien, Software-Module, Antriebsstränge, Kreditverträge oder Seminare handelt, ist unerheblich. Wichtig ist die Möglichkeit, Erfahrung zu sammeln und aus dem Gelernten entsprechende Schlüsse für die **Produktivität** zu ziehen. Drittens geht es um die inflationsbereinigten Kosten der eigenen Wertschöpfung und nicht um diejenigen der Lieferanten. Viertens handelt es sich immer um Potenziale, nie um Automatismen. Das Management muss diese Potenziale erst heben, nachdem sich diese nie von alleine einstellen.

Mit beiliegendem Werkzeug und Beispiel wird eine einfache Methode vorgestellt, eine Berechnung und die Nutzung der Erfahrungskurve vorzunehmen. Der erste Schritt besteht in der Auswahl der Leistung (Produkt, Dienstleistung). Damit das Verfahren funktioniert, muss diese Leistung über den Zeitablauf im Großen und Ganzen konstant bleiben. Kleinere Veränderungen, etwa im Design oder der Funktionalität, können akzeptiert werden. Schritt zwei sind die Bestimmung der Jahre, die Erfassung der Jahres- und der kumulierten Menge und der Ausweis der Verdoppelungszeit. Als drittes werden die Stückkosten der eigenen **Wertschöpfung** im Ist und anschließend mit den Potenzialen bei zwanzig und dreißig Prozent dargestellt. Die eigentliche Führungsarbeit ist im vierten Schritt gefordert. Gefragt sind die Identifikation der wichtigsten Kostentreiber pro Wertschöpfungs-Stufe, die Ermittlung des Potenzials in Wertschöpfungskosten pro Stück und Ansatzpunkte für die Strategie im Sinn von Optionen. Dies stellt dann die Basis für Maßnahmen dar. Ohne diesen Schritt bleibt die Erfahrungskurve ein mathematisches Konstrukt ohne Wirkung.

Häufig sind Prozesse oder Geschäftsmodelle der eigentliche Hebel hinter den **Erfahrungseffekten**. Erfahrung und Lernen sind nichts anderes als die Anwendung von Erkenntnissen aus der Vergangenheit in die Leistungserstellung der

Gegenwart und Zukunft. Dies kann sich auf die Nutzbar-Machung von Wissen beziehen, auf die optimierte Anordnung von Fertigungsstraßen, auf die Vertriebsabläufe bei Versicherungsprodukten oder auf die Versorgung von Patienten in Tageskliniken. Immer stehen die Abläufe und die darin verdichteten Geschäfte auf dem Prüfstand. Jeder Prozess verursacht Kapital-, Personal- oder Sachkosten. Diese Kosten sind Werteinsatz zur Leistungserstellung und fließen über die Wertschöpfungskosten in die Kalkulation ein. Die Erfahrungskurve ist vor diesem Hintergrund der permanente Zwang, bestehende Leistungen zu optimieren, die Abläufe zu hinterfragen und alle Potenziale der Produktivität zu heben[23)]. Daher gilt die Erfahrungskurve prinzipiell für alle Branchen und alle Unternehmensgrößen und nicht – wie oft behauptet – nur für die Industrie.

Die **Grenzen der Erfahrungskurve** liegen dort, wo Kontinuität in der Leistung selbst oder in der Leistungserstellung fehlt. Die Erfahrungskurve setzt eine gewisse Vergleichbarkeit über die Zeit voraus. Jede echte Leistungs- oder Verfahrensinnovation beendet eine alte und lässt eine neue Erfahrungskurve beginnen. Allerdings existieren auch in diesen Fällen nach wie vor gewisse Erfahrungseffekte. So verändern sich Softwarelösungen rasend schnell und scheinen nicht geeignet für eine Prüfung durch die Erfahrungskurve. Die grundlegenden Prozesse der Spezifikation, der Modularisierung und der Applikation verändern sich diesbezüglich aber nicht oder nur marginal. Mit Hilfe der Erfahrungskurve können auch hier Produktivitätspotenziale geortet und gehoben werden.

Erfahrungskurve als strategisches Instrument **Werkzeug**

1. Erhebung der Erfahrungskurve

Jahr	Menge pro Jahr	Menge kumuliert	kumulierte Verdoppelung	Wertschöpf. Kosten IST	Erfahrungseffekt (bzgl. Jahr 1)	
					20%	30%

2. Nutzung der Erfahrungskurve als strategisches Instrument

Wertschöpfungs-Stufe	Kostentreiber	Potenzial WS-Kosten pro Stück	Ansatzpunkte für die Strategie

Erfahrungskurve als strategisches Instrument — **Beispiel Kartonagen**

Ein Hersteller von Kartonagen und anderen Verpackungen bzw. Gebinden prüft systematisch die Erfahrungseffekte. Die Erhebung erfolgt nach einem einfachen Verfahren und bezieht sich auf die Wertschöpfungskosten pro Einheit. Die Ansatzpunkte zur Nutzung der Erfahrungskurve werden als Optionen dargestellt. Im Beispiel handelt es sich um Groß-Kartonagen für Ernte-Kunststoffgebinde.

1. Erhebung der Erfahrungskurve

Jahr	Menge pro Jahr	Menge kumuliert	kumulierte Verdoppelung	Wertschöpf. Kosten IST	Erfahrungseffekt (bzgl. Jahr 1)	
					20%	30%
1	6 500	6 500		120		
2	7 000	13 500	X	102	96	84
3	6 800	20 300		95		
4	6 700	27 000	X	86	77	57
5	7 200	34 200		80		
6	7 900	42 100		75		
7	7 100	49 200		73		
8	7 500	56 700	X	69	62	40
...	...					

2. Nutzung der Erfahrungskurve als strategisches Instrument

Wertschöpfungs-Stufe	Kostentreiber	Potenzial WS-Kosten pro Stück	Ansatzpunkte für die Strategie
Produktion	fehlende Modularität	3 bis 5	• Modulbau für alle Sortimente • Durchsetzung der Modularität bei allen Lieferanten • Modularisierung für Ecken/ Kantentypen
	Sortiments-Vielfalt	5 bis 7	• systematische Müllabfuhr und Sortimentsbegrenzung (z.B. über Rabatt-Anreize) • definierte Varianten bzgl.: Stärke, Kanten, Farben...
	Summe	8 bis 12	...
Logistik	...	...	...

4. Beispiel einer ausgearbeiteten Option zu den Produktivitäten
Neben den dargestellten Quellen für Produktivitätsoptionen sind in den bisherigen Phasen im Strategieprozess Ansatzpunkte für Produktivität enthalten gewesen. Beiliegend finden sich die wichtigsten:

Quellen von Optionen zu den Produktivitäten	Checkliste

1. Leitbild/Leitplanken: bzgl. Kosten, Produktivität, Preise (»Themenspeicher«)
2. Segmentierung: bzgl. des heutigen Geschäftes, insbesondere preissensible Geschäftsfelder (»Themenspeicher«)
3. Marktcockpit: bzgl. des heutigen und künftigen Geschäftes – Kunden, Konkurrenten, Märkte (»Themenspeicher«)
4. Kundennutzen/Qualitätscockpit/Strategiecockpit: bzgl. der kaufentscheidenden Kriterien, der Qualitäts- und Preisposition, der erforderlichen Kostenposition
5. Wertkette als Geschäftsmodell/als Prozesskette: bzgl. des heutigen und künftigen Geschäftes
6. Beurteilung der Ausgangslage: bzgl. der Produktivitäten (»Themenspeicher«) und der Zusammenfassung (»Themenspeicher«)
7. Optionengeneratoren: Gestaltung der Kostentreiber, Systematische Müllabfuhr

Die Zusammenfassung einer **Option zu den Produktivitäten** folgt dem bewährten Strukturmodell von Optionen. Als erstes werden die Ziele dargestellt. Gerade Produktivitätsoptionen sind häufig Zusammenfassungen von unterschiedlichen Ansätzen, die an dieser Stelle unter einer aussagekräftigen Überschrift zu verdeutlichen sind. Die Ziele sind wiederum in einem Zahlencockpit auszuweisen. Die Darstellung der Maßnahmen und Mittel bringt die notwendige Konkretisierung und die entsprechende Glaubwürdigkeit. Die Bewertung der Option basiert zum einen auf der Einschätzung der strategischen Bedeutung. Im Minimum sollte eine strategische Herausforderung beantwortet und eine Schlüsselgröße nachhaltig verstärkt werden. Zum anderen ist das Risiko einzuschätzen. Erfahrungsgemäß betrifft dies bei den Produktivitäten weniger das Know-how oder die Ressourcen, als vielmehr Widerstand und Verteidigung von Gewohntem. Die beiden Bewertungsdimensionen zur strategischen Bedeutung und zum Risiko fließen in die Konsolidierung der Optionen ein. Den Abschluss bildet die Protokollierung des Management-Entscheids.

Option zu den Produktivitäten	Werkzeug
Option	
1. Ziele der Option	
2. Zahlencockpit der Option	
3. Maßnahmen zur Umsetzung der Option	
4. Mittel zur Umsetzung der Option	
5. Bewertung: strategische Bedeutung (bzgl. Herausforderungen und Schlüsselgrößen)	Gesamtaussage:
6. Bewertung: Risiko (bzgl. Reaktion im Markt, Umsetzung, Verfügbarkeit Ressourcen, Aufbau Know-how)	Gesamtaussage:
7. Management-Entscheid nach Zusammenfassung aller Optionen	

Option zu den Produktivitäten	**Beispiel Energieversorger (1)**
Ein Betreiber von Kraftwerken und Netzen sieht wesentliche strategische Herausforderungen im Senken der Netz- und Durchleitungsgebühren bzw. in der besseren Auslastung seines Umlauf- und Anlagevermögens und des Personals. Eine Option zur Bewältigung dieser Herausforderungen lautet »Produktivitätssteigerung in Anlagen und Logistik um dreißig Prozent«.	
Option	Produktivitätssteigerung in Anlagen und Logistik um dreißig Prozent
1. Ziele der Option	• Reduktion der Fixkosten um 10 Mio Euro p.a. in Anlagen und Logistik bis 200x • Leistungstransparenz bei Mitarbeitern und Prozessen • Senkung Personalaufwand um 10% – v.a. durch Streichung Administration in den Werken • Optimierung Einkauf • Schärfung Qualitätsniveau in allen Prozessen • Erhöhung Anlagenwirtschaftlichkeit: 2 Mio Euro p.a. Einsparung • Outsourcing: alle Kantinen, Wartung in Leitständen, Betrieb Fuhrpark in Regionen A, B
2. Zahlencockpit der Option (vgl. Anlage mit Detailstudien)	• Reduktion Fixkosten in Anlagen p.a. von 7 Mio Euro bis 200x (vgl. Detailstudie) • Reduktion Fixkosten in Logistik p.a. von 3 Mio Euro bis 200x (vgl. Detailstudie) • Reduktion Personalaufwand um 10%: va. Abbau Überstunden, neues Schichtmodell, Streichung Administration in den Werken bei nur 60% Mehraufwand für Zentralen… • Reduktion der Änderungsquote im Betrieb von 15% auf 5% • Erhöhung Anlagenwirtschaftlichkeit (Automatisierungsgrad…): Einsparung von 2 Mio Euro p.a. an Personal- und Qualitätskosten • Outsourcing: 1 Mio Euro Einsparung p.a.

Option zu den Produktivitäten	Beispiel Energieversorger (2)
3. Maßnahmen zur Umsetzung der Option	• klares Projektmanagement im Betrieb zur Steuerung der Änderungsquote ab 200x • Leistungstransparenz durch: einheitliche Arbeitsstellenpläne, Flexibilisierung Arbeitszeit • Wegfall der Administration in den Werken ab 200x • Professionalisierung Einkauf: Verstärkung Kompatibilitäten, Steuerung Outsourcing • Schärfung Qualitätsniveau durch: Kostenwahrheit bei Angeboten, Einführung Bauteilprüfung, vergleichbare Leistungskennzahlen aller Werke/Betriebsstellen • Erhöhung Automatisierungsgrad und Mehrmaschinenbedienung bis 200x • Outsourcing aller Kantinen bis spätestens 200x • Outsourcing: Wartung in Leitständen, Betrieb Fuhrpark in Regionen A, B bis spätestens 200y
4. Mittel zur Umsetzung der Option	• Einführung, Schulung Projektmanagement, Leistungstransparenz und Qualitätsniveau: 0.3 Mio Euro p.a., 0.5 Mio Euro einmalig • Aufbau Administrationsleistungen in Zentralen: Erhöhung Administrationsaufwand um 4 Mio Euro • Professionalisierung Einkauf: 1 Mio Euro p.a. • Anlagenwirtschaftlichkeit: 20 Mio Euro einmalig
5. Bewertung: strategische Bedeutung (bzgl. Herausforderungen und Schlüsselgrößen)	• Gesamtaussage: hoch • Schaffung der Voraussetzung zum Senken der Netz- und Durchleitungsgebühren • besseren Auslastung von Kapital und Personal
6. Bewertung: Risiko (bzgl. Reaktion im Markt, Umsetzung, Verfügbarkeit Ressourcen, Aufbau Know-how)	• Gesamtaussage: hoch • hohe Einmalkosten (v.a. Anlagenwirtschaftlichkeit) • vorhandenes Know-how • Widerstände (Administration, Leitstände, Fuhrpark)
7. Management-Entscheid nach Zusammenfassung aller Optionen	• Die Option wird wie vorgeschlagen zu einer Stoßrichtung in der Strategie. • Die Vorschläge zum Outsourcing werden bis 31.05. nochmals geprüft und mit dem BR geklärt.

12 Bewertung der Optionen zu Stoßrichtungen

Wenn die einzelnen Optionen vorliegen, müssen diese gegenübergestellt, bewertet und priorisiert werden. Es geht an dieser Stelle im Strategieprozess nicht darum, neue Inhalte zu erarbeiten, sondern Überblick zu bekommen und Entscheide zu treffen. Optionen, die für die Umsetzung ausgewählt werden, nennen sich **Stoßrichtungen**[24] und bilden den Kern der Geschäftsstrategie. Insofern ist dieser Prozessschritt eine wichtige Vorentscheidung und Weichenstellung für die Strategie. In diesem Kapitel wird vorgestellt, wie aus den einzelnen Optionen strategische Stoßrichtungen werden.

1. *Methodik in der Optionenphase,*
2. *Zielformulierung und Resultatorientierung,*
3. *Zusammenfassung und Bewertung der Optionen zu Stoßrichtungen.*

1. Methodik in der Optionenphase

Bei der Beurteilung der Ausgangslage ist es darum gegangen, die Märkte abzugrenzen und abzuschätzen, Spielregeln und strategische Herausforderungen im künftigen Geschäft zu erarbeiten, eine SWOT zu erstellen, das Zahlenwerk anhand der Schlüsselgrößen darzustellen, einen Themenspeicher und Sofortmaßnahmen zu entwickeln. Geht es in der Phase der Ausgangslage um einen Zuwachs von Erkenntnis, so steht in der Optionenphase ein Zuwachs von **Geschäftsmöglichkeiten** im Zentrum.

Die verwendeten **Quellen für die Optionen** sind unterschiedliche. Bereits aus dem Leitbild und aus der Beurteilung der Ausgangslage befinden sich Optionen im Themenspeicher. Diese sind entsprechend als Option zur Marktstellung, Innovationsleistung oder zu den Produktivitäten zu detaillieren. Es empfiehlt sich auch, sogenannte »Evergreens« in den Prozess aufzunehmen, d.h. solche Themen, die regelmäßig in der Organisation diskutiert, aber nie klar entschieden oder umgesetzt werden.

Die **Methodik in der Optionenphase** stellt sicher, dass der Prozess transparent verläuft und auf Entscheidungen ausgerichtet ist. In diesem Sinn wird »Objektivität« gewährleistet. Alle wissen, welche Inhalte wesentlich sind und kennen den Ablauf. Durch die Untergliederung in Optionen für Marktstellung, Innovationsleistung und Produktivitäten werden die Diskussion versachlicht und die Kreativität in die richtigen Bahnen gelenkt. Wie in allen anderen Phasen ist auch hier die Voraussetzung, dass nur diejenigen bei den Optionen mitarbeiten, die das Geschäft kennen, für die Umsetzung verantwortlich sind, eine gewisse Selbstkritikfähigkeit besitzen und Entscheidungen treffen. In der Erarbeitung, Beurteilung und Zusammenfassung wird zudem ein einheitliches Verständnis zu den Themen entwickelt.

Was die **Anzahl der Optionen** betrifft, so ist keine definitive Größe zu benennen. Dies hängt sehr von der Art des Geschäftes, von der Branche, von der Wettbewerbssituation und von der Unternehmensgröße ab. Es sollten im Minimum zehn bis fünfzehn Optionen entwickelt sein, weil nur so eine mehrdimensionale Sicht auf das Geschäft gewährleistet wird. Einzelne Optionen können sich auch widersprechen. Dies ist ein Zeichen dafür, dass das Geschäft von unterschiedlichen Perspektiven her betrachtet wurde. Wichtig ist, dass die einzelnen Optionen nach demselben Grundraster bearbeitet und zusammengefasst sind. Dies erleichtert den Abgleich und die Priorisierung.

2. Zielformulierung und Resultatorientierung
Die Ausarbeitung, Diskussion und Bewertung von Optionen hängt nicht nur von der grundsätzlichen Idee ab, sondern auch von einem Minimum an Präzision bei der **Zielformulierung**. Ziele sind ein vorweggenommenes Resultat und Basis für die Umsetzung. Nur so kann am Ende beurteilt werden, ob Wirkung erzielt worden ist. Die Zielformulierung bildet den roten Faden von der Ausarbeitung als Option bis hin zur Realisierung als strategische Stoßrichtung. Sie definiert den Beitrag der verantwortlichen Personen und schafft dadurch Verbindlichkeit. So werden aus allgemeinen Absichten, Wünschen oder Vorstellungen konkrete Handlungen.

Beim Finden und Formulieren von Zielen gibt es einige Fixpunkte. Es braucht keine langen Checklisten, Punktbewertungen oder Nutzwert-Analysen, sondern lediglich die Bereitschaft zur kritischen und offenen Diskussion. Um ein Ziel zu definieren, hat sich eine Faustformel bewährt: **SMART**. Das »S« verweist darauf, das Ziel spezifisch und ergebnisorientiert zu formulieren. Klare Ziele nehmen das Ergebnis vorweg (z.B. »Die Vermarktung ist intensiviert und erhöht den Umsatz um 30 %.«). Ein Ziel muss so konkret und anschaulich sein, dass später geprüft werden kann, ob es verwirklicht worden ist. Wenn ein unklares Ziel vorliegt, bestehen drei Möglichkeiten: sich weiterhin zu verzetteln, die Sache zu beenden oder das Ziel zu konkretisieren. Das »M« der SMART-Formel fordert ein, das Ziel messbar, zumindest aber beurteilbar zu machen. Im Englischen gibt es hierfür den uralten Handwerkerspruch »only what can be measured, gets done«. Das »A« bedeutet die aktive Beeinflussbarkeit und die Ableitbarkeit von Maßnahmen. Wenn die Zielerreichung nicht beeinflusst werden kann, entsteht keine Verantwortlichkeit. Wenn keine Maßnahmen aus Zielen definiert werden, dann gibt es keine Umsetzung. Das »R« meint den entsprechenden Realismus eines Ziels – bezogen auf die Kompetenzen, die Ressourcen und die Zeit. Herausragende Ziele ohne Wirklichkeitsbezug sind kein Zeichen von Engagement, sondern Zeichen amateurhafter Führung. Realismus bedeutet auch, möglichst wenige Ziele zu verfolgen. Häufig werden klare Ziele mit möglichst vielen Zielen verwechselt. Es ist in der Praxis viel schwieriger, sich auf wenige Ziele zu konzentrieren und diese dafür umso klarer herauszuarbeiten. Nur so aber werden Resultate erreicht. Schließlich verweist das »T« der SMART-Formel auf den Termin zur Vorlage des Resultates. Dazu gehören auch Zwischenstände bzw. Meilensteine zur Orientierung.

Werden **Ziele** bereits in der Optionenphase nicht professionell formuliert, bleiben die Optionen beliebig, es entstehen Mehrdeutigkeiten, Missverständnisse und nicht selten auch Misstrauen. Klar zu unterscheiden sind prozessorientierte und resultatorientierte Ziele. Bei prozessorientierten steht die Tätigkeit im Zentrum, etwa »Schlüsselkunden gewinnen«. Dies ist eine rein innenbezogene Zielformulierung. Die Gefahr besteht darin, dass ein prozessbezogenes Ziel nie zu einem Ende kommt, weil die Leute permanent daran arbeiten. Ein resultatorientiertes Ziel bezieht sich nicht auf Tätigkeiten, sondern auf ein Ergebnis, etwa »zwei Referenzkunden sind bis 31.08. gewonnen«. Die nachfolgenden Beispiele zeigen Wege zur Formulierung und zur Beurteilung von Zielen auf.

Zielschärfung **Beispiel Einführung Betriebssoftware**

Ein internationales Handelsunternehmen führt SAP ein. Im ersten Schritt wurden die Applikationsnotwendigkeiten und die Anforderungen für die Spezifikation geklärt. Testweise wurde das System in der Zentrale eingeführt. Im zweiten Schritt sollen die Niederlassungen an SAP angeschlossen werden.

der Weg zum Ziel	Beurteilung
ursprüngliche Idee: »SAP in Niederlassungen einführen«	• kein Termin • rein prozessorientiertes Ziel • kein Resultat im Sinn des Nutzens
⇩	
erste »Schärfung« des Ziels: »SAP ist bis 30.04. in allen Niederlassungen eingeführt.«	• Termin steht • prozessorientiertes Ziel bleibt bestehen: kein Nutzen und kein echtes Resultat für das Unternehmen
⇩	
zweite »Schärfung« des Ziels: »Nach der erfolgreichen Einführung von SAP nutzen alle Niederlassungen die Prozess- und Produktivitätsvorteile von SAP ab 31.05.«	• resultatorientiertes Ziel – bezogen auf den Nutzen für das Unternehmen • Verlängerung des Termins, um Nachbesserungen nach Einführung am 30.04. zu erreichen

Zielbeurteilung	Beispiele
Nachfolgend finden sich einige Beispiele von Zielformulierungen. Mit SMART werden diese Ziele konsequent geprüft.	
Ziel/Option	**Beurteilung**
1. »Unser Ziel ist es, die Zufriedenheit der Kunden zu erhöhen.«	• kein Termin • keine Quantifizierung und kein Messverfahren: Was soll wie gemessen werden? • keine Spezifizierung und Aktionsorientierung: Wie soll das erreicht werden?
2. »Bis Ende November sind 80 % des Außendienstes geschult und können die neuen Leistungen am Markt vertreiben.«	• klarer Endtermin (Ende November) • eindeutiges Ergebnis • messbar und nachvollziehbar (80 %) • beeinflussbar (Schulungsmaßnahmen)
3. »Wir wollen in den nächsten zwei Jahren unsere Kosten senken – und zwar anders als die Wettbewerber.«	• kein Termin (nur ein Zeitraum) • keine Quantifizierung: Welche Kostenarten sollen um wie viel gesenkt werden? • nicht spezifisch bzw. aktiv beeinflussbar: Wie sollen die Kosten gesenkt werden?
4. »50 % der Sitzungszeiten sollen bis Ende des zweiten Quartals gestrichen sein.«	• klarer Endtermin • konkret im Sinn des Ergebnisses • messbar • aktiv beeinflussbar (wenige Sitzungen)
5. »Wir wollen mit dem neuen Geschäftsmodell eine ganzheitliche, integrative und zukunftgerichtete Vorgehensweise etablieren.«	• kein Endtermin • kein Ergebnis, keine konkrete Aussage • nicht messbar • nicht aktiv beeinflussbar • viele schöne Worte mit unendlicher Beliebigkeit: ganzheitlich, integrativ, zukunftsgerichtet
6. »Der Internet-Auftritt bewirkt eine höhere Marktpräsenz und führt zu 30 % mehr Anfragen und 15 % mehr Umsatz.«	• kein Endtermin • konkret und spezifisch (Wirkung am Markt) • messbar (30 % und 15 %) • Beeinflussbarkeit: Kann ein Kausalzusammenhang zwischen Internet und Umsatzwachstum hergestellt werden?

3. Zusammenfassung und Bewertung der Optionen zu Stoßrichtungen
Liegen die einzelnen Optionen vor, erfolgen **Bewertung und Zusammenfassung der Optionen** anhand eines einfachen Rasters. Grundlage sind die detaillierten Beschreibungen der Optionen. Im ersten Schritt werden alle Optionen mit Titel aufgelistet und die Bewertung bezüglich strategischer Bedeutung und Risiko aus der Detaillierung übernommen. Die strategische Bedeutung bemisst sich vor allem daran, in wieweit die strategischen Herausforderungen beantwortet werden, das Leitbild konkretisiert wird und die sechs Schlüsselgrößen nachhaltig gestärkt sind. Mit dem Risiko werden eingeschätzt: Erfolgswahrscheinlichkeit, Dauer bis zur Umsetzung, Beschaffung erfolgskritischer Ressourcen, erfahrene Leute, Know-how und die Reaktion des Marktes.

Dieser Überblick und die Bewertung der einzelnen Optionen führen im zweiten Schritt direkt in ein **Portfolio der Optionen**[25] anhand der beiden Dimensionen der strategischen Bedeutung und des Risikos. Idealtypisch sind solche Optionen als Stoßrichtungen zu wählen, die eine sehr hohe strategische Bedeutung und ein sehr niedriges Risiko beinhalten. Die in der Praxis meisten Optionen befinden sich in den Feldern von hoher strategischer Bedeutung und hohem Risiko bzw. von niedriger strategischer Bedeutung und niedrigem Risiko. Optionen mit niedriger strategischer Bedeutung und hohem Risiko sind zu vernachlässigen. Die definitive Auswahl ist keine Frage von Tools, mathematischer Darstellung oder eines automatisierten Vorgehens, sondern bedarf der individuellen Prüfung und Bewertung jeder einzelnen Option. Das Portfolio kann eine erste Einschätzung geben, aber den Entscheid nicht abnehmen.

Drittens sind Optionen mit den **strategischen Herausforderungen** zu prüfen, um eine abschließende Bewertung zu ermöglichen. Die Herausforderungen wurden bei der Beurteilung der Ausgangslage erarbeitet und bilden die eigentliche Aufgabenstellung, die über die Optionen zu lösen ist. Jede Option wird dahingehend untersucht, ob sich eine positive Auswirkung auf die Herausforderung ergibt. Wenn eine Option keine oder nur sehr wenige Herausforderungen adressiert, so stellt sich die Frage der Zurückstellung oder Verwerfung. Wenn einzelne strategische Herausforderungen von keiner Option aufgegriffen werden, muss die Arbeitsgruppe noch einmal intensiv diesbezügliche Optionen diskutieren und erarbeiten. Am Ende der Optionenphase dürfen keine Herausforderungen ohne Antwort bleiben. Dies würde ein schwerwiegendes strategisches Risiko bedeuten.

Vierter und letzter Schritt sind die Bewertung und der Entscheid, welche Optionen als **Stoßrichtung** in die Geschäftsstrategie übernommen werden. Zusätzlich wird dokumentiert, welche Optionen zurückgestellt oder verworfen werden. Die Zusammenfassung und Bewertung soll in knapper Form erfolgen und fünf Seiten nicht übersteigen. Detaillierte Informationen können als Anhang ergänzt werden. Beiliegend findet sich ein konkretes Beispiel aus einem mittelständischen, gewerblich geprägten Unternehmen, in dem die dargestellten Schritte nachvollziehbar gemacht sind.

Jede Phase im Strategieprozess läuft auf Entscheidungen hinaus. So hat auch in der Optionenphase die Unternehmensführung die Resultate zu diskutieren, Entscheide zu treffen und zu verabschieden. **Management-Entscheid** bedeutet Konsens zu den Optionen bzw. zu den Stoßrichtungen und einen klaren Auftrag zur Weiterarbeit.

Die Stoßrichtungen bilden den **Kern der Geschäftsstrategie**. Sie wurden anhand der Erkenntnisse der Ausgangslage entwickelt und beantworten die strategischen Herausforderungen. Stärken werden ausgebaut, Schwächen vermieden, Chancen genutzt und Gefahren ungeschehen gemacht. Die Stoßrichtungen sind die Antworten auf die Ausgangsfrage von Strategie: »Was müssen wir heute entscheiden und beginnen, damit wir langfristig im Geschäft bleiben?« In der nächsten Phase des Strategieprozesses geht es um die Detaillierung und Konkretisierung dieser Stoßrichtungen in Form einer Strategie.

Zusammenfassung der Optionen zu Stoßrichtungen		Werkzeug (1)
1. Optionen und Bewertung		
Option	**Strateg. Bedeutung**	**Risiko**
1.		
2.		
3.		
4.		
5.		
6.		
7.		
8.		
9.		
10.		
11.		
12.		
13.		
14.		

Zusammenfassung der Optionen zu Stoßrichtungen — Werkzeug (2)

2. Portfolio der Optionen

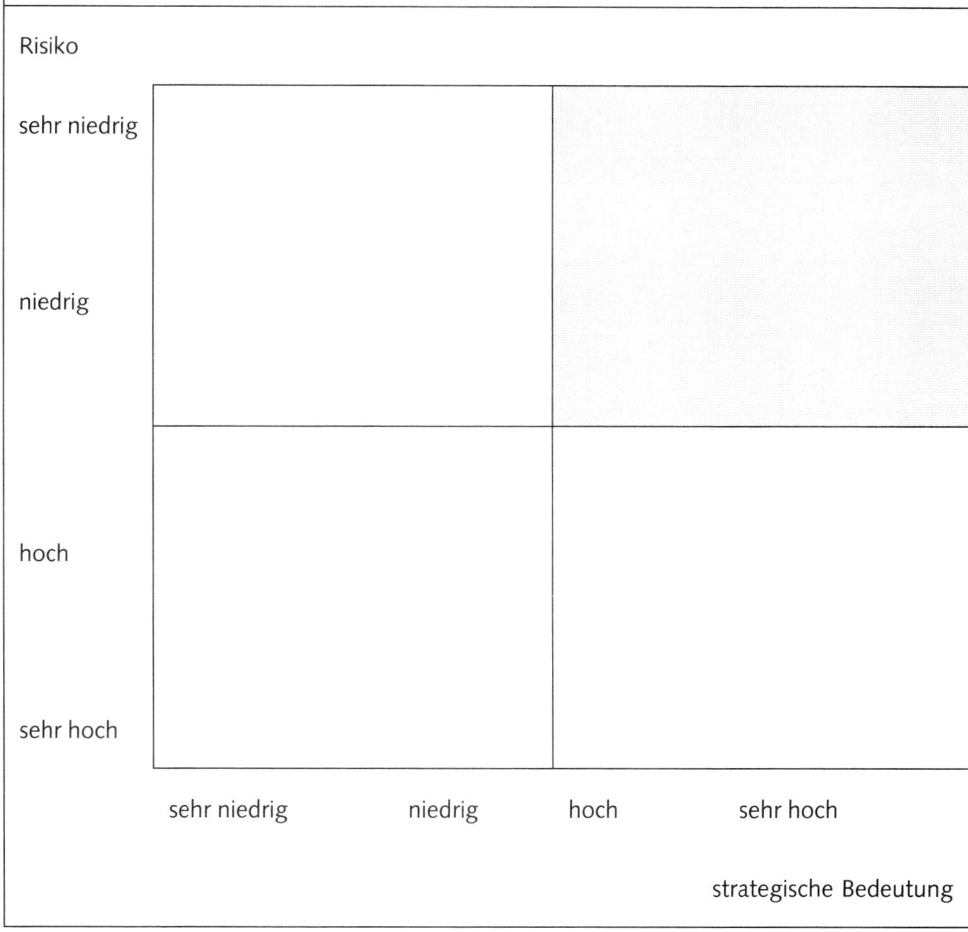

Erläuterung der Kriterien:

strat. Bedeutung:	Beantwortung der strategischen Herausforderungen, »Leitbild-Tauglichkeit«, Marktstellung (Umsatz, Kundennutzen), Innovationsleistung, Produktivitäten (Kosten), Attraktivität für gute Leute, Liquidität, Gewinn
Risiko:	Erfolgswahrscheinlichkeit, Dauer bis zur Umsetzung, Beschaffung und Höhe erfolgskritischer Ressourcen, vorhandene und erfahrene Leute, vorhandenes Know-how, Reaktion im Markt

Zusammenfassung der Optionen zu Stoßrichtungen — Werkzeug (3)

3. Wirkung der Optionen auf die strategischen Herausforderungen

Option	strategische Herausforderungen			
1.				
2.				
3.				
4.				
5.				
6.				
7.				
8.				

4. Entscheide zu den Stoßrichtungen

Zusammenfassung Optionen zu Stoßrichtungen — Beispiel Instrumentenbau (1)

Ein mittelständischer Hersteller von Musikinstrumenten (v.a. Streichinstrumente) erarbeitet eine Strategie für die nächsten Jahre. Das Geschäft ist durch große Umbrüche am Markt gekennzeichnet. Nach der Beurteilung der Ausgangslage wurden Optionen entwickelt. Zusammenfassung, Bewertung und Entscheid ergeben folgendes Bild.

1. Optionen und Bewertung

Option	strateg. Bedeutung	Risiko
1. Steigerung Marktanteile in D, A, CH von 14% auf 18% bis 200x bei Cello und Bass	sehr hoch	niedrig
2. Aufbau einer Niedrigpreis-Marke »Violon« und Führung als separates Geschäft	hoch	hoch
3. Aufbau einer Noten-Literaturmarke und Vertrieb über Fachhandel und Internet	mittel	sehr niedrig
4. Verstärkung der historischen Barock- und Klassikreihe	sehr hoch	hoch
5. Aufbau der monatlichen Didaktikreihe für Musikschul-Lehrer »diTAKTa« (Arbeitstitel)	hoch	sehr niedrig
6. Professionalisierung des Vertriebs	sehr hoch	hoch
7. Reduktion des Sponsoring um 40%	niedrig	niedrig
8. Marktaufbau in Frankreich und Benelux	sehr hoch	sehr hoch
9. Produktentwicklung Cembalo (Altidee aus den Jahren 1984, 1990, 1997)	niedrig	hoch
10. Einstellung der Renaissance-Reihe »Gambatina»	niedrig	sehr niedrig

Zusammenfassung Optionen zu Stoßrichtungen **Beispiel Instrumentenbau (2)**

2. Portfolio der Optionen

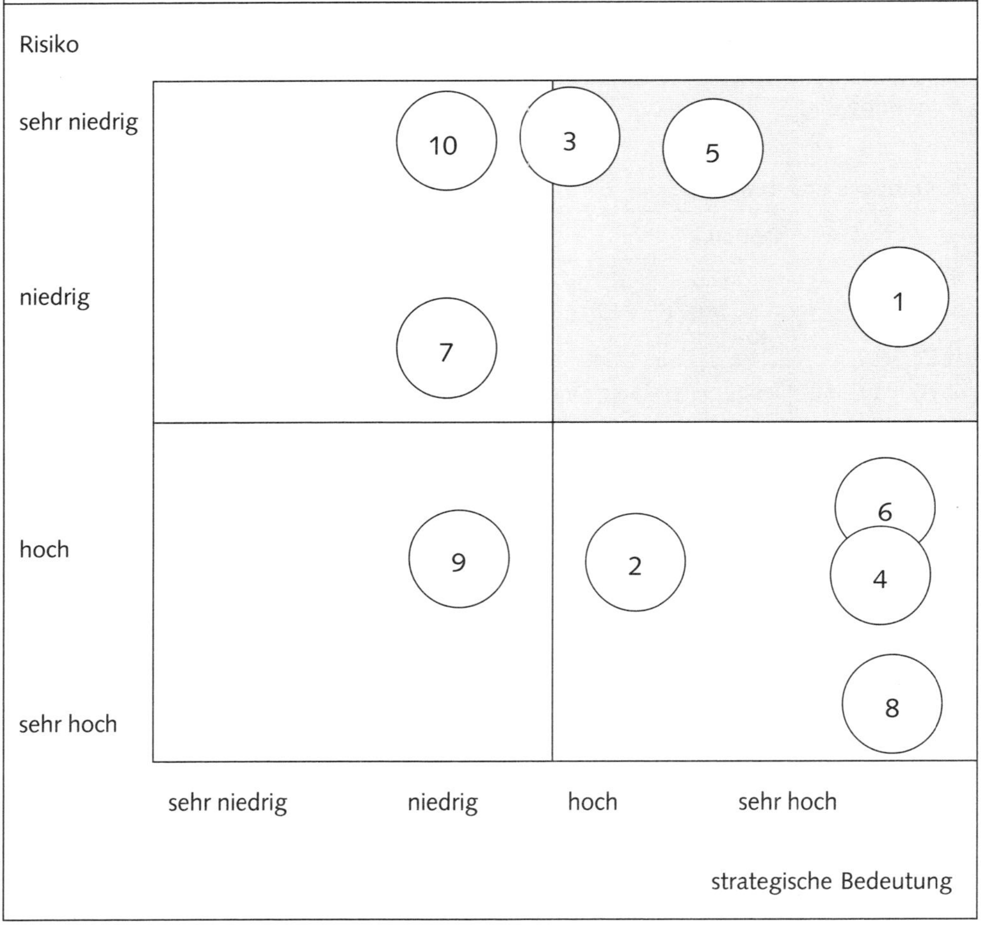

Erläuterung der Kriterien:

strat. Bedeutung: Beantwortung der strategischen Herausforderungen, »Leitbild-Tauglichkeit«, Marktstellung (Umsatz, Kundennutzen), Innovationsleistung, Produktivitäten (Kosten), Attraktivität für gute Leute, Liquidität, Gewinn

Risiko: Erfolgswahrscheinlichkeit, Dauer bis zur Umsetzung, Beschaffung und Höhe erfolgskritischer Ressourcen, vorhandene und erfahrene Leute, vorhandenes Know-how, Reaktion im Markt

Zusammenfassung Optionen zu Stoßrichtungen **Beispiel Instrumentenbau (3)**

3. Wirkung der Optionen auf die strategischen Herausforderungen

Option	strategische Herausforderungen			
	1. Sättigung, Verdrängung, Konzentration	2. Segmentierung der Märkte (v.a. Preis/Qualität)	3. Komplett-Angebote, Ausweitung Nutzen	4. …
1. Steigerung Marktanteile in D, A, CH von 14% auf 18% bis 200x bei Cello und Bass	✓			✓
2. Aufbau einer Niedrigpreis-Marke »Violon« und Führung als separates Geschäft		✓	✓	
3. Aufbau einer Noten-Literaturmarke und Vertrieb über Fachhandel und Internet			✓	
4. Verstärkung der historischen Barock- und Klassikreihe	✓	✓		✓
5. …	…	…	…	…

4. Entscheide zu den Stoßrichtungen (Nr. 1 bis 10)

Folgende strategische Stoßrichtungen bilden den Kern der Geschäftsstrategie:

1. Steigerung Marktanteile in D, A, CH von 14% auf 18% bis 200x bei Cello und Bass
2. Aufbau einer Niedrigpreis-Marke »Violon« und Führung als separates Geschäft
4. Verstärkung der historischen Barock- und Klassikreihe
5. Aufbau der monatlichen Didaktikreihe für Musikschul-Lehrer »diTAKTa« (Arbeitstitel)
6. Professionalisierung des Vertriebs

Als separate Maßnahme (keine strategische Stoßrichtung) wird umgesetzt:

7. Reduktion des Sponsoring um 40%

Folgende Optionen werden im Jahr 200x wiedervorgelegt, derzeit aber zurückgestellt:

3. Aufbau einer Noten-Literaturmarke und Vertrieb über Fachhandel und Internet
8. Marktaufbau in Frankreich und Benelux
10. Einstellung der Renaissance-Reihe »Gambatina«

Abgelehnt und gestrichen wird die Option:

9. Produktentwicklung Cembalo *(Altidee aus den Jahren 1984, 1990, 1997)*

Anmerkungen

1 Vgl. *Kuss, A./Tomczak, T.*, Marketingplanung, Wiesbaden 1998, S. 130 ff. Die klassischen Marktoptionen werden beschrieben in: *Ansoff, I.*, Corporate strategy, New York 1965.
2 Vgl. *Malik, F.*, malik on management m.o.m.®-letter, Nr. 1995/01, Das Cockpit des Managers, S. 4 ff.
3 Die sogenannten Marktfeldstrategien, wie etwa die Marktdurchdringung, finden sich in: *Müller-Stewens, G./Lechner, C.*, Strategisches Management, Stuttgart 2003, S. 256 ff.
4 *Stöger, R.*, Geschäftsprozesse, Stuttgart 2005, S. 116.
5 Prozesse und Prozessorganisation aus Kundensicht finden sich in: *Gaitanides, M.*, Business Reengineering/Prozessmanagement – von der Managementtechnik zur Theorie der Unternehmung?, in: Die Betriebswirtschaft, 58/1998 bzw. in: *Osterloh, M./Frost, J.*, Prozessmanagement als Kernkompetenz, Wiesbaden 2001.
6 Vgl. einen breiten Innovationsbegriff in: *Drucker, P.*, Die Zukunft managen, Düsseldorf 1992, S. 242 ff. und *Szymanski, D./Troy, L.*, Order of entry and business performance, in: Journal of Marketing, Vol. 59/1995, S. 17 ff.
7 Vgl. *McDonald, M.*, Marketing plans, Oxford 2002, S. 262 und S. 279.
8 *Kotler, P. et al.*, Grundlagen des Marketing, München 2003, S. 690.
9 Vgl. *Gälweiler, A.*, Strategische Unternehmensführung, Frankfurt 1990, S. 49 ff.
10 Vgl. Ansätze zu neuen Wertschöpfungsmodellen etwa im Mediabereich in: *Vizjak A./Ringlstetter M. (Hrsg.)*, Medienmanagement, Wiesbaden 2001.
11 Vgl. *Malik, F.*, Management. Das A und O des Handwerks, Frankfurt 2005, S. 16 ff.
12 *Drucker, P.*, Die ideale Führungskraft. Die hohe Schule des Managers, Düsseldorf 1995, S. 15.
13 *Kerzner, H.*, Project Management – A Systems Approach to Planning, Scheduling and Controlling, New York 2001, S. 671.
14 *Malik, F.*, Wirksame Unternehmensaufsicht, Frankfurt 1997, S. 127 ff.
15 Vgl. zur Lebensfähigkeit *Beer. S.*, Diagnosing the system for organizations, Chichester 1985, S. 1, S. 128 und *Malik, F.*, Strategie des Managements komplexer Systeme, Bern-Stuttgart-Wien 1996, S. 76 ff.
16 Zum Thema Kostenanalyse und Kostentreiber vgl. *Grant, R.*, Contemporary strategy analysis, Malden 2002, S. 269 ff.
17 Vgl. folgende Ansätze zur Kostenposition: *Drucker, P.*, Sinnvoll wirtschaften. Notwendigkeit und Kunst, die Zukunft zu meistern, Düsseldorf 1997, S. 88, S. 113 ff.; *Porter, M.*, Wettbewerb und Strategie, München 1999, S. 170 f., S. 333; *Buzzell, R./Gale, B.*, Das PIMS Programm, Wiesbaden 1989, S. 115ff. *Gälweiler, A.*, Strategische Unternehmensführung, Frankfurt 1990, S. 40. Ulrich und Malik sind zur Produktivitätsposition bereits mehrfach genannt worden.
18 Das »klassische« Konzept des ROI-Baumes findet sich in: *Thommen, J.*, Allgemeine Betriebswirtschaftslehre, Zürich 1991, S. 549.
19 Vgl. *Malik, F.*, Führen Leisten Leben, Frankfurt 2006, S. 359 ff.
20 Zum ökonomischen Prinzip vgl. *Gutenberg, E.*, Grundlagen der Betriebswirtschaftslehre, Teil 1, Die Produktion, Berlin/Heidelberg/New York 1976, S. 457ff.
21 Eine ausführliche Darstellung der Erfahrungskurve findet sich in: *Hax, A./Majluf, N.*, Strategisches Management, Frankfurt/New York 1991, Kap. 6.
22 Eine ausführliche Darstellung der Erfahrungskurve findet sich in: *Hax, A./Majluf, N.*, Strategisches Management, Frankfurt/New York 1991, Kap. 6.
23 Vgl. *Müller-Stewens, G./Lechner, C.*, Strategisches Management, Stuttgart 2003, S. 263 ff.
24 Zum Thema der Entwicklung von strategischen Stoßrichtungen vgl. folgenden kritischen Ansatz: *Hamel, G.*, Strategy innovation and the quest for value, in: Sloan Management Review 1998, Vol. 39/Nr. 2, S. 7 ff.
25 Zur Portfolio-Methodik vgl. *Hinterhuber, H.*, Strategische Unternehmensführung, Band 1, Berlin 2004, S. 127.

Phase 3: Entwicklung der Strategie

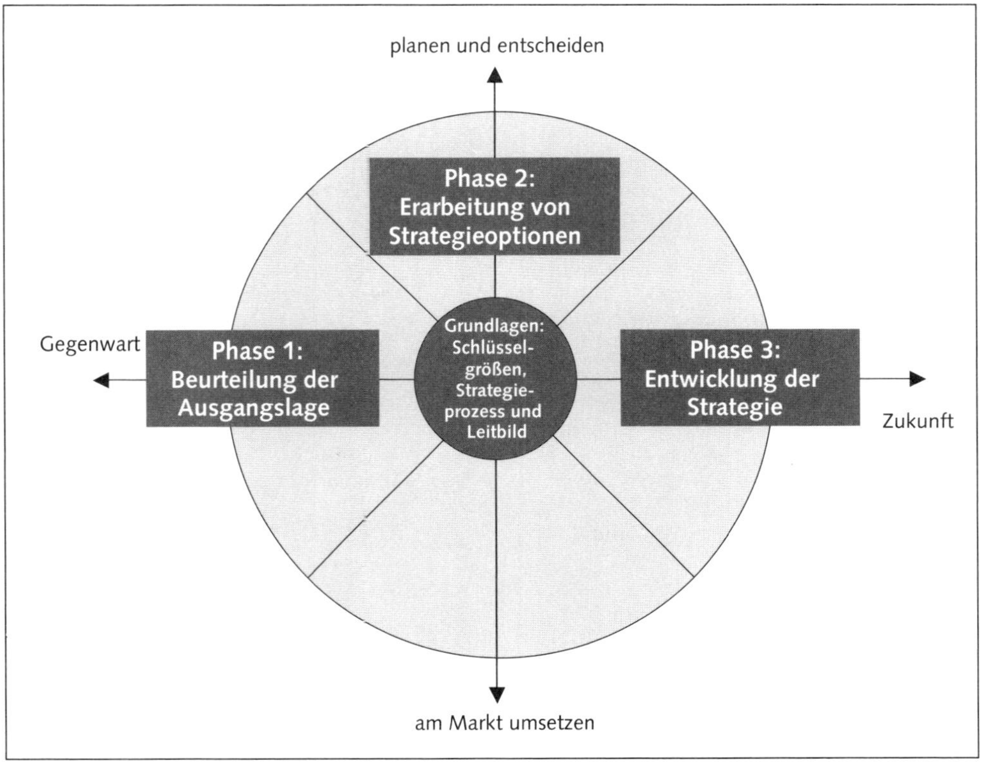

13 Geschäftsstrategie und Risikomanagement

Sind Ausgangslage beurteilt und Strategieoptionen erarbeitet, so liegt mit den Stoßrichtungen die Grundlage für die Strategie vor. Die Kernfrage lautet: »Was müssen wir heute entscheiden und beginnen, damit wir langfristig im Geschäft bleiben?«[1]. Die Phase der Strategieentwicklung ist eine Weiterführung der vorhergehenden und besteht aus drei Schritten. Zunächst wird pro strategischen Geschäftsfeld (SGF) eine **Geschäftsstrategie** erarbeitet. Es geht um strategische Stoßrichtungen, strategische Herausforderungen, quantitative Ziele, Positionierung bezüglich Leistung (Qualität), Preis, Kommunikation und Distribution, Anforderungen für die Funktionen, Mittel und Maßnahmen. Stoßrichtungen und eine Strategie in engerem Sinn beziehen sich auf das strategische Geschäftsfeld (SGF) und nicht auf ein Gesamtunternehmen. Das Geschäft wird gebildet vom Kunden, dem Wettbewerb, den Leistungen. Üblicherweise besteht ein Unternehmen aus mehreren SGF. Nachdem für diese einzelne Geschäftsstrategien vorliegen, geht es in einem zweiten Schritt um eine Konsolidierung als **Unternehmensstrategie**. Zu klären sind Priorisierung der Geschäftsstrategien, Ressourcen- und Schlüsselpersonalentscheide, Risikopolitik und Ausgewogenheit des Geschäftsportfolios. Auf dieser Basis werden im dritten Schritt für wichtige und zentral zusammengefasste Funktionen sogenannte **Funktionalstrategien** erstellt.

Die drei Strategiedimensionen sind jeweils zu prüfen, ob sie im Rahmen des Leitbildes bzw. der Leitplanken liegen und ob Antworten auf die Herausforderungen gefunden wurden. Die Führung hat abschließend die Strategie zu bestätigen oder – mit entsprechender Begründung – eine weitere Detaillierung einzufordern. Nachdem die Entscheidungsträger in den Strategieprozess eingebunden waren, ist an dieser Stelle erfahrungsgemäß mit keinen großen Überraschungen zu rechnen. **Entscheid** und Konsens sind die Grundlage für die Umsetzung und Weiterentwicklung der Strategie. Die erste Voraussetzung sind Geschäftsstrategien, die in diesem Kapitel vorgestellt werden.

1. *Struktur und Beispiel einer Geschäftsstrategie,*
2. *Risikomanagement.*

1. Struktur und Beispiel einer Geschäftsstrategie
Jede Organisation, die sich an Kunden und an Leistungsfähigkeit ausrichten will, braucht eine Geschäftsstrategie. Unter »Geschäftsstrategie« wird kein hoch-akademisches oder kompliziertes Konzept verstanden, sondern die Fortentwicklung und Konkretisierung der Stoßrichtungen in Ziele, Mittel und Maßnahmen. Damit liegt das Grundkonzept eines soliden **Business-Plans** vor. Klar davon zu unterscheiden sind sogenannte Business-Pläne, die im Prinzip eine Fortschreibung aktueller Budgets mit einigen Schlüsselmaßnahmen sind oder nur das Zahlenwerk einer Strategie darstellen. Eine gut gemachte Geschäftsstrategie bzw. ein echter Business-Plan orientiert sich an der langfristigen Lebensfähigkeit einer Organisation.

Eine Geschäftsstrategie holt den Markt in die Organisation hinein, sie ist die Grundlage für Budgetierung, Zielvereinbarungen, Ressourcenplanung, Organisation und Personalentwicklung. Das Vorgehen bei der Erarbeitung und die **Struktur einer Geschäftsstrategie** sind methodisch nicht schwierig[2]. Nachfolgend werden die wichtigsten Punkte vorgestellt und mit einem Beispiel verdeutlicht.

Der Startpunkt und der leitende Gedanke in der Strategie sind die **Stoßrichtungen**. Diese wurden in der Optionenphase erarbeitet und konkretisiert. Sie geben Antwort auf die Herausforderungen und markieren die Eckpunkte des Geschäftsfeldes für die nächsten Jahre. Kern der Stoßrichtungen sind Marktstellung, Innovationsleistung und Produktivitäten. Die Formulierung der Stoßrichtungen ist noch einmal zu prüfen, ob sie konkret, umsetzungsorientiert, widerspruchsfrei, anschaulich und verständlich ist.

Es empfiehlt sich, in die Geschäftsstrategie die **strategischen Herausforderungen** einzubauen. Damit wird der Bezug zur Beurteilung der Ausgangslage hergestellt und die Begründung für die Stoßrichtungen geliefert. Zudem sind die Herausforderungen ein wichtiges Prüffeld im Strategiecontrolling. Wenn sich Fundamentales in der Ausgangslage ändert, müssen Optionen, Stoßrichtungen und Geschäftsstrategie neu entwickelt werden.

Die Konkretisierung der Stoßrichtungen hat bereits in der Optionenphase eine grobe Quantifizierung geliefert. Auf dieser Grundlage sind die **strategischen Eckdaten** darzustellen. Es geht um Umsätze, Marktanteile, Kostenpositionen, Anzahl Mitarbeiter und Ergebnisse. Die Geschäftsstrategie liefert damit nicht das Budget, aber den Rahmen für die jährlich zu erstellende Budgetierung. Zusätzlich in das Zahlenwerk einzubauen ist das laufende operative Geschäft. Struktur und zeitlicher Rahmen werden von den Stoßrichtungen und den Herausforderungen abgeleitet. Häufig vorzufinden sind Zeiträume von drei bis sechs Jahren. Die quantitativen Ziele sind auch Gegenstand im Strategiecontrolling.

Die Konkretisierung der Stoßrichtungen betrifft nicht nur das Zahlenwerk, sondern auch die **Positionierung**[3] am Markt. Gemeint sind die Konsequenzen für die Leistungs-, die Preis-, die Kommunikations- und die Distributionspolitik. So wird etwa beantwortet, welches Qualitätsniveau erreicht werden soll, wie die Verrechnung gestaltet wird (Bsp. Rabatte, Skonti), in welcher Weise die Marktkommunikation läuft (Bsp. Werbung, Messen) und wie die Schnittstelle zum Kunden aussehen muss (Bsp. Direktvertrieb, Handel). Im Kern geht es an dieser Stelle um den **Marketing-Mix**. Marketing ist daher ein integraler Bestandteil jeder Strategie. Und nur auf Basis einer soliden Geschäftsstrategie kann Marketing funktionieren. Für eine detaillierte Analyse und Gestaltung des Marketing-Mix können folgende Werkzeuge verwendet werden: Marktcockpit, Kundennutzen, Wertkette, Start-up.

Marketing-Mix als Bestandteil einer Geschäftsstrategie	Checkliste
1. Produkt-Mix	• generell: kaufentscheidende Kriterien aus Kundensicht • Funktionalitäten, Beitrag zum Nutzen bzw. zum »lösungsunabhängigen Kundenanliegen« • Service/Beratung entlang des Lebenszyklus, Garantien • Zusatzleistungen zum Kernprodukt/zur Kerndienstleistung • Oberfläche/Verpackung/Styling • Marke/Image/Vertrauen in die Leistung
2. Preis-Mix	• generell: Preispositionierung (Abschöpfung mit hohen Preisen, Marktdurchdringung mit niedrigen Preisen) • Mengeneffekte: Skonto, Rabatte, Boni, Nachlässe, Zuschläge • Preisstufen entlang der Lieferkette (Supply Chain, Händler…) • Finanzierungsangebote an Kunden (Leasing…) • Liefer- und Zahlungsvereinbarungen • Preisabsprachen/rechtliche Rahmenbedingungen
3. Kommunikations-Mix	• generell: Positionierung »push« oder »pull» • Werbung, Medien, Veranstaltungen, Messen, Internet • Verkaufshilfen/-förderung, Merchandising, Incentives • PR, Netzwerke, Lobbying, Sponsoring • Emotionalisierung bzw. Personalisierung der Leistung • Layout/Logo/Corporate Colours
4. Distributions-Mix	• generell: Positionierung bei Vertriebskanälen • direkter Vertrieb (eigene Läden, Internet…) • indirekter Vertrieb (Groß-/Einzelhandel, Franchising…) • Kontakt-, Verkaufs-, Zahlungs- und Mahnungsprozesse zum Kunden • Verfügbarkeit/Erreichbarkeit/Ansprechbarkeit/Antwortzeiten • Logistik, Transport

Im Anschluss an die Positionierung werden die **Anforderungen an die Funktionen** erarbeitet. Die Fragestellung lautet, was die einzelnen Funktionen in einer Organisation leisten müssen, damit Stoßrichtungen, quantitative Ziele und Positionierung umgesetzt werden können. Ein Maschinenbauer plant etwa die Marktentwicklung in Südamerika und will dort vier Vertriebs- und Servicecenter einrichten. Als funktionale Anforderung an die IT-Abteilung wird nun festgeschrieben, zu welchem Zeitpunkt welche DV-technischen Anbindungen laufen sollen. Die Vertriebsabteilung wird angewiesen, wann welche Büros eingerichtet sind und den Betrieb aufnehmen sollen. Diese Anforderungen an Funktionen sind der Schlüssel zur Umsetzung. Sie stellen die Verbindung her zwischen der Strategie und der Organisation.

Eine Geschäftsstrategie ist keine abstrakte Beschreibung von Zielen. Sie kann erst dann umgesetzt werden, wenn Klarheit über **Maßnahmen** und Mittel (Ressourcen) gegeben ist. Auf Grundlage der funktionalen Anforderungen erfolgt eine Detaillierung nach Verantwortlichen und Terminen (»www« – »Wer macht was bis wann«). Die Qualität der Maßnahme zeigt sich am inhaltlichen Bezug zu den Zielen und an der resultatorientierten Formulierung. Als Verantwortlicher wird nur eine einzelne Person bestimmt und nicht ein Team. Die Formulierung ist nicht prozessorientiert, sondern entspricht einem Ergebnis. So lautet eine gute Maßnahme nicht »Servicestation aufbauen«, sondern »Die Servicestation hat mit 01.07. den Betrieb aufgenommen.« Mit den Maßnahmen ist die Verknüpfung zwischen der Strategie und der einzelnen Person hergestellt. Maßnahmen sind deswegen auch in die Zielvereinbarung einzubauen.

Die notwendigen **Mittel** ergeben sich aus den Zielen, den funktionalen Anforderungen und vor allem aus den Maßnahmen. Für die einzelnen Positionen ist eine grobe Einschätzung erforderlich (d.h. keine Exaktbestimmung mit Kommastelle) und – falls erforderlich – der Zeitraum der Abschreibung. Folgende Arten von Mitteln können unterschieden werden: personelle Mittel (erforderliche bzw. zusätzliche Personen, Qualifikationen...), Sachmittel (Anlagen, Räumlichkeiten, Fahrzeuge, DV-Mittel...), Vermarktungsmittel (Vertriebsapparat, Werbe- und Informationsmittel...), Finanzmittel (Liquidität, Eigenkapital...). Die Mittel sind für den strategischen Zeitraum anzugeben und jährlich im Budget zu veranschlagen. Damit ist auch die Verknüpfung zwischen Strategie und Ressourcenplanung hergestellt.

Den Abschluss der Geschäftsstrategie bildet die **Unterschriftenzeile**. Hier unterschreibt als erstes der Auftraggeber für die Strategie. Dies kann ein Vorstand oder ein Eigentümervertreter sein. Auftraggeberschaft setzt voraus, dass die jeweilige Person die Kompetenzen zur Vergabe von Budgets und für Schlüssel-Personalentscheide hat. An den Auftraggeber wird berichtet und der Auftraggeber nimmt eine entsprechende Ergebnis- bzw. Leistungsbeurteilung vor. Als zweites wird der Strategieauftrag durch den Umsetzungsverantwortlichen (Geschäftsführer, operativer Leiter) mit seiner Unterschrift bestätigt. Die Unterschriften führen zu Verbindlichkeit und zu gegenseitiger Verpflichtung. Sie gibt der Geschäftsstrategie die Legitimität nach innen, nach oben und nach außen.

Die vorgestellte Struktur der Geschäftsstrategie kann auch als Vorlage für einen **Business-Plan einer Innovation** verwendet werden. Logik, Schritte und Erarbeitungsprozess sind völlig identisch.

Der **Erarbeitungsprozess einer Geschäftsstrategie** orientiert sich an den Grundsätzen des Strategieprozesses. Die Führungskraft hat nicht nur die Verantwortung für die Inhalte, sondern auch für die Methodik der Erarbeitung und Umsetzung. Die Umsetzungsverantwortlichen sind einzubeziehen, um einerseits die fachliche Fundierung sicherzustellen und um andererseits die entsprechende Akzeptanz zu schaffen. Je präziser in den vorangegangenen Phasen gearbeitet wurde, umso einfacher fällt die Konkretisierung der Geschäftsstrategie. Sie ist ein Führungs-, Planungs- und Strukturierungsinstrument[4]. Dadurch verbindet sie den langfristigen Zweck und das

Selbstverständnis einer ergebnisverantwortlichen Einheit mit den Zielsetzungen für die nächsten Jahre. Die professionelle Erarbeitung einer Strategie ist die Basis für die Umsetzung.

Geschäftsstrategie	Checkliste
Kapitel	**Inhalte und Zweck**
1. Stoßrichtungen	• Stoßrichtungen bzgl. Marktstellung, Innovationsleistung und Produktivitäten (aus der vorigen Phase) • Antwort auf die strategischen Herausforderungen • langfristige Orientierung
2. strategische Herausforderungen	• Verknüpfung mit der Ausgangslage (erste Phase des Strategieprozesses) • Begründung für die Geschäftsstrategie • Prüffeld für das Strategiecontrolling
3. strategische Eckdaten	• wichtigste quantitative Ziele bzgl. Umsatz, Marktanteil, Kostenpositionen, Anzahl Mitarbeiter, Ergebnis • Rahmen bzw. Vorgabe für die unterjährige Budgetierung • Prüffeld im Strategiecontrolling
4. Positionierung (»Marketing-Mix«)	• Leistungspolitik (Qualitätsniveau, Kundennutzen…) • Preispolitik (Preisniveau, Verrechnung…) • Kommunikationspolitik (Werbung, Verkaufsförderung…) • Distributionspolitik (Handelsstufen, Vertriebslogik…)
5. Anforderungen an die Funktionen	• Anforderungen und Schlüsselaufgaben an die einzelnen Funktionen, um die Strategie umzusetzen • Verbindung von Strategie (Stoßrichtungen, Positionierung) und Organisation (Funktionen) • Voraussetzung für Maßnahmen und Mittel
6. Maßnahmen	• Maßnahmen (und Projekte) – abgeleitet aus den funktionalen Anforderungen • Formulierung: resultatorientiert, terminiert, personenbezogen • Verbindung von Strategie und Person (Zielvereinbarung)
7. Mittel	• personelle Mittel, Sachmittel, Vermarktungsmittel, finanzielle Mittel • Einbau in die Budgets • Verbindung von Strategie und Ressourcenplanung

Geschäftsstrategie	Werkzeug (1)
1. Stoßrichtungen	
Stoßrichtung	**Ziele**
1.	
2.	
3.	
4.	
5.	
2. strategische Herausforderungen	
Schlüsselgröße	**strategische Herausforderungen**
1. Marktstellung	
2. Innovationsleistung	
3. Produktivitäten	
4. Attraktivität für gute Leute	
5. Liquidität	
6. Gewinn-Erfordernis	

Geschäftsstrategie	Werkzeug (2)
3. strategische Eckdaten	
4. Positionierung	
Marketing-Mix	**Ziele**
1. Leistungspolitik	
2. Preispolitik	
3. Kommunikationspolitik	
4. Distributionspolitik	

Geschäftsstrategie	Werkzeug (3)

5. Anforderungen an die Funktionen

Funktion	Anforderungen an die Funktion
1.	
2.	
3.	
4.	
5.	

6. Maßnahmen

Nr.	Aufgabe	Termin	Verantw.	Status
1				
2				
3				
4				
5				

7. Mittel

Nr.	Ressourcen	Kosten in Euro
1		
2		
3		
4		
5		

Unterzeichnung

Auftraggeber/Abnehmer der Geschäftsstrategie:	
verantwortlich für die Umsetzung:	

Geschäftsstrategie	**Beispiel Versandhandel (1)**
Ein großes, international aufgestelltes Versandhandels-Unternehmen erarbeitet eine Geschäftsstrategie für das SGF »Kinder- und Jugend«. Die Zusammenfassung der Strategie ist nachfolgend dargestellt.	
1. Stoßrichtungen	
Stoßrichtung	**Ziele**
1. Marktentwicklung Frankreich	• Erreichen von 5% Marktanteil bis 200x, von 10% Marktanteil bis 200y in Frankreich • Kooperation mit nationaler Discountkette (eigen bewirtschaftete Regalmeter im Nonfood-Bereich) • ab 200x: 15 eigene Läden in den größten Städten (vgl. Beilage)
2. Marktdurchringung mit eigenen Läden	• bis 200y: 40 eigene Läden in Deutschland und Österreich (in Einkaufszentren bzw. frequentierten Hauptplätzen) • Aufbau Franchise-System • Zielumsatz pro Laden pro Jahr: 0.7 Mio Euro
3. Verstärkung des Sortiments »Buch, Hören und Sehen»	• Ausbau des Sortiments auf 15 Mio Euro Umsatz bis 200x • Abwicklung des Bereichs »Buch« über die Internet-Plattform »Interbook« als Logistikpartner
4. Fokussierung der eigenen Logistik	• Auslagerung des Zubringer- und Versendungsdienstes • Streichung des Möbelsortimentes aus der eigenen Logistik, Direktlieferung durch Hersteller • komplette Streichung des Sortiments »Arbeitsplatz«

Geschäftsstrategie	Beispiel Versandhandel (2)
2. strategische Herausforderungen	
Schlüsselgröße	**strategische Herausforderungen**
1. Marktstellung	• beginnende Internationalisierung des Marktes • schwindende Kundenbindung im Markt
2. Innovationsleistung	• stärkere (und wechselnde) Fokussierung des Sortiments auf einzelne Kundengruppen • Entwicklung des Geschäftsmodells: Verlagerung von Logistik-/Bewirtschaftungsleistungen, eigene Läden
3. Produktivitäten	• Komplexitätsfalle in den Sortimenten/systematische Müllabfuhr • Steigerung der Mitarbeiterproduktivität
4. Attraktivität für gute Leute	• Finden und Binden von gutem Personal für das Auslandsgeschäft • Steigerung der Führungsqualitäten
5. Liquidität	• weiterer Druck auf Umsatzmarge (1.1%)/Notwendigkeit von steigendem Warenumschlag (auf 19%) • Verschlechterung des Zahlungsverhaltens bei Kunden
6. Gewinn-Erfordernis	• weitgehende Beibehaltung der Eigenfinanzierung

3. strategische Eckdaten

	200x	200y	200z
Marktvolumen (in Mio Euro)	2600	2700	2850
Marktanteil	5	10	10
Netto-Umsatz (in Mio Euro)	130	270	285
Anzahl Läden	20	55	60
Einkauf, Fremdleistungen...	116	243	250
Wertschöpfung (Umsatz minus Einkauf; in Mio Euro)	14	27	35
Investment	10.5	19.5	25.3
Investment-Intensität (Investment/Wertschöpfung)	0.75	0.72	0.72
Vollzeit-Arbeitskräfte	80	147	189
Mitarbeiter-Produktivität (Wertschöpfung pro Kopf)	175.500	183.700	185.200
Betriebsergebnis (in Mio Euro)	1.5	3.1	3.2

Geschäftsstrategie	Beispiel Versandhandel (3)
4. Positionierung	
Marketing-Mix	**Ziele**
1. Leistungspolitik	• Top-Sortiment: 90% Markenware, 10% Private Label Ware • Top-Service: beste Kundenbewertungen bzgl. Lieferzeiten, Lieferauskunft, Angebot Ersatzteile • Top Franchise-Nehmer
2. Preispolitik	• durchgängig: durchschnittlich 5% unter stationärem Fachhandel • keine Kredite, Skonti, Rabatte... bei Einzelbestellungen • Schaffung attraktiver Mengen-Modelle (Preis, Bezahlungsmodi)
3. Kommunikationspolitik	• Fokus: Hauptkatalog, Nachfasser und spezielle Mail-Aktionen für Zielgruppen (Kindergärten...) viermal jährlich • eigene Läden als Image- und Qualitätsträger • Läden: Werbung vor Ort (entsprechend Spielregeln)
4. Distributionspolitik	• regional begrenzte Kooperationen mit Lebensmitteleinzelhandel (Bsp. Discounter in Frankreich und in Süddeutschland) • Repräsentationsläden in größeren Städten (nach Testphasen jeweils als Franchise-Modell) • Vermarktungskooperation mit Systempartnern (z.B. Interbook)

Geschäftsstrategie	Beispiel Versandhandel (4)
5. Anforderungen an die Funktionen	
Funktion	**Anforderungen an die Funktion**
1. Einkauf	• deutliche Optimierung Einkaufskonditionen aufgrund Expansion • weitestgehende Streichung regionaler Sortimente bzw. von Spezial-Sortimenten • klare Aufgabenverteilung: Zentraleinkauf und Einkauf Läden
2. Logistik/Versand	• komplette Auslagerung des Zubringer- und Versendungsdienstes an TransLog bis 200x • Streichung des Möbelsortimentes aus der eigenen Logistik, Direktlieferung durch Hersteller • Aufbau Zulieferlogistik für Läden (Zwischenläger...)
3. Vertrieb/Marketing	• Professionalisierung: Nachfasser-Kataloge, Mailings • Aufbau Franchise-System (Verträge, Entwicklung...) • Gestaltung Marktauftritt und Werbung der Läden
4. Qualitätssicherung	• Einführung Qualitätszirkel und konsequente Qualitätsmessung • Niveauverbesserung: Lieferauskunft, Telefonie • Einbindung aller Partner und Franchise-Nehmer in Qualitätspolitik
5. IT	• systemtechnische Integration der Marktentwicklung Frankreich • Anbindung des Systempartners TransLog und der Möbelhersteller (Logistik- und Lieferkette) • Anbindung der Franchisenehmer und Interbook
6. Personal	• Personaloptimierung: IT, Telefonie, Personal für Ausland • Steigerung Management-Qualität: Führungskräfte-Entwicklungsprogramm, Coaching... • Führungs- und Personalentwicklung für Franchise-System
7. Rechnungswesen	• Sicherstellung ordnungsgemäßer Rechnungslegung für Frankreich • Sicherstellung ordnungsgemäßer Rechnungslegung der Läden • Professionalisierung Cash-Management
8. Führung/Controlling	• Transparente und einfache Controlling-Systeme für: Systempartner (Logistik, Vertrieb), Franchise-Nehmer • einfaches, dezentrales Controllingsystem für Franchise-Nehmer

Geschäftsstrategie | **Beispiel Versandhandel (5)**

6. Maßnahmen

6.1. Einkauf

Nr.	*Aufgabe*	*Termin*	*Verantw.*	*Status*
1	...	...	...	

6.2. Logistik/Versand

Nr.	*Aufgabe*	*Termin*	*Verantw.*	*Status*
1	Schließung des eigenen Zubringerdienstes: • Verkauf LKW • Auflösung Leasing-Verträge und Mieten	31.08.	Müller	
2	Übertragung des Versendungsgeschäfts an TransLog: • Übergang Verträge mit Postdienst (neuer Partner) • Abrechnungs- und Provisionsmodell	31.08.	Walter	
3	Sicherstellung der Qualität mit TransLog: • Qualitätsvorgaben und -audit • Vertragsstrafen/Boni	31.08.	Walter	
4	Auflösung der eigenen Möbellogistik: • Auflösung Mietverträge • Verkauf Lagersysteme (insbes. Regal-logistik)	31.10.	Doyan	
5	Umsetzung »Logistikmodell Möbel«: • Direktlieferung durch Hersteller/Auftrags-steuerung • Service-/Montage-/Ersatzteildienst	31.10.	Doyan	
6	Konzept für »Zulieferlogistik Läden«: • lokale Zwischenläger, Einmietung bei lokalen Spediteuren • detaillierter Umsetzungsplan	30.11.	Paulsen	

6.3. Vertrieb/Marketing

Nr.	*Aufgabe*	*Termin*	*Verantw.*	*Status*
1	...	...	...	

6.4. ...

Geschäftsstrategie	Beispiel Versandhandel (6)

7. Mittel

7.1. Einkauf

Nr.	Ressourcen	Kosten in Euro
1	fünf zusätzliche Einkäufer (parallel mit Spezialisierung auf Sortimente)	600.000 p.a.
2	Systemkosten: • neue Einkaufsplattform • jährliche Wartung, Optimierung etc.	 120.000 einmalig 10.000 p.a.
3	Streichung regionaler Sortimente (vgl. Liste): Auflösung Verträge, Bezahlung Vertragsstrafen (vorzeitige Vertragsauflösung)…	200.000 einmalig
4	Streichung von Spezial-Sortimenten (vgl. Liste): Auflösung Verträge, Bezahlung Vertragsstrafen (vorzeitige Vertragsauflösung)…	80.000 einmalig

7.2. …

Unterzeichnung

Diese Geschäftsstrategie wurde zwischen Februar und April 200x im Strategiekernteam erarbeitet. Am 28.04.200x hat die Geschäftsleitung die Strategie genehmigt. Damit gilt ab sofort die Strategie als Grundlage der Umsetzung, der Zielvereinbarung und der Leistungsbeurteilung. Die Strategie wird im Rahmen des Strategiecontrollings geprüft und weiterentwickelt (vgl. Zeitplan für das Strategiecontrolling). Mit nachfolgenden Unterschriften unterzeichnen der Auftraggeber und der Auftragnehmer die Strategie.

Auftraggeber/Abnehmer der Geschäftsstrategie:	28.04.200x	A. Schmidt (GL)
verantwortlich für die Umsetzung:	28.04.200x	P. Weilinger (Leitung Geschäftsfeld)

2. Risikomanagement
Eine Geschäftsstrategie richtet eine Organisation aus, gibt ihr Legitimität, Orientierung und stellt die Basis dar für das operative Geschäft. Mit jeder Strategie sind auch Risiken verbunden, die im Geschäft als solchem, in der Einschätzung des Umfeldes, in den Zielen und in der Umsetzung liegen[5]. Ein **Risiko** kann bestehen, wenn etwas getan, aber auch wenn etwas nicht getan wird. Beispielsweise bringt die Entwicklung eines neuen Betriebstyps mit anderer Fläche, Warenwirtschaft und anderem Service für jedes Handelsunternehmen automatisch Risiken mit sich: Risiken der zumindest anfangs noch nicht beherrschten Prozesse, aber auch Risiken der fehlenden Kundenakzeptanz oder der unrealistischen Planung der Deckungsbeiträge. Ein Risiko kann aber auch dann vorliegen, wenn dieses Handelsunternehmen nicht den neuen Betriebstyp einführt. Die Nutzung veränderten Kundenverhaltens, eine höhere interne Produktivität durch schnellere Waren- und Serviceflüsse oder ein noch vorhandener Vorsprung zur Konkurrenz können verspielt werden, wenn das Management nichts unternimmt.

Eine Strategie ist eine Methode zum Risikomanagement. Im **Strategieprozess** finden sich an mehreren Stellen Anknüpfungspunkte für die Identifikation, Bewertung und Beherrschung von Risiken. So definieren etwa Leitbild bzw. Leitplanken, in welchen Bereichen Risiko zugelassen und wo es möglichst ausgeschlossen wird. Segmentierung, Erarbeitung der neuen Spielregeln im Geschäft und die strategischen Herausforderungen haben den Zweck, sich über Risiken strukturiert Klarheit zu verschaffen. Optionen dienen dazu, Risiken in Chancen zu verwandeln oder diese zu vermeiden. Strategieentwicklung und Strategiecontrolling sind Methoden zur Risikotransparenz und zur Risikobewältigung.

Grundsätzlich besteht **Risikomanagement** aus vier Schritten. Als erstes sind die Risiken zu identifizieren. Spätestens bei der Festlegung der Stoßrichtungen, der Ziele, Mittel und Maßnahmen sollten die Risiken klar sein. Die Gliederung der Risiken kann in drei Dimensionen erfolgen: Als erstes geht es um Risiken, die sich auf die Schlüsselgrößen beziehen, d.h. auf Marktstellung, Innovationsleistung, Produktivitäten, Attraktivität für gute Leute, Liquidität und das Gewinn-Erfordernis. Zweitens können methodische- bzw. Umsetzungsrisiken auftreten, etwa wenn der Zielvereinbarungsprozess nicht funktioniert oder kein Strategiecontrolling eingesetzt wird. Drittens sind Führungsrisiken zu identifizieren, die etwa darin liegen, dass Manager ihrer Aufgabe nicht gewachsen oder sie nicht entsprechend qualifiziert sind. Der zweite Schritt im Risikomanagement ist die Bewertung der Risiken nach ihrer Wirkung. Es gibt keine mathematischen Verfahren, nach denen eine solche Bewertung automatisiert werden kann. Die einzelnen Risiken sind zu diskutieren und nach bestem Wissen und Gewissen einzuschätzen. Die jeweilige Führungskraft muss am Schluss eine Meinung haben und diese auch verantworten. Am Ende liegt eine Liste mit **Risikoprioritäten** vor, die im Strategiecontrolling überwacht wird. Risiken sind – ebenso wie die Ziele – präzise zu formulieren und zu bewerten. Gefährlich sind »Allerwelts-Risiken«, die zwar einleuchten aber nicht weiter konkretisiert sind, wie etwa das Risiko »Motivationsschwund bei Mitarbeitern«. Drittens sind konkrete Maßnahmen zur Risikovermeidung bzw. zur Begrenzung möglicher Schäden zu erarbeiten. Maßnahmen setzen an den Risikoursachen an oder versuchen, die Auswirkungen zu lindern. Der vierte Schritt im Risikomanagement ist die Überwachung der Risiken. Dies betrifft die Umsetzung der Maßnahmen, aber auch die generelle Prüfung von Risiken und die Aufnahme von neuen Maßnahmen.

Selbst bei der besten Systematik und bei gewissenhaftem Risikomanagement werden Risiken übrig bleiben, die nicht bewältigt werden können. Zumindest ist aber dann bekannt, wo keine Gegensteuerung erfolgen kann. Risiken sind mit dieser Methode klar, eingrenzbar und der Überraschungseffekt ist minimiert. Die konsequente Überwachung von Risiken ist eine Schlüsselaufgabe in der Erarbeitung, Umsetzung und Weiterentwicklung einer Strategie. Als Werkzeug kann ein einfaches **Risiko-Cockpit** verwendet werden. Darin werden die Risiken identifiziert und die Wirkung beurteilt. Pro Risiko sind eine oder mehrere Maßnahmen mit konkretem Termin und Verantwortlichem zu entwickeln. Das Risiko-Cockpit kann sich auf eine Geschäftsstrategie als Ganzes beziehen oder auf einzelne Stoßrichtungen bzw. Ziele. Es ist eine Ergänzung zur Geschäftsstrategie und wird bei den Terminen des **Strategiecontrollings** geprüft und aktualisiert.

Risiko-Cockpit	Werkzeug
Stoßrichtung	
Nr./Datum	
verantwortlich	

Risiko	**Wirkung**	**Maßnahme**	**Termin**	**Verantw.**
1.				
2.				
3.				
4.				
5.				
6.				

Risiko-Cockpit | **Beispiel Lebensmittel-Industrie**

Ein Hersteller von Lebensmitteln entwickelt den osteuropäischen Markt. Dies bedeutet, dass die Produkte in Osteuropa abgesetzt werden, gleichzeitig aber auch die neuen osteuropäischen Werke für Westeuropa produzieren. Das Risiko-Cockpit sieht für diese Stoßrichtung wie folgt aus.

Stoßrichtung	Marktentwicklung Osteuropa
Nr./Datum	Nr. 2/16.10.200x
verantwortlich	Perlmoser

Risiko	Wirkung	Maßnahme	Termin	Verantw.
1. Partner vor Ort halten sich nicht an Verträge (Bau, Produktionsleitung...)	sehr hoch	Vertragsstrafen (z.B. über Bonus), Controlling- und Überwachungstermine vor Ort	28.10.	Danner
2. Verzögerungen bei Bau/Inbetriebnahme des neuen Werkes in XY	hoch	regelmäßige Fortschritts-Berichte bei GL-Runde	ab 16.10.	Danner
		Bauaufsicht durch Planungsbüro »Atz&Partner»	31.10.	Meltzer
		Verzögerung der Bezahlung an Generalunternehmer (entsprechend Baufortschritt)	ab 31.10.	Meier
3. neue Anforderungen durch Gesetzgebung an Produktion (Bsp. PAL)	mittel	halbjährlicher Bericht der Rechtsabteilung und der Produktion (inkl. Vorschläge)	je 31.03./ 30.09.	Nemec
4. Markteintritt westeuropäischer Konkurrenten	hoch	monatliche Prüfung plus Bericht (Durchdringung aller Informationskanäle)	ab sofort	Schulze

14 Unternehmensstrategie und Anpassung der Organisation

Strategie in engerem Sinn ist die Festlegung des Geschäftsplans für ein strategisches Geschäftsfeld (SGF). Jede **ergebnisverantwortliche Einheit**, die auf Märkten agiert und Kunden einen Nutzen bieten will, braucht eine Geschäftsstrategie zur Ausrichtung aller Aktivitäten. Wenn in einem Unternehmen mehrere Geschäftsfelder vorliegen, so sind diese nach ihrer Erarbeitung zusammenzufassen und zu priorisieren. Zusätzlich wird eine Prüfung der Organisation vorgenommen, die zu einer Anpassung von Aufbau- bzw. Ablauforganisation führen kann. Das **Unternehmen** ist eine Verbindung von mehreren Geschäften und hat in diesem Sinn keinen direkten Marktbezug. Die Aufgabe besteht in der Steuerung des Portfolios der Geschäftsfelder[6], die Unterstützung über zentrale Funktionen und eine entsprechende Risikopolitik.

1. Struktur und Beispiel einer Unternehmensstrategie,
2. Anpassung der Organisation.

1. Struktur und Beispiel einer Unternehmensstrategie
Die Unternehmensstrategie und die Gesamtperspektive kommen nicht erst in dieser Phase in den Strategieprozess, sondern sind bereits am Startpunkt verankert. Zum einen werden der Strategieprozess, seine Phasen und die Projektleitung vorgegeben. Zum anderen bringen sich die Entscheider auf Unternehmensebene in das Leitbild und in die Leitplanken ein. Damit haben die Geschäftsfelder Orientierung und Vorgaben bezüglich der Märkte, der Leistungen und der finanziellen Rahmenbedingungen.

Die **Funktionen der Unternehmensstrategie** sind vielfältig. Mit der Unternehmensstrategie wird eine definitive Beurteilung der erarbeiteten Geschäftsstrategien geleistet. Dies bedeutet eine Prüfung hinsichtlich Vollständigkeit und Schlüssigkeit, weiter eine Priorisierung über die Zuteilung von Ressourcen und damit eine Einschätzung von Risiko (Ausgewogenheit, Mittelfluss...). Dies führt zu einem **Portfolio der Geschäftsfelder**. Auf dieser Grundlage ist zu klären, welche Funktionen in den Geschäftsfeldern bleiben und welche zentral zu bündeln sind. Dies ist die Vorgabe für die Funktionalstrategien. Das Ergebnis wird am Schluss noch einmal mit den normativen Vorgaben des Leitbildes bzw. der Leitplanken verglichen. Sollten neue, wesentliche Erkenntnisse im Rahmen des Strategieprozesses hinzugekommen sein, ist das Leitbild anzupassen. Umgekehrt können einzelne Punkte der Geschäfts- oder Unternehmensstrategie verändert werden, wenn **Leitbild** oder Leitplanken etwas anderes vorgeben[7]. Letzteres sollte aber schon früher im Prozess erkannt und korrigiert sein. Mit der Unternehmensstrategie werden auch die Geschäftsstrategien verabschiedet und der Auftrag zur Erarbeitung von Funktionalstrategien erteilt. Damit liegt die Grundlage für die **Umsetzung** vor.

Funktionen der Unternehmensstrategie	Checkliste

1. Prüfung der Geschäftsstrategien hinsichtlich Vollständigkeit und Schlüssigkeit
2. Priorisierung (Geschäftsportfolio): Zuteilung von Ressourcen, Einschätzung von Risiko
3. Auftrag zur Erarbeitung von Funktionalstrategien
4. Abgleich mit Leitbild bzw. Leitplanken
5. Start zur Umsetzung

Die **Struktur der Unternehmensstrategie** ist derjenigen der Geschäftsstrategie in vielen Punkten ähnlich. Methodisch liegt der Schwerpunkt aber weniger in der Erarbeitung neuer Inhalte als vielmehr in der Konsolidierung der Geschäftsstrategien.

Als erstes werden die **Unternehmensziele** anhand der Schlüsselgrößen dargestellt: Marktstellung, Innovationsleistung, Produktivitäten, Attraktivität für gute Leute, Liquidität und Gewinn-Erfordernis. Die inhaltliche Grundlage sind Leitbild bzw. Leitplanken und die Geschäftsstrategien. Vor allem an diesem Punkt sind Fragen von Priorisierung, Risiko und Mittelfluss entscheidend.

Zweitens fasst die Unternehmensstrategie die **Stoßrichtungen der Geschäftsfelder** zusammen und stellt so die Verbindung zum Geschäft her. Damit ist die Unternehmensstrategie in den Märkten, bei den Kunden verankert und vermeidet, dass eine Unternehmensleitung quasi autistisch völlig am Markt vorbeiredet und Entscheidungen trifft, die mit dem Geschäft nichts mehr zu tun haben.

Die Zusammenfassung der **strategischen Eckdaten für das Gesamtunternehmen** folgt als dritter Schritt. Es ist im Prinzip nichts anderes als eine Konsolidierung des Zahlenwerks, das aus den Geschäftsstrategien kommt. Dieses wird noch einmal gegenseitig abgeglichen und unter Risiko- und Finanzierungsgesichtspunkten geprüft. Hinzu kommen Kosten und Finanzierungserfordernisse des Gesamtunternehmens, die nicht in den Geschäftsstrategien abgedeckt sind, wie etwa Risikokapital oder laufende Kosten zentraler Funktionen.

Als viertes werden die **Anforderungen an Organisation und Führung** dargestellt. Eine Organisation besteht aus Funktionen und diese dienen der Umsetzung der Strategie. Somit muss auf Unternehmensebene entschieden werden, welche Funktionen dezentral in den Geschäftsfeldern bleiben und welche zentral im Unternehmen zu bündeln sind. Zumindest für die zentralen Funktionen sind im Anschluss Funktionalstrategien zu erarbeiten. In der Unternehmensstrategie sind alle Konsequenzen zur Professionalisierung von Führung und Umsetzung aufzunehmen.

Fünftens geht es um **Maßnahmen**, die sich aus den bisherigen Kapiteln der Unternehmensstrategie ergeben. Ausgenommen sind solche, die bereits in den Geschäftsstrategien festgeschrieben wurden. Maßnahmen sind ergebnisorientiert zu formulieren und mit einer Person bzw. mit einem Resultat-Datum zu versehen. An dieser Stelle wird die Unternehmensstrategie mit der einzelnen Person verbunden. Daher sind die Maßnahmen auch in die Zielvereinbarung aufzunehmen.

Abschließend und sechstens werden die **Mittel** zur Umsetzung der Unternehmensstrategie ausgewiesen. Auch hier werden nicht die Mittel aus den Geschäftsstrategien aufgelistet, sondern nur die zusätzlichen aus der Unternehmensperspektive. Es geht um personelle Mittel (erforderliche bzw. zusätzliche Personen, Qualifikationen…), Sachmittel (Anlagen, Räumlichkeiten, Fahrzeuge, DV-Mittel…) und Finanzmittel (Liquidität, Eigenkapital…). Die Mittel gelten für den strategischen Zeitraum und sind Basis für die jährlichen Budgets.

Für den **Erarbeitungsprozess der Unternehmensstrategie** gelten dieselben Prinzipien wie in allen anderen Phasen des Strategieprozesses. Die Aussagen sind kurz, klar und umsetzungsorientiert. Mit den Entscheidern und Umsetzungsverantwortlichen ist die Unternehmensstrategie auf Grundlage von Leitbild bzw. Leitplanken und der Geschäftsstrategie zu erarbeiten. Dies sind die Eigentümer (oder Eigentümervertreter), das Top-Management, die Verantwortlichen der Geschäftsfelder und – je nach Unternehmen und Situation – Belegschaftsvertreter. Am Schluss unterzeichnen der Auftraggeber und der Verantwortliche für die Umsetzung.

Die Unternehmensstrategie ist eine Basis für das Strategiecontrolling. Zusätzlich ist sie eine **Agenda für Top-Management und Unternehmensaufsicht**[8]. Sie dient als Quelle der Ziele für die oberste Führung, für die Geschäftsfelder und für die Funktionen. Als Management-Agenda strukturiert sie den Diskussions-, Beurteilungs- und Entscheidungsprozess und beantwortet die wichtigste Frage der Führung: »Was müssen wir heute entscheiden und beginnen, damit wir langfristig im Geschäft bleiben?«

Unternehmensstrategie	Werkzeug (1)
1. Unternehmensziele	
Schlüsselgröße	**Unternehmensziel**
1. Marktstellung	
2. Innovationsleistung	
3. Produktivitäten	
4. Attraktivität für gute Leute	
5. Liquidität	
6. Gewinn-Erfordernis	
2. Stoßrichtungen der Geschäftsfelder	
Geschäftsfeld	**Stoßrichtungen**
1.	
2.	
3.	
4.	
5.	

Unternehmensstrategie			Werkzeug (2)
3. strategische Eckdaten für das Gesamtunternehmen			

4. Anforderungen an Organisation und Führung

Organisation und Führung	Ziele
1. dezentrale Funktionen in den Geschäften	
2. zentrale Funktionen im Unternehmen	
3. Professionalität in der Führung	
4. Professionalität in der Umsetzung	

Unternehmensstrategie				Werkzeug (3)
5. Maßnahmen				
Nr.	**Aufgabe**	**Termin**	**Verantw.**	**Status**
1.				
2.				
3.				
4.				

6. Mittel

Ressourcen		**Kosten in Euro**
1.		
2.		
3.		
4.		

Unterzeichnung

Auftraggeber/Abnehmer der Unternehmensstrategie:	
verantwortlich für die Umsetzung:	

Unternehmensstrategie	Beispiel Software-Entwickler (1)
Ein Software-Entwickler ist in drei Geschäftsfeldern im deutschsprachigen Raum tätig: 1. Unternehmensberatung, 2. Steuerberatung/Wirtschaftsprüfung, 3. Rechtsanwälte/Notare. Für die drei Segmente liegen Geschäftsstrategien vor. Die Unternehmensstrategie bündelt diese und sieht wie folgt aus.	

1. Unternehmensziele

Schlüsselgröße	Unternehmensziel
1. Marktstellung	• Umfassende Marktdurchdringung in Deutschland, Österreich und Schweiz in allen Geschäftsfeldern • neue Vertriebs- und Servicebüros in: A, B, C • Umstellung des Vertriebs auf Geschäftsfeldvertrieb • Einführung Key Account Management für A-Kunden
2. Innovationsleistung	• Aufbau eines markt- und geschwindigkeitsorientierten Innovationsprozesses (v.a. für: »Consult.Pro«, »Akquisoft 1.0«, »Advocat 2.0»)
3. Produktivitäten	• Erreichung Verhältnis direkt produktiver zu indirekt produktiven Mitarbeitern von 4:1 • Abstellung von: Balance Scorecard, Mitarbeit im Qualitätszirkel »Softquality« • Senkung der Fluktuation bei Neueintritten unter 15% und bei allen anderen unter 10% jährlich
4. Attraktivität für gute Leute	• systematischer Aufbau von: Fachkarriere, Mobilität zwischen den Standorten • Einführung Führungskräfte-Entwicklungsprogramm • Neuregelung der Partnerverträge
5. Liquidität	• Eigenfinanzierung und Unabhängigkeit als unternehmerisches Ziel • operativ: Verbesserung des Rechnungsprozesses bzw. des Cash-Managements
6. Gewinn-Erfordernis	• Ziel: DB II von mindestens 30%

Unternehmensstrategie | **Beispiel Software-Entwickler (2)**

2. Stoßrichtungen der Geschäftsfelder

Geschäftsfeld	Stoßrichtungen
1. Unternehmensberatung	• Marktdurchdringung durch das neue »Consult.Pro» • Erschließung der Beratungsunternehmen mit Geschäftsaktivitäten im Ausbildungsbereich • Vermarktung der integrierten Software- und Datenbanklösung »Akquisoft 1.0«
2. Steuerberatung/ Wirtschaftsprüfung	• Steigerung Marktanteil von 8% auf 11% (Kernmarkt) • Marktdurchdringung: Österreich • Marktentwicklung: Schweiz/Aufbau eigener Vertrieb
3. Rechtsanwälte/Notare	• Entwicklung/Markteinführung »Advocat 2.0» • Marktentwicklung: Schweiz • Kauf und Integration »Brecht & Partner«

Anmerkung: Details und Zahlenwerk sind in den Geschäftsstrategien ausgeführt.

3. Strategische Eckdaten für das Gesamtunternehmen

	200a	200b	200c
Netto-Umsatz (in Mio Euro)	140	150	165
Projekte größer 100`000 Euro in Prozent aller Projekte	35%	40%	45%
Umsatz pro direkt produktivem Mitarbeiter	360.000	370.000	380.00
Umsätze in Österreich und in der Schweiz (in Prozent)	15%	17%	19%
Vollzeit-Arbeitskräfte	550	590	620
Personalkosten (in Mio Euro)	84	91	98
DB I	56	59	67
DB I in Prozent des Netto-Umsatzes	40%	39%	41%
Sonstige Kosten	15	15	17
DB II	41	44	50
DB II in Prozent des Netto-Umsatzes	29%	29%	30%

Anmerkung: Marktpotenziale, Marktvolumen, Marktwachstum und Marktanteile sind in den Geschäftsstrategien ausgewiesen und können sinnvoller Weise nicht summiert werden.

Unternehmensstrategie	**Beispiel Software-Entwickler (3)**
4. Anforderungen an Organisation und Führung	
Organisation und Führung	**Ziele**
1. dezentrale Funktionen in den Geschäften	Vertrieb, Entwicklung, Service, Marketing (bzgl. der Geschäfte), Personalentwicklung, Führung/Controlling der SGF
2. zentrale Funktionen im Unternehmen	Grundlagenentwicklung, Unternehmensentwicklung, Führungskräfte-Entwicklung, Marketing (bzgl. Marke, CI, PR, Lobbying), Führung/Controlling der Gruppe *Anmerkung: Für diese Funktionen liegen abgestimmte Funktionalstrategien vor.*
3. Professionalität in der Führung	• funktionierender Innovationsprozess • Professionalisierung/Erhöhung der Kontakte bzw. Abschlüsse im Vertrieb (für alle Geschäfte) • deutlich mehr Zeitbudgets der Partner und Seniors für Akquisition und Entwicklung neuer Leistungen (Ziel: operativer Projektanteil maximal 40% der Zeit) • Führungskräfteentwicklungs-Programm
4. Professionalität in der Umsetzung	• Einführung von Qualitätsprüfung in jedem Projekt • durchgängiges Zielvereinbarungssystem bis Ebene Junior Consultant

5. Maßnahmen

Nr.	Aufgabe	Termin	Verantw.	Status
1	systematische Müllabfuhr: Balanced Scorecard, Mitgliedschaft in »Softquality« (Sicherung bestehender Daten)	30.04.	Möller	
2	Etablierung eines Innovationsprozesses und deutliche Erhöhung der Geschwindigkeit/Transparenz	31.05.	Tresko	
3	Verhandlungen und Abschluss des Kaufes »Brecht & Partner« (operative Integration durch SGF »Rechtsanwälte/Notare»)	31.05.	Stollberger	
4	Einführung Key Account Management für definierte A-Kunden (inkl. Kundenübergabe, Akquisitionspläne, Honorierung…)	31.07.	Kortüm	
5	Einführung dezentralisierter Vertrieb in allen SGF (inkl. Klärung Regionen, Spielregeln…)	31.07.	Kortüm	
6	durchgängige Führungssysteme in allen Geschäften: Zielvereinbarung bis Ebene Junior Consultant, Projektprüfung	31.10.	Baumann	
…	…	…	…	

Unternehmensstrategie		Beispiel Software-Entwickler (4)
6. Mittel		
Ressourcen		**Kosten in Euro**
1	angenommener Kaufpreis für »Brecht & Partner»	4.5 Mio (einmalig)
2	Erweiterung Infrastruktur: Büros in A, B, C	1.2 Mio (p.a.)
3	Führungskräfte-Entwicklungsprogramm	0.3 Mio (p.a.)
4	Projektkosten für zentrale Projekte (50% tatsächliche Zusatzkosten, 50% Alternativkosten): z.B. Innovationsprozess, Rechnungsprozess, KAM...	0.5 Mio (p.a.)
5	zentrale Marketingkosten (z.B. für umfassende Marktdurchdringung in DACH)	1.0 Mio (p.a.)
...	...	...

Unterzeichnung

Die Unternehmensstrategie wurde am 19.03.200x von Aufsichtsrat und Vorstand verabschiedet. Der Erarbeitungsprozess erfolgte unter Beteiligung von Aufsichtsrat, Vorstand und den Leitern der SGF. Zusätzlich zu den genehmigten Geschäftsstrategien gilt ab sofort die Unternehmensstrategie als Grundlage der Umsetzung, der Zielvereinbarung und der Leistungsbeurteilung. Die Unternehmensstrategie wird im Rahmen des Strategiecontrollings geprüft und weiterentwickelt (vgl. Zeitplan für das Strategiecontrolling). Mit nachfolgenden Unterschriften unterzeichnen die Vorsitzenden des Aufsichtsrates (als Auftraggeber) und des Vorstandes (als Verantwortlicher für die Umsetzung) die Unternehmensstrategie.

Auftraggeber/Abnehmer der Unternehmensstrategie:	19.03.200x	F. Obermeyer
verantwortlich für die Umsetzung:	19.03.200x	M. Stollberger

2. Anpassung der Organisation
Im Anschluss an die Unternehmensstrategie sind die Konsequenzen für die Organisation zu prüfen. Unter **Organisation** werden alle strategie- und resultatbezogenen, hierarchischen, verfahrenstechnischen und operativen Regeln verstanden, die ein System produktiv werden lassen. Eine Organisation ist kein Selbstzweck, sondern ein Instrument zur Umsetzung einer Strategie. Liegt die Strategie vor, müssen Aufbau- und Ablauforganisation angepasst werden. Der Ausspruch »structure follows strategy« verdeutlicht diesen Ansatz. Die Anpassung kann in viele Richtungen gehen, so etwa von einer kompletten Reorganisation der Geschäftsfelder über die Reorganisation einzelner Funktionen oder Regionen bis hin zur Neuschaffung von Schlüsselprozessen. In jedem Fall gilt der Grundsatz: Zuerst besteht Klarheit in der Strategie und erst dann wird die Organisation verändert[9].

Bei der Anpassung der Organisation gibt es typischerweise drei Spannungsfelder. Das erste betrifft **Zentralisation** und **Dezentralisation**. Jede Organisation, unabhängig von der Branche, pendelt zwischen diesen beiden Polen hin und her. Die jeweilige Ausgestaltung hängt von den Wettbewerbsverhältnissen, von den gewählten strategischen Stoßrichtungen und selbstverständlich auch von mikropolitischen Überlegungen ab. Massiv betroffen ist die Diskussion, ob die dezentralen, operativen Einheiten – die Strategischen Geschäftsfelder (SGF) – die Organisation bestimmen oder zentrale Funktionen. In zentralisierten Einheiten haben traditionell die Stäbe ein stärkeres Gewicht, in dezentralen muss das SGF dominieren. Letztlich lässt sich die Frage von Zentralisation und Dezentralisation nicht abschließend lösen, sondern nur entsprechend der Situation beantworten.

Das zweite Spannungsfeld verweist auf die Anzahl von **Führungsebenen**. Die Organisationen pendeln zwischen einer steilen Ausgestaltung mit vielen Ebenen und einer flachen Ausgestaltung mit wenig Ebenen. Die angesprochenen Aspekte der Führungsbreite und -tiefe hängen mit der Frage von Zentralisation und Dezentralisation zusammen und lassen sich ebensowenig pauschal mit richtig oder falsch beurteilen. Es gibt nur eine zweckmäßige, eine der Situation und der Notwendigkeit des Systems entsprechende Anzahl von Führungsebenen.

Das dritte Spannungsfeld betrifft die Gegenüberstellung von **Ablauforganisation** (Prozesse) und **Aufbauorganisation** (Organigramm). Die Logik beider Dimensionen ist grundverschieden. Dies zeigt sich schon im Prinzip. Prozesse werden an Resultaten ausgerichtet, Organigramme an Hierarchien. Prozesse stellen die Geschäftslogik dar, Organigramme die Machtlogik. Prozesse nehmen Bezug auf den Kunden, Organigramme auf den Chef. Prozesse müssen und können nur unabhängig von Personen richtig funktionieren, die Organigramme sind zumeist ein Kompromiss zwischen Personenunabhängigkeit und konkreten Interessen.

Die genannten Spannungsfelder gehören zum Wesen des Organisierens und lassen sich nur situativ und bezogen auf den Einzelfall lösen. Gefährlich wird es dann, wenn die Spannungsfelder durch schöne Worte geleugnet oder ignoriert werden. Die Führung hat die Aufgabe, diese Spannungsfelder anzusprechen und eine Lösung entsprechend der Strategie zu finden. Die beste Methode für die **Anpassung der Organisation an die Strategie** sind die drei Grundfragen des Organisierens nach Peter Drucker[10].

Frage 1: Wie müssen wir uns organisieren, damit das, wofür der Kunde bezahlt, im Zentrum der Aufmerksamkeit steht und von dort nicht wieder verschwinden kann? Diese Frage setzt an der Stelle an, wo die beste und einzige Existenzberechtigung einer Organisation liegt, nämlich beim **Kunden**. Eine gute Strategie und eine gute Organisation richten sich am Kundennutzen aus. Interessanterweise fehlt aber in praktisch allen Organigrammen der Kunde. In der »Szene« der Organisationsentwickler gibt es Menschen, die glauben, dass Strategie und Struktur zuerst den Mitarbeitern dienen sollen. Faktoren wie Motivation, Spaß oder Selbstverwirklichung werden hervorgehoben. Diese Orientierung ist grundlegend falsch. Eine gute Organisation stellt kompromisslos den Bezug zu den Kunden her. Beispielsweise definiert sich eine Controlling-Abteilung über die Unterstützung für kompetente Führungsentscheide. Damit dient sie den Geschäftsfeldern gleichermaßen wie dem Gesamtunternehmen. Binden Entwicklungsprozesse für Produkte oder Dienstleistungen nicht frühzeitig den Kunden ein, wird das Ganze sehr spannend für Entwickler, aber nicht für einen Anwender, der eine Rechnung für diese Leistung bezahlen soll. Wenn sichergestellt ist, dass die Organisation stringent auf den Kunden zuläuft und dieser Kunde auch das Resultat abnimmt, dann löst sich die Frage nach der richtigen Organisation (fast) von selbst.

Frage 2: Wie müssen wir uns organisieren, damit das, wofür wir unsere Mitarbeiter bezahlen, von diesen auch wirklich getan werden kann? Eine solide Organisation stellt sicher, dass die **Mitarbeiter** Klarheit über ihre Ziele bzw. Schlüsselaufgaben haben und sich voll darauf konzentrieren können. Die Aktivitäten richten sich nicht am Arbeitsaufwand, sondern an Ergebnissen aus. Die Mitarbeiter haben geschlossene Jobs, sie kennen die Ziele und können eigenständig darauf hinarbeiten. Ziele und Aufgaben sind aus der Strategie abgeleitet und tragen so zur Umsetzungsstärke bei. In der Praxis findet sich aber häufig das Grundverkehrte. Zuerst werden Aufbauorganisation, Kästchen und Pfeile gemalt, mit Namen gefüllt und dadurch Rangordnung, Status und Einfluss festgelegt. Dieses Verfahren ignoriert systematisch den Vorrang des Kunden und die daraus abgeleiteten Vorgaben der Strategie. Eine brauchbare Organisation richtet sich an der Strategie aus, vor allem an den funktionalen Anforderungen in den Geschäftsstrategien. Strukturen und Hierarchien bemessen sich ausschließlich daran, inwieweit sie diese Anforderungen erfüllen können.

Frage 3: Wie müssen wir uns organisieren, damit das, wofür die Führungskräfte bezahlt werden, auch wirklich getan werden kann? Führen bedeutet das Erreichen von Resultaten. Eine Strategie definiert Ziele, Mittel, Maßnahmen und legt so die Grundlage für die Umsetzung. Im Zusammenhang mit Strategie bestehen die wichtigsten **Aufgaben für Führungskräfte** darin, für Ziele zu sorgen, strategiegerecht zu organisieren, Entscheide zu treffen, zu kontrollieren, für eine solide Arbeitsmethodik zu sorgen und Strategiewerkzeuge zu verwenden. Die Qualität einer Führungskraft zeigt sich an der Erfüllung dieser Aufgaben und nicht am Grad der operativen Anspannung. Eine gute Organisation stellt sicher, dass sich die Führungskräfte auf diese Aufgaben konzentrieren können und nicht von Bürokratie, Sitzungen, Mikropolitik oder Status abgelenkt sind. Aufgaben, Kompetenzen und Verantwortlichkeiten der Führungskräfte sind an der Umsetzung der Strategie auszurichten und für alle transparent zu gestalten. Wenn das nicht so ist, sind Konflikte vorprogrammiert und die Führungskräfte systematisch fehlgesteuert.

Die drei **Grundfragen des Organisierens** nach Peter Drucker sind beiliegend als Checkliste dargestellt. Mit diesem Werkzeug können nach Vorliegen der Unternehmensstrategie notwendige Anpassungen der Organisation diskutiert werden.

Anforderungen an eine strategiegerechte Organisation	Checkliste
Grundfragen des Organisierens	**Anforderungen an eine strategiegerechte Organisation**
1. Wie müssen wir uns organisieren, damit das, wofür der Kunde bezahlt, im Zentrum der Aufmerksamkeit steht und von dort nicht wieder verschwinden kann?	• kompromisslose Orientierung am Kunden • Kundennutzen als Maßstab für Organigramme und Prozesse • hohe Autonomie, eigene Steuerung (Budgets) von ergebnisverantwortlichen Einheiten • Resultatlogik vor Hierarchielogik • Signalwirkung und »Botschaft« der Organisation im Sinne der Kundenorientierung • Einfordern von Resultaten und entsprechende Konsequenz in der Leistungsbeurteilung • Stellengestaltung und Stellenbewertung in Abhängigkeit der Kundenorientierung
2. Wie müssen wir uns organisieren, damit das, wofür wir unsere Mitarbeiter bezahlen, von diesen auch wirklich getan werden kann?	• Aufgaben, Kompetenzen und Verantwortlichkeiten entsprechend der Strategie und den Erfordernissen für die Umsetzung • Ableitung der Ziele und Schlüsselaufgaben für Mitarbeiter aus der Strategie • Ableitung der Strukturen und Hierarchien aus den Anforderungen der Strategie (insbesondere funktionale Anforderungen) • Orientierung am Kunden vor der Orientierung am Chef • Selbststeuerung durch anspruchsvolle Aufgaben • möglichst wenig »Störung« der Mitarbeiter durch die Organisation (Formalismen, Sitzungen, Status...) • geringe Kommunikationserfordernisse
3. Wie müssen wir uns organisieren, damit das, wofür die Führungskräfte bezahlt werden, auch wirklich getan werden kann?	• Klarheit der Aufgaben: für Ziele sorgen, organisieren, entscheiden, kontrollieren, beurteilen, für eine solide Arbeitsmethodik sorgen, Strategiewerkzeuge verwenden • kein Ablenken von den Führungsaufgaben durch: Bürokratie, Sitzungen, Mikropolitik oder Status • Herstellung von Führbarkeit: Autonomie (Subsidiarität), klare Spielregeln, Richtlinien, Kenntnis des Geschäftes (Kunden...) • einfache Ausgestaltung und Verständlichkeit der Organisation • Robustheit der Organisationen gegen Irritationen, Unvorhergesehenes, Hektik und Gerüchte • keine Notwendigkeit einer informellen Struktur zum Führen der Organisation • Klarheit über Führungskräftebedarf und Ausbildungserfordernisse (entsprechend der Strategie)

15 Funktionalstrategie und Prozessauftrag

Geschäfts- und Unternehmensstrategie haben mit dem Kunden, den Märkten, dem Wettbewerb, den Zielen, den Ressourcen und der Priorisierung von Geschäftsfeldern zu tun. Sie geben Orientierung und bilden die Grundlage für Jahresziele und für die Umsetzung. Die Umsetzung erfolgt nicht von selbst oder durch einen anonymen Apparat, sondern durch die jeweiligen Funktionen[11] in der **Organisation** bzw. durch Prozesse, die »quer« zu den Funktionen laufen. Wenn Geschäfts- und Unternehmensstrategie vorliegen, können sogenannte Funktionalstrategien und Prozessaufträge erarbeitet werden. Dies empfiehlt sich in drei Fällen. Erstens ist es notwendig bei zentralisierten Funktionen, die mehrere strategische Geschäftsfelder (SGF) bedienen. Dies schafft Transparenz und setzt bei den Kunden dieser Funktionen an – bei den Geschäftsfeldern. Zweitens kann es erforderlich sein, Anforderungen für Schlüsselprozesse aus der Strategie abzuleiten. Es handelt sich um erfolgskritische Prozesse, wie etwa den Auftragsgewinnungs- oder den Innovationsprozess. Drittens können für wichtige Funktionen oder Prozesse innerhalb der Geschäftsfelder Funktionalstrategien oder Prozessaufträge erarbeitet werden. Dies empfiehlt sich bei besonders großen oder sehr vernetzt arbeitenden Geschäftsfeldern. Nachfolgend werden beide Ansätze vorgestellt und mit Beispielen untermauert.

1. *Funktionalstrategie,*
2. *Prozessauftrag.*

1. Funktionalstrategie

Eine **Funktionalstrategie** kann in zwei Erscheinungsformen auftreten. Erstens kann sie eine Vertiefung einer einzelnen, erfolgskritischen Funktion innerhalb eines Geschäftsfeldes sein. Sie orientiert sich an den Stoßrichtungen und Zielen des entsprechenden Geschäftsfeldes. So wird beispielsweise das Geschäftsfeld »Privatkunden« einer Universalbank den Vertrieb in einer gesonderten Funktionalstrategie erarbeiten. Diese Funktion ist für das Privatkundengeschäft erfolgsentscheidend.

Die zweite Erscheinungsform ist die Funktionalstrategie einer **zentralen Funktion**. In diesem Fall geht es darum, die Anforderungen mehrerer Geschäftsfelder zentral zusammenzufassen und zu bündeln. Ein Baukonzern hat etwa die internen Informatik-Leistungen für alle Geschäftsfelder zentral als DV-Funktionalstrategie zusammengefasst. Voraussetzung ist, dass es seitens der einzelnen Geschäftsfelder klare Anforderungen an solche übergeordneten Funktionen gibt. Als Basis sind die jeweiligen »Anforderungen an die Funktionen« in den Geschäftsstrategien zu verwenden. Auch kann mit dem Werkzeug Kundennutzen und Qualitäts-Cockpit gearbeitet werden. Kundenorientierung einer Funktionalstrategie beinhaltet, dass zuerst die Anforderungen der Geschäftsfelder klar sein müssen und erst dann eine zentrale Funktion geschaffen wird. Die Funktionalstrategie ordnet sich dem Erfolg der Geschäftsfelder unter, es ist die konsequente Orientierung am Management-Grundsatz »**Beitrag für**

das Ganze«[12]. Damit das geschehen kann, sind einige wichtige Fragen zu beantworten, die nachfolgend zusammengefasst sind.

Kernfragen zur Funktionalstrategie — **Checkliste**

1. Welche Funktionen müssen zentral gebündelt werden?
2. Welche Funktionen bleiben bewusst dezentral in den Geschäftsfeldern?
3. Wie kann eine Funktionalstrategie die Geschäftsfeldstrategie unterstützen?
4. Ist sichergestellt, dass zentrale Funktionen kein Eigenleben entwickeln und keine Standards definieren, die niemandem nützen?
5. Welche sind die Kernleistungen der Funktion?
6. Wer sind die Kunden und worin besteht der Kundennutzen?
7. Welche Konsequenzen ergeben sich für die Kostenposition der Funktion?
8. Wie sind die Funktion und deren Leistungen zu verrechnen?
9. Wie muss die Funktion organisiert werden?
10. Welche Konsequenzen ergeben sich für die Entwicklung der Mitarbeiter und Führungskräfte?
11. Wie berichtet die Funktion?
12. Wer ist für die Ergebnisse der Funktion verantwortlich?
13. Können die Funktion und deren Leistungen auch fremdbezogen werden?
14. Darf die Funktion mit ihren Leistungen auch extern am Markt Geschäft machen?

Die **Struktur einer Funktionalstrategie** orientiert sich an der Gliederung einer Geschäftsstrategie. Der Angabe der Funktion und des Verantwortlichen folgt eine Genehmigungszeile mit Datum. Diese Vorgaben werden mit Unterschrift seitens Auftraggeber und Auftragnehmer quittiert. Anschließend wird die Ausgangslage kurz umrissen. Dies empfiehlt sich deswegen, damit während der Umsetzung klar ist, von welchen Prämissen aus gestartet wurde. Auch die Funktionalstrategie ist nichts anderes als eine Antwort auf die Herausforderungen, die in der Ausgangslage beschrieben sind. Darauf basierend wird der **Auftrag für die Funktion** festgelegt. Eine Funktion kann sich nicht selbst ihren Geschäftsauftrag geben. Der Auftrag leitet sich aus den Anforderungen der Geschäftsfelder oder aus dem Gesamtunternehmen ab. Entsprechend sind auch die Kunden ausdrücklich anzugeben. Die Funktion ist ein Element der Organisation. Daher kann es sinnvoll sein, einige Grundsätze für die Organisation der Funktion festzuhalten wie beispielsweise wichtige Gremien und das Reporting.

Der Kern einer Funktionalstrategie besteht aus den drei Elementen »**Ziele-Mittel-Maßnahmen**«. Bei den Zielen ist Folgendes einzubringen: Beitrag der Funktionalstrategie für die Geschäftsfeldstrategien, Listung der wichtigsten Produkte und Dienstleistungen, Beitrag zur Produktivität (für den eigenen Bereich oder unterstützend für andere). Abgeleitet aus den Zielen sind die Mittel für den Aufbau und den »Betrieb« der Funktion darzustellen (Personalressourcen, Sachressourcen, Finanzmittel, Ressourcen für Schulung, DV). Es geht um eine grobe Darstellung der jährlich anfallenden Kosten der Funktion. Den Abschluss bilden die wichtigsten Umsetzungsmaßnahmen. Damit wird die Verknüpfung zwischen den Zielen, den Mitteln und der persönlichen Ebene im Sinn der Umsetzung hergestellt. Die Maßnahmen sind deswegen auch in die **Zielvereinbarung** einzubauen.

Die Funktionalstrategie ist ein Strukturierungs- und Umsetzungsinstrument. Sie leistet einen hervorragenden Beitrag zur Klärung der **Aufgaben, Kompetenzen und Verantwortlichkeiten**. Zusätzlich ist sie ein Motor für die Umsetzungsstärke und hilft bei der geschäftsorientierten Gestaltung der Organisation.

Funktionalstrategie	Checkliste (1)
Funktion	**Kernfragen für Funktionalstrategie**
1. Entwicklung, Forschung, Business-Development	1. Beurteilung des Lebenszyklus von Geschäften, Märkten, Kunden(-gruppen), Leistungen, Technologien, Geschäftsmodellen 2. Einschätzung der Gefahr und Chance von Substitution/künftige Lösungen für Kunden anhand des lösungsunabhängigen Kundenanliegens 3. Entwicklung von Qualitäts- und Preismärkten 4. Beitrag zum Business Intelligence (Bereitstellung und Interpretation von Daten, Desk Research…) 5. Führungskapazitäten für Entwicklungs-, Forschungs- und Innovationsaufgaben (Führungskräfteplanung und -entwicklung) 6. Qualität und Quantität des Personals für Entwicklungs-, Forschungs- und Innovationsaufgaben (Personalplanung, -entwicklung) 7. handwerkliche Qualität der Steuerung von Projekten 8. Anteil von Eigenentwicklung, -forschung und -innovation im Verhältnis zum Fremdbezug 9. Qualität des Managements von Kooperationen und Akquisitionen bzgl. Entwicklung, Forschung, Innovation 10. erfolgreiche Projekte im Verhältnis zu Flops (entsprechende Lessons learnt, Erfolgsvoraussetzungen, Muster für Flops)
2. Beschaffung, Einkauf	1. Beschaffungs- und Einkaufspolitik generell und Einbindung in die Wertschöpfungstiefe (Geschäftsmodell) 2. Abstimmung mit Sortimentsgestaltung, strategische Vorgaben für Beschaffung und Einkauf 3. Anzahl, Tiefe, Struktur der Lieferanten 4. Bewertungskriterien und -schemata für bestehende und neue Lieferanten 5. Lieferqualität, Liefersicherheit, Lieferflexibilität, Preisentwicklung 6. Komplexitätsgrad der Beschaffung/Standardisierungsgrad 7. Nutzungsgrad von Technologien für den Beschaffungsprozess (physisch, bzgl. der Abwicklung, buchhalterisch…) 8. personelle- und Führungskompetenz bzgl. Beschaffung und Einkauf (Know-how…) 9. interne und externe Schnittstellen zu: Rechnungswesen, Leistungserstellung, F&E 10. Aufgaben, Kompetenzen und Verantwortlichkeiten für alle Phasen des Beschaffungsprozesses
3. Leistungserstellung und Logistik	1. aus der Strategie abgeleitete Ziele bzgl. Leistungserstellung: Qualitätsposition, Preisstellung, Kommunikation, Distribution und Logistik 2. begleitende Dienstleistungen zur eigentlichen Kernleistung (insbesondere Logistik) 3. Technologien, Verfahren, Know-how, Prozesse bzgl.: Leistungsvorbereitung, Leistungserstellung, Warenwirtschaft, Eingangs- und Ausgangslogistik 4. Schnittstellen zu vor- und nachgelagerten Prozessen (Akquisition, Einkauf, Vertrieb…) 5. Sicherung und Steuerung der Qualität und des Kundennutzens generell 6. Eigenanteil (Wertschöpfungstiefe) an der Leistungsvorbereitung und -erstellung 7. Anforderungen an personelle Kapazitäten/Know-how 8. notwendige, kapitalbezogene Ressourcen (Anlage-, Umlaufvermögen) und Investitionszyklen 9. Durchlaufzeiten, Lieferbereitschaft 10. Planungs- und Steuerungserfordernisse

Funktionalstrategie	Checkliste (2)
Funktion	**Kernfragen für Funktionalstrategie**
4. Marketing und Vertrieb	1. Ableitung der Anforderungen an Marketing und Vertrieb aus der Strategie (Ziele, Beurteilungskriterien…) 2. Positionierungs- und Markengestaltung 3. Prozess zur Festlegung von Marktstellungs- und Innovationszielen 4. Märkte und Marktsegmentierung heute und künftig 5. Planung, Steuerung und Umsetzung des Marketing-Mix (Produktmix, Preismix, Kommunikationsmix, Distributionsmix) 6. Gestaltung und Steuerung: Sortiment (Produkte, Dienstleistungen), Vertriebswege und -partner (Händler), Kundendienst, Beratung, Service etc. 7. Klärung Aufgaben, Kompetenzen, Verantwortlichkeiten mit: Entwicklung, Einkauf, Leistungserstellung, Controlling 8. Personalplanung und -entwicklung der Marketing- und Vertriebskapazitäten 9. Informationssysteme für Marktmonitoring 10. Entlohnungssysteme für Marketing und insbesondere Vertrieb
5. Personal	1. langfristige Personalziele (qualitativ, quantitativ) 2. Personalbedarfsplanung (bzgl. Funktion, Know-how, Einsatzfähigkeit…) 3. Personalakquisition und -einstellung 4. Personalentwicklung (off- und on-the-job) 5. Personaladministration (Lohnbuchhaltung, Dokumente, Sozialversicherung, Versteuerung…) 6. Ziel- und Informationssysteme 7. Sozialleistungen und Mitsprache (Personalvertretung) 8. Personalfreistellung 9. Entlohnung und Anreizsysteme 10. Mitsprache, TQM, Kaizen, Vorschlagswesen
6. Systeme, IT	1. Funktionslogik aus den Geschäften für Systeme/IT 2. Anforderungen aus allen Prozessen an Systeme/IT 3. Beherrschung von Schnittstellen, v.a. zwischen Anwendungen und Geschäftsprozessen 4. erforderliche Systemlandschaften in Hard- und Software 5. Aufbau, Betrieb, Pflege, Service und Weiterentwicklung der Systeme (Eigenmittel oder Zukauf) 6. (vorgeschriebener) Nutzungsgrad, Freiheitsgrade der User 7. Training für User: Basiswissen und weiterführende Trainings 8. Grad der Standardisierung, Grad der Zentralisierung vs. Insellösungen 9. Komplexität und Steuerungserfordernisse der Systeme/IT 10. Verrechnung von System-, IT-Leistungen

Funktionalstrategie	Checkliste (3)
Funktion	**Kernfragen für Funktionalstrategie**
7. Controlling und betriebswirtschaftliche Dienste	1. Inhalte und Struktur des strategischen Controllings (Bsp. Substitution, Kostenposition, Marktstellung...) für: Geschäfte (SGF), Schlüsselkunden, Schlüsselleistungen, Regionen... 2. Inhalte und Struktur des operativen Controllings (Bsp. Nettoumsätze, DB, Plan-Ist-Abgleiche...) für: Geschäfte (SGF), Schlüsselkunden, Schlüsselleistungen, Regionen... 3. Controlling insbesondere der Innovationsleistung 4. Controlling insbesondere der Produktivität und Prozesse 5. Controlling insbesondere der Attraktivität für gute Leute 6. Aufbau, Betrieb und Weiterentwicklung von Management-Informations-Systemen 7. Schnittstellen zu controllingrelevanten Prozessen, insbesondere: Auftragseingang, Marktforschung, Rechnungswesen, Faktura... 8. Inhalt und Ausgestaltung des Berichtwesens (Formulare, Formate, Takte...) 9. Aufbau und Steuerung der Planungsprozesse 10. Erfordernisse für die Entwicklung von Führungskräften hinsichtlich ihrer Controlling-Kompetenz
8. Rechnungswesen und Finance	1. Aufbau- und Ablauforganisation des Rechnungswesens, insbesondere die Schnittstellen mit allen Buchungs- und Abschlussprozessen 2. Struktur und Wirksamkeit der Kostenrechnung 3. Steuerung der finanziellen Unabhängigkeit und der finanziellen Stabilität 4. Klarheit über Zahlungsverpflichtungen und Zahlungsbereitschaft (Risiken, Unternehmenspolitik bzgl. Rabatte...) 5. Sicherstellung der permanenten Liquidität (Cash-Management, Lieferantenstruktur, Kundenstruktur, Anlagepolitik, Mittelfluss-Saldi...) 6. Klarheit, Wahrheit und Vollständigkeit: Kosten-, Leistungs-, Erlös-, Ergebnisrechnung 7. Steuerung der Finanzierungserfordernisse 8. Professionalität der externen Schnittstellen und Publizitätspflichten (Berichterstattung, Steuern, Abgaben...) 9. Steuerung der Kapital- und Vermögensstruktur 10. Unternehmenspolitik bzgl. Risiken, Investitionen, Ausschüttung, Portfolio
9. Führung und Organisation	1. Planungsprozesse für den Führungskräftebedarf und die entsprechende Beschaffungspolitik (intern und extern) 2. Führungskräfteentwicklung (off- und on-the-job) 3. Entwicklung und Umsetzung von einheitlichen Führungsmethoden/einheitlichem Führungsverständnis 4. Beurteilungs- und Anzreizsysteme 5. Steuerung aller Führungsprozesse 6. Professionalität in den Führungsgremien 7. Darstellung und Weiterentwicklung der Aufbau- und Ablauforganisation 8. Professionalität im Projektmanagement und in anderen Organisationsformen abseits der Hierarchie 9. Weiterentwicklung des Geschäftes und der Organisation (Business Development, Innovationsprozess) 10. Unterstützung der Führungs- und Organisationsthemen durch IT

Funktionalstrategie	Werkzeug (1)
Funktionalstrategie	
Verantwortlich/Datum	
Genehmigung/Datum	
1. Beurteilung der Ausgangslage	
2. Auftrag an die Funktion	
3. Kunden	
4. Organisation und Reporting	

Funktionalstrategie **Werkzeug (2)**

5. Ziele

6. Mittel

Ressourcen (p.a.)	Kosten in Euro
1.	
2.	
3.	
4.	
5.	

7. Maßnahmen

Nr.	Aufgabe	Termin	Verantw.	Status
1.				
2.				
3.				
4.				
5.				

Funktionalstrategie	Beispiel Bekleidungs-Handel (1)

Ein mittelständisches Handelsunternehmen für Bekleidung hat Geschäftsstrategien und eine Unternehmensstrategie erarbeitet. In diesem Zusammenhang werden einzelne Funktionen zentral gebündelt. So wird auch eine Funktionalstrategie für »Controlling« erarbeitet.

Funktionalstrategie	Controlling
Verantwortlich/Datum	Müller/31.03.200x
Genehmigung/Datum	Hofer/31.03.200x

1. Beurteilung der Ausgangslage

- unkoordinierte Verteilung von Aufgaben, Kompetenzen und Verantwortlichkeiten bzgl. Controlling über mehrere Stellen und Hierarchien
- unterschiedliche Controlling-Kompetenzen an mehreren Stellen
- unterschiedliche Planungszyklen (halbjährlich, quartalsweise, rollierend)
- keine durchgängige Ablage relevanter Daten im Controlling-Workflow (Insellösungen)
- zu hohe Kosten für die Controlling-Aufgaben

2. Auftrag an die Funktion

- Das Controlling sorgt für Aufbau und Umsetzung eines einheitlichen Führungssystems.
- Es unterstützt damit die Führungskräfte maßgeblich in der Entscheidungsfindung.
- Die Schlüsselprojekte des Unternehmens werden vom Controlling zentral geprüft.

3. Kunden

- Vorstand/SGF-Leiter (gleichzeitig Mitglied im Vorstand)
- alle Führungskräfte bis auf Ebene Abteilungsleiter
- Projektreporting: Vorstand

4. Organisation und Reporting

- Das Controlling berichtet an den Vorstand und ist den Leitern der SGF (gleichzeitig Mitglieder des Vorstandes) verantwortlich.
- Das Controlling steht unter der Leitung von G. Müller (Stv. S. Beck).
- Monatlich findet die Controllingrunde (inkl. Vorstand) statt (jeder erste Mittwoch p.m.).

Funktionalstrategie — **Beispiel Bekleidungs-Handel (2)**

5. Ziele

- Aufbau und »Betrieb« eines einheitlichen Führungssystems (Integration MIS, BSC, Zahlengenerierung, Sitzungsreporting) inkl. vergleichbarer Planungszyklen (100% Verwendung)
- Unterstützung der Führungskräfte bei operativer/strategischer Planung, Soll-Ist-Vergleichen und anderen Entscheidungshilfen (Erhöhung der Planungsgenauigkeit um 20% im ersten Jahr)
- Steuerung der definierten Schlüsselprojekte für das Unternehmen
- Reduktion des Spartencontrollings und gänzliche Übernahme aller Controlling-Aufgaben ab 200x (Festschreibung der Aufgaben, Kompetenzen und Verantwortlichkeiten für alle Controlling-Aufgaben)
- Reduktion der Fixkosten für alle Controlling-Aktivitäten um 25% (Basis: Aufwände für Spartencontrolling, zentrales Controlling, Controlling-Aufgaben in RW)

6. Mittel

Ressourcen (p.a.)	**Kosten in Euro**
1. 8 Vollzeitkräfte (ab. 31.10.)	500.000 p.a.
2. Infrastruktur (ab 31.10.)	120.000 p.a.
3. Vereinheitlichung der Systeme (v.a. Schnittstellen) inkl. Anschaffung Soft- und Hardware	150.000 einmalig
4. Ausbildungskosten (für alle betroffenen Mitarbeiter)	20.000 einmalig

7. Maßnahmen

Nr.	**Aufgabe**	**Termin**	**Verantw.**	**Status**
1	kompletter Personalreview aller Controller (plus Controlling-Stellen)	28.02.	Müller	
2	Herstellung der durchgängigen Funktionsfähigkeit und Verwendung des Controlling-Workflows (Dokumentenmanagement, Vereinheitlichung Berichtsoberflächen)	31.05.	Beck	
3	Umsetzung des einheitlichen Controlling-Systems und der Reports (inkl. Integration aller relevanten Informationsquellen)	30.06.	Müller	
4	Umsetzung der rollierenden Planung in allen SGF	30.06.	Müller	
5	Umsetzung des Projektmanagement-Systems	31.10.	Gerold	
...	...			

2. Prozessauftrag
Der Erfolg einer Strategie hängt von der **Umsetzungsstärke** der jeweiligen Organisation ab. Gemeint sind klare Ziele und Maßnahmen, solides Management und erfahrene Leute. Einen wesentlichen Beitrag leisten Prozesse, die sich auf strategische Stoßrichtungen direkt beziehen oder auf der Steuerungsebene wichtige Beiträge leisten. Akquisitions-, Qualitätssicherungs- oder Innovationsprozesse können hier genannt werden. Es handelt sich um Abläufe, die als Querschnittsmaterie nicht eindeutig Geschäftsfeldern, Funktionen, Bereichen, Abteilungen oder Regionen zugeordnet sind. Ein **Prozessauftrag**[13] leitet sich direkt aus den Anforderungen der Strategie ab.

Die **Struktur eines Prozessauftrags** ist einfach und resultatbezogen. Zunächst wird der Prozess genannt und vom Auftraggeber bzw. von der prozessverantwortlichen Führungskraft unterzeichnet. Der Kern sind die prozessrelevanten Ziele, die sich aus der Strategie ableiten. Diese werden als Resultat formuliert und – wo immer möglich – mit Messgrößen versehen. Die Ziele bilden gleichzeitig auch die Grundlage für laufende Maßnahmen zur Erreichung der Ziele und der Messgrößen. Anknüpfend sind die Kunden und die Qualität aus Kundensicht darzustellen. Der Prozessauftrag gibt Auskunft über die Mittel, die notwendig sind, den laufenden Betrieb und die Zielerreichung sicherzustellen. Abschließend werden die wichtigsten Schnittstellen und die Konsequenzen für Dokumentation und Systeme dargestellt.

Ein Prozessauftrag sollte maximal zwei bis drei Seiten lang sein. In den meisten Fällen genügt ein zusammenfassendes Blatt. Damit ist der Prozessauftrag gleichzeitig ein marktorientierter **Prozesssteckbrief**, in dem übersichtlich die wichtigsten Themen zusammengefasst sind. Das Prinzip der Schriftlichkeit und die persönliche Unterzeichnung zwingen dazu, die Inhalte klar zu beschreiben und sich dazu zu bekennen. Für den Auftraggeber ist es die Basis für Jahresziele und für die Leistungsbeurteilung mit dem prozessverantwortlichen Manager. Letzterer hat wiederum den Vorteil, sich auf den Prozessauftrag berufen zu können.

Der Prozessauftrag ist die Leitlinie für den Prozess. Es gibt keine bessere Voraussetzung für Resultat- und Marktorientierung. Gerade ISO oder Qualitätsmanagement haben in vielen Organisationen eine dramatische Zunahme an Dokumenten und Bürokratie gebracht, ohne dass dadurch Wirkung beim Kunden erzielt worden wäre. Mit dem Prozessauftrag wird dies vermieden und dadurch eine wesentliche Voraussetzung einer **prozessorientierten Organisation**[14] geschaffen.

Prozessauftrag		Werkzeug
Prozess		
Auftraggeber/Datum		
prozessverantwortlich/Datum		
1. Ziele aus der Strategie (zugleich Basis für laufende Maßnahmen)	**Ziele**	**Messgrößen**
2. Kunden/Qualität aus Kundensicht		
3. Mittel		
4. Schnittstellen		
5. Dokumentation/Systeme		

Prozessauftrag		**Beispiel Fachhochschule**
Eine Fachhochschule hat eine Strategie erarbeitet. Der Fokus auf Praxisnähe, Anwendbarkeit und Interdisziplinarität soll gestärkt werden. Hierfür ist der Prozess »Einbindung und Professionalisierung der externen Referenten« erfolgsentscheidend. Nachfolgend ist der entsprechende Prozessauftrag beschrieben.		
Prozess	»Einbindung und Professionalisierung externer Referenten« (Prozess-Nr. L-03)	
Auftraggeber/Datum	Peters/22.08.200x	
prozessverantwortlich/ Datum	Berthold/22.08.200x	
1. Ziele aus der Strategie (zugleich Basis für laufende Maßnahmen)	**Ziele**	**Messgrößen**
	• qualitativ hochstehende Lehre durch externe Referenten	Seminarbeurteilung: im Schnitt 85% des Maximums
	• qualitativ hochstehende Betreuung der externen Referenten	Betreuungsbeurteilung durch Referenten: im Schnitt 90% des Maximums
	• niedrige Fluktuation bei externen Referenten	Fluktuationsquote: maximal 15% jährlich
2. Kunden/Qualität aus Kundensicht	• Studierende: qualitativ hochstehende Lehre, Praxistransfer, Möglichkeit zur Netzwerkbildung	
	• externe Referenten: qualitativ hochstehende Betreuung und Organisation (Seminarräume, Prüfungsmodalitäten)	
3. Mittel	• drei Vollzeitkräfte	220.000 € p.a.
	• Infrastruktur	100.000 € p.a.
	• Honorare: 80 Referenten	300.000 € p.a.
4. Schnittstellen	• Rektorat, Direktion, Buchhaltung • Fachhochschulrat • Studentenschaft (insbes. Qualitätsbüro)	
5. Dokumentation/ Systeme	• Prozessdokumentation und Workflow: über System FH-Perf • Intranet, MS Office, StudSys	

16 Strategieentwicklung und Systemansatz

Die in diesem Buch vorgestellten Inhalte orientieren sich konsequent an der Anwendbarkeit und an der Umsetzung der Themen. In diesem Kapitel geht es nicht um ein unmittelbares Strategieelement, als vielmehr um eine Reflexion der Strategieentwicklung vor dem Hintergrund des Systemansatzes und der Kybernetik. Als Wissenschaften von der Regulierung und Lenkung komplexer Systeme bieten **Systemansatz** und **Kybernetik** eine ausgezeichnete Grundlage für Managementfragen. Management wird definiert als Steuerung von komplexen Systemen[15]. Strategie wiederum ist gleichzeitig Funktion, Instrument und Methode in diesem Steuerungsprozess, damit ein System seine Identität erhält, lebensfähig bleibt und seinen Zweck erfüllen kann. Dieser Zweck kann das Bereitstellen von Transportdienstleistungen, die Schulbildung von Kindern, die Produktion von PKW-Sitzbezügen, die Rehabilitation verunglückter Menschen oder die Gewährung von Krediten sein. Für jeden dieser Zwecke braucht es eine Organisation und eine Strategie.

Management ist nichts anderes als Gestaltung, Lenkung und Entwicklung von zweckorientierten, sozialen Systemen. Die Ansatzpunkte des Systemansatzes und der Beitrag der Strategie werden anhand der sieben Grundbausteine des ganzheitlichen Denkens vorgestellt[16]. Dieser Ansatz bietet daher auch eine Alternative zu herkömmlichen und BWL-getriebenen Definitionen von Strategie. **Systemisches Strategieverständnis** ist Wahrnehmen, Interpretieren, Verstehen und Gestalten anhand folgender Bausteine.

Baustein 1: Das Ganze und die Teile,
Baustein 2: Vernetztheit,
Baustein 3: Das System und seine Umwelt,
Baustein 4: Komplexität,
Baustein 5: Ordnung,
Baustein 6: Lenkung,
Baustein 7: Entwicklung.

Baustein 1: Das Ganze und die Teile

Sobald von einem System gesprochen wird, gibt es ein **Ganzes und Teile**. Im Strategieprozess werden dieses Ganze und die Teile verbunden: die langfristige Lebensfähigkeit und die sechs Schlüsselgrößen, das Unternehmen und seine Geschäftsfelder, die Gesamtorganisation und seine Prozesse, die Leistung für Kunden als Ganzes und seine Qualitätskriterien, ein schlagkräftiges Team und seine Mitarbeiter. Hinzu kommt die Einbettung des Unternehmens in ein größeres Ganzes, nämlich den Markt und die Gesellschaft[17]. Werkzeuge und Methoden sind etwa die richtige Segmentierung, die Zusammenfassung der Geschäftsstrategien zur Unternehmensstrategie oder das Umsetzen des Ganzen über die Zielvereinbarung der einzelnen Mit-

arbeiter. Die Phasen im Strategieprozess sind ebenfalls einzelne Teile, die nur in Kombination ein sinnvolles Ganzes ergeben.

Strategie ist die Bestimmung des Ganzen und das Zusammenfügen von Teilen zu einem sinnvollen Resultat. Die Summe der Teile kann mehr, gleich, weniger oder anders sein als das Ganze. Pauschal davon zu sprechen, dass die Summe der Teile mehr sei als das Ganze, ist falsch. Sowohl die Ganzheit als auch die Teile und deren Zusammensetzung verändern sich im Zeitablauf. Zur methodischen Kompetenz gehört auch die Fähigkeit, die richtige »**Flughöhe**« in Erarbeitung und Umsetzung zu bestimmen. Eine zu globale Betrachtung führt zu Oberflächlichkeit, eine zu feingliedrige Detaillierung verliert den Blick für das Resultat. Vor allem geht es darum, einzelne Funktionen, Arbeitsschritte, Prozesse und Verantwortlichkeiten als **Beitrag für das Ganze** zu sehen: für den Kunden, für eine Leistung und für ein Resultat.

Baustein 2: Vernetztheit

In einem System sind die Teile vernetzt, um ein Ganzes zu bilden. Nicht nur die Bauelemente an sich sind wesentlich, sondern auch die Beziehungen zwischen diesen. Der Strategieprozess besteht aus einzelnen Elementen und Beziehungen, die eine **Vernetzung** ergeben. Isolierte, einzelne Schritte und Phasen sind wichtig im

Sinn von Analyse und Konstruktion. Die volle Wirkung und der Beitrag entstehen aber erst durch das Vernetzen dieser Elemente durch Information, Verantwortung und Steuerung. Strategisches Management ist in dieser Hinsicht nichts anderes als Lenken von Vernetzung in verschiedenen Dimensionen: Markt und Unternehmen, Gegenwart und Zukunft, Mensch und Organisation, unterjährig und mehrjährig, planen und umsetzen, operativ und strategisch. Aus diesem Grund geht es bei jedem Schritt im Strategieprozess um das Ansteuern von Umsetzung, um die Verbindung zur Aufbau- bzw. Ablauforganisation, zur Mitarbeiter- und Führungskräfteentwicklung.

Strategie ist die Vernetzung von Kundennutzen, Leistung, Verantwortung, Ressourcen und Resultaten. Über die Beurteilung der Ausgangslage, die Optionen, die Strategie und die Umsetzung wird ein **Kreislauf** hergestellt. Jedes Ergebnis fließt als Ausgangslage wieder in den Strategieprozess ein. Strategisches Denken und Handeln bedeutet Zirkularität, Feedback, Aktion und Reaktion des Systems. Beziehungen sind nicht linear, die Kreisläufe nicht willkürlich in einen Anfang und ein Ende zu zerlegen. Strategieentwicklung ist der Prozess des Herstellens und Aufrechthaltens von Vernetzung, damit eine Organisation produktiv werden kann und **Kundennutzen** entsteht.

Baustein 3: Das System und seine Umwelt

Jedes System ist Teil eines größeren Systems. Die Lebensfähigkeit einer Organisation kann sich nur im Austausch, im »**Stoffwechsel**«[18] mit seinem umgebenden System, mit seinem Umfeld entwickeln. Die Dynamik von Märkten, technologische und makroökonomische Entwicklungen bestimmen die Ausrichtung eines Unternehmens und damit die Strategieentwicklung. Das bedeutet aber auch, dass die Systemgrenzen prinzipiell offen und gestaltbar sind. Die Strategie legt fest, in welchen Geschäften ein Unternehmen tätig ist, welche Leistungen an welche Kunden vertrieben werden, welches Wertschöpfungsniveau und welche Erfolgspotenziale aufzubauen bzw. zu erhalten sind. Methoden im Strategieprozess sind etwa die Segmentierung, das Geschäftsmodell oder der Kundennutzen als Ausdruck für den Stoffwechsel zwischen Kunden und Unternehmen. Schon zu Beginn definiert das Leitbild, welchen Nutzen das System innerhalb seines Umfelds stiftet.

Strategie ist die Festlegung des **Systems und seiner Umwelt**. Sie stellt nach außen sicher, dass diese Austauschbeziehung mit Lieferanten und Kunden gewährleistet wird. Dies setzt eine Orientierung am Kundenanliegen, an Stärken und an Wettbewerbsvorteilen voraus. Nach innen geht es um die effiziente Durchführung dieses Austauschs, also um Leistung, Qualität und Produktivität. Strategisches Management ist die **Anpassung** der Organisation am Gleichgewicht von innen und außen, von heute und morgen. In dieser Hinsicht ist Wettbewerb nicht ein »Survival of the Fittest«, sondern ein »Survival of the Fitting«. Durch die Strategie kann das System »Unternehmen« mit seiner Umwelt in einen Austausch treten und bleibt damit anpassungs- bzw. lebensfähig.

Baustein 4: Komplexität

Komplexität ist ein Grundphänomen in Systemen. Sie bedeutet die Eigenschaft oder Fähigkeit eines Systems, in kurzer Zeit eine große Anzahl von verschiedenen Zuständen annehmen zu können.[19] Ausgedrückt wird dies in der Maßzahl der Varietät. **Komplexität** kann von außen auf eine Organisation zukommen, etwa über sich verändernde Märkte, Geschäftssysteme und Technologien. Komplexität ergibt sich aber auch in einer Organisation, etwa durch Variantenvermehrung oder unterschiedlich gehandhabte Prozesse. Der Strategieprozess ist eine Methode zum Umgang mit Komplexität. Beispielsweise wird mit den sechs Schlüsselgrößen eine Struktur geschaffen zur Wahrnehmung, Beurteilung und Gestaltung von Komplexität. Mit den Optionen können verschiedene Geschäftsansätze eingebracht werden, die eine Antwort auf das »Komplexitäts-Erfordernis« geben, etwa durch die Verbreiterung der Oberfläche zum Kunden, durch innovative Lösungen oder durch produktive Abwicklung von Geschäftsprozessen.

Strategie ist die Steuerung von Komplexität. Es geht dabei um den Umgang mit **Komplexitätstreibern und Komplexitätsdämpfern**. Beides ist an sich wertfrei zu sehen. Es hängt von den Marktgegebenheiten ab, wie die Komplexität gestaltet wird. In Phasen des Marktwachstums muss häufig die Komplexität der eigenen Organisation erhöht werden, um mit den Anforderungen des Marktes Schritt zu halten. In Sättigungs- oder Rückgangsphasen ist es notwendig, die Komplexität zu dämpfen, um auf Größeneffekte zu kommen. Strategie ist nicht nur die Denke in Systemen, sondern auch das Verstehen, Zulassen und Nutzen von laufender, nicht planbarer **Veränderung**. Das bedeutet, dass Strategie nicht die Fortschreibung des Bestehenden in die Zukunft ist, sondern die Entwicklung des Unternehmens angesichts von Komplexität von außen und von innen. Entscheidend ist die methodische Fähigkeit von Führungskräften zum Umgang mit Komplexität und zu ihrer Nutzung.

Baustein 5: Ordnung

Wenn einzelne Teile zu einem Ganzen vernetzt sind, ein solches System in einer Umwelt lebensfähig sein und Komplexität beherrschen will, dann kommt dem Ordnungsprinzip eine entscheidende Bedeutung zu. Durch **Ordnung** entstehen Orientierung, Überblick, Transparenz und Zusammenhang[20]. Dieses Prinzip ist Voraussetzung für Kommunikation, Sinn, gemeinsames Verständnis und zielorientiertes Handeln. Der Strategieprozess ist ein Mittel zur Herstellung von Ordnung in der Erarbeitung, in der Umsetzung und in der Weiterentwicklung von Strategien. Wichtig dabei ist Klarheit im Vorgehen, in den Phasen, in der Verwendung von Werkzeugen und in der professionellen Prozesssteuerung. Die Ausrichtung an den sechs Schlüsselgrößen oder die Erarbeitung von Strategien auf Geschäfts-, Unternehmens- und Funktionenebene sind nichts anderes als Ordnung in einem System.

Strategie ist gleichzeitig die Herstellung von **Ordnungsmustern** und das Muster selber. Durch die Strukturierung von Zielen, Aufgaben, Kompetenzen, Verantwortlichkeiten und Ressourcen entsteht eine wesentliche Voraussetzung für Ordnung in einem System und zwischen dem System und seiner Umwelt. Ordnung in systemischer Hinsicht ist ein Wahrnehmungs- und Gestaltungsprinzip.

Auf normativer Ebene geht es um das Leitbild, die Kultur und Werte der Organisation. Auf strategischer Ebene werden heutige und künftige Erfolgspotenziale festgelegt. Auf operativer Ebene geht es um das Nutzen dieser Erfolgspotenziale. Ordnung schafft Sicherheit, Berechenbarkeit, Vertrauen, kanalisiert Initiative und bildet eine wesentliche Voraussetzung für den Umgang mit Komplexität und für Resultate.

Baustein 6: Lenkung

Ein guter und zielgerichteter Strategieprozess ist ein gut geführter Strategieprozess. Führung im Sinn von **Lenkung** geschieht durch die einzelnen Elemente im Prozess: über die normativen Vorgaben des Leitbildes, die Segmentierung, die Beurteilung der Ausgangslage, die Erarbeitung von Optionen, die Entwicklung der Strategie, die Umsetzung und die Weiterentwicklung. In jedem Schritt erfolgt eine direkte und unmittelbare Einflussnahme über die Phasen, die Methoden und die Werkzeuge. Instrumente zur direkten Lenkung sind vor allem die Geschäfts-, die Unternehmens- und die Funktionalstrategie, die Zielvereinbarung und Projektmanagement. Es gibt aber auch die indirekte Lenkung über die Orientierung an Resultaten, das Etablieren von Feedback, Regeln und die Vermittlung von Sinn einer Strategie. Ziel ist eine möglichst große **Selbstorganisation**[21] in den Geschäften durch flankierende Festlegung von Vorgaben, Aufgaben, Kompetenzen und Verantwortlichkeiten.

Strategie ist zugleich Instrument, Vorgang und Resultat von Lenkung. Strategieentwicklung richtet sich an Resultaten aus und nicht am permanenten, operativen Eingreifen oder an der Verhaltenssteuerung von Menschen. Lenkung über eine Strategie bedeutet, das Verhalten eines Systems unter Kontrolle zu halten. Dies ist der Kern des englischen Wortes »to **control**«: regulieren, justieren, steuern. Es braucht nicht nur die inhaltliche, sondern auch die methodische Kompetenz zur Führung des Strategieprozesses. Methodik ist dabei die systematische Form der Erkenntnisgewinnung zur Gestaltung und Umsetzung. Vor diesem Hintergrund ist Strategie ein Instrument zur Lenkung einer ergebnisverantwortlichen Einheit.

Baustein 7: Entwicklung

Eine Organisation als System besteht aus Ressourcen und ist in seine Umwelt eingebettet. Weder die Organisation noch die Umwelt sind statisch. Sie verändern sich beständig. Damit ist **Entwicklung** angesprochen. Im Strategieprozess wird eine Strategie erarbeitet, umgesetzt und weiterentwickelt. Es geht nicht um die Fortschreibung der Vergangenheit in die Zukunft, sondern um die zukunftsorientierte Entwicklung der Gegenwart. Darum ist der Strategieprozess nicht als eindimensionaler, linearer Ablauf dargestellt, sondern als Kreislauf, der sich permanent entwickelt. Wesentlich dabei sind das Hinterfragen des Bestehenden, das Erkennen von neuen Entwicklungsmustern, die Orientierung an den künftigen Herausforderungen und die Weiterentwicklung der Strategie, etwa in Form des Strategiecontrollings.

Strategie ist der Prozess einer Entwicklung. Die Kernfrage lautet: »Was müssen wir heute entscheiden und beginnen, damit wir langfristig im Geschäft bleiben?« Der Strategieprozess ist Voraussetzung dafür, eine Organisation entwicklungsfähig zu halten und im »Stoffwechsel« mit seiner Umwelt zu bleiben. Gemeint sind die Optimierung und Perfektionierung des gegenwärtigen Geschäfts. Gleichzeitig müssen heute schon die Voraussetzungen für das künftige Geschäft gelegt werden. Damit ist Strategie zu einem wesentlichen Teil nichts anderes als **Transformation**: von heute in die Zukunft, vom Planen in die Umsetzung, von Ressourcen in Nutzen für Kunden. So entsteht die Grundlage für die langfristige **Lebensfähigkeit** von Organisationen.

Strategieentwicklung und Systemansatz	**Checkliste (1)**
Baustein	**Strategie bedeutet...**
1. Das Ganze und die Teile	• Bestimmung des »Ganzen« und das Zusammenfügen von Teilen zu einem sinnvollen Resultat • Verbindung der langfristigen Lebensfähigkeit und der sechs Schlüsselgrößen, des Unternehmens und seine Geschäftsfelder, der Leistung für Kunden als Ganzes und seiner Qualitätskriterien • Klärung des Beitrags für das Ganze: für den Kunden, für eine Leistung und für ein Resultat
2. Vernetzung	• Vernetzung von Markt und Unternehmen, Gegenwart und Zukunft, Mensch und Organisation, unterjährig und mehrjährig, planen und umsetzen, operativ und strategisch • Kreislauf über die Beurteilung der Ausgangslage, die Optionen, die Strategie und die Umsetzung • Denken und Handeln in: Zirkularität, Feedback, Aktion und Reaktion des Systems
3. Das System und seine Umwelt	• Herstellung der langfristigen Lebensfähigkeit einer Organisation im Austausch und im Stoffwechsel mit seiner Umwelt • Festlegung der prinzipiell offenen Systemgrenzen: Geschäfte, Leistungen, Kunden, Wertschöpfungsniveau, Erfolgspotenziale • Betrachtung des Wettbewerbs nicht als »Survival of the Fittest«, sondern als »Survival of the Fitting«
4. Komplexität	• Steuerung von und Umgang mit Komplexität: Komplexität von außen (Märkte, Geschäftssysteme und Technologien) und von innen (Varianten, unterschiedliche Prozesse) • Orientierung an den sechs Schlüsselgrößen zur Wahrnehmung, Beurteilung und Gestaltung von Komplexität • Verstehen, Zulassen und Nutzen von laufender, nicht planbarer Veränderung
5. Ordnung	• Herstellen von Ordnung und dadurch: Orientierung, Zusammenhang, Kommunikation, Sinn, gemeinsames Verständnis und zielorientiertes Handeln • Klarheit im Vorgehen, bei den Prozessphasen, in der Verwendung von Werkzeugen und der professionellen Prozesssteuerung • Ordnung auf normativer, strategischer und operativer Ebene

Strategieentwicklung und Systemansatz	Checkliste (2)
Baustein	**Strategie bedeutet...**
6. Lenkung	• direkte Lenkung über: normative Vorgaben des Leitbildes, Segmentierung, Beurteilung der Ausgangslage, Erarbeitung von Optionen, Entwicklung der Strategie, Umsetzung und Weiterentwicklung • indirekte Lenkung über: Orientierung an Resultaten, das Etablieren von Feedback, Regeln, die Vermittlung von Sinn und die Selbstorganisation in den Geschäften • Steuerung (vom englischen »to control«) des Systemverhaltens
7. Entwicklung	• permanentes Hinterfragen des Bestehenden, Erkennen von neuen Entwicklungsmustern, Orientierung an den künftigen Herausforderungen, Weiterentwicklung der Strategie (z.B. Strategiecontrolling) • Transformation: von heute in die Zukunft, vom Planen in die Umsetzung, von Ressourcen in Nutzen für Kunden • Ausrichtung und Beantwortung der Kernfrage: »Was müssen wir heute entscheiden und beginnen, damit wir langfristig im Geschäft bleiben?«

Anmerkungen

1 Zur langfristige Lebensfähigkeit einer Organisation als zentraler Frage des Buches vgl. *Malik, F.*, Systemisches Management, Evolution, Selbstorganisation, Bern-Stuttgart-Wien 1993, S. 88 ff.
2 Vgl. *Ulrich, H.*, Gesammelte Schriften, Band 2, Bern 2001, S. 284 ff.
3 Zur strategischen Positionierung vgl. *McLeod, K./Stuckey, J.*, MACS – The market-activated corporate strategy framework, in: mckinseyquarterly: Thinking strategically, S. 16 ff.
4 Vgl. *Kirsch, W.*, Wegweiser zur Konstruktion einer evolutionären Theorie der strategischen Führung, München 1997.
5 Vgl. *Malik, F.*, malik on management m.o.m.®-letter, Nr. 1995/09, Unternehmensstrategie – Was sie kann und was nicht, S. 136 ff.
6 Zum Portfolio der Geschäftsfelder vgl. *Al-Laham, A.*, Strategieprozesse in deutschen Unternehmungen, Wiesbaden 1997 und *Henderson, B.*, Construction of a business strategy, in: The Boston Consulting Group, Series on corporate strategy, Boston 1971.
7 *Hinterhuber, H.*, Strategische Unternehmensführung, Band 1, Berlin 2004, S. 73, S. 91 ff.
8 Vgl. *Malik, F.*, Wirksame Unternehmensaufsicht, Frankfurt 1997. S. 141 ff.
9 *Chandler, A.*, Strategy and structure, Cambridge 1962, S. 13.
10 Vgl. die Grundfragen des Organisierens nach Drucker in: *Malik, F.*, malik on management m.o.m.®-letter, Nr. 1995/02, Organisieren, S. 24.
11 Vgl. *Welge, M./Al-Laham, A.*, Strategisches Management, Wiesbaden 1999, S. 401.
12 *Drucker, P.*, Die ideale Führungskraft. Die hohe Schule des Managers, Düsseldorf 1995, S. 87 ff.
13 Zum Prozessauftrag vgl. *Stöger, R.*, Geschäftsprozesse, Stuttgart 2005, S. 158.
14 *Becker, J. et al.*, Prozessmanagement, Berlin 2003, S. 227 ff.
15 Vgl. *Beer. S.*, Diagnosing the system for organizations, Chichester 1985, im Vorwort: »Well, management is – if you will – the profession of regulation, and therefore of effective organization, of which this cybernetics is the science.«
16 *Ulrich, H.*, Gesammelte Schriften, Band 3, Bern 2001, S. 29.
17 Vgl. *Malik, F.*, Führen Leisten Leben, Stuttgart 2006, S. 62.
18 *Hinterhuber, H.*, Strategische Unternehmensführung, Band 1, Berlin 2004, S. 2.
19 Vgl. *Malik, F.*, Strategie des Managements komplexer Systeme, Bern 1996, S. 184 ff.
20 *Ulrich, H.*, Gesammelte Schriften, Band 3, Bern 2001, S. 67.
21 Vgl. *Malik, F.*, malik on management m.o.m.®-letter, Nr. 2004/09, Selbstorganisation im Management, S. 139 ff.

Phase 4: Umsetzung und Weiterentwicklung der Strategie

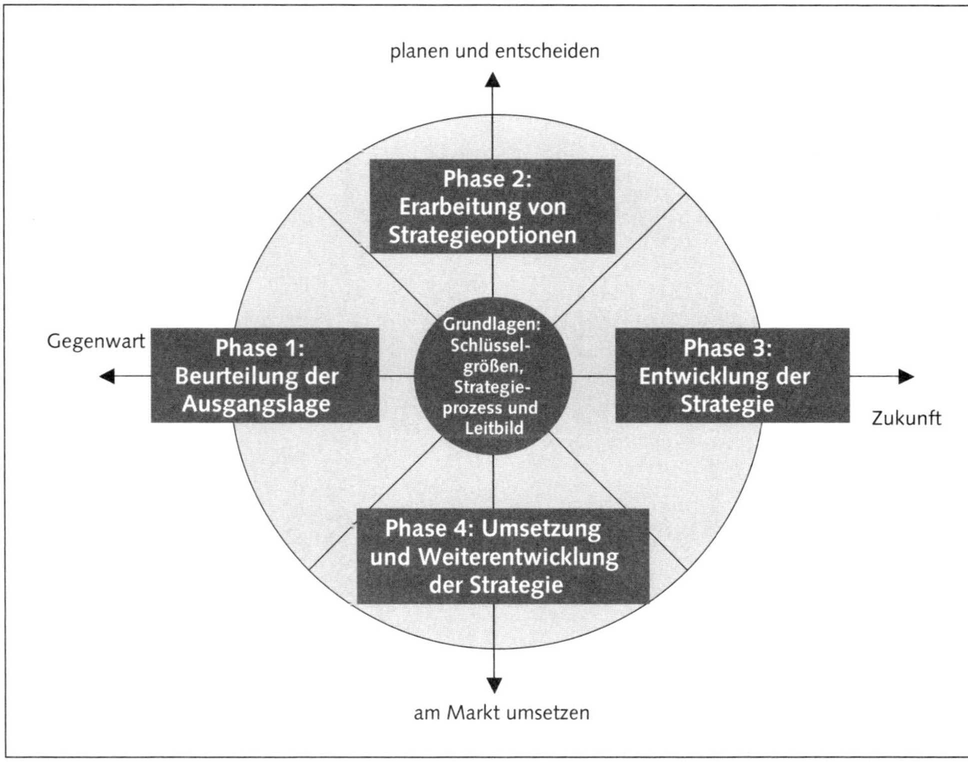

17 Strategiecontrolling

Für die Beurteilung der Qualität der Strategieentwicklung gibt es nur ein taugliches Kriterium, nämlich die **Umsetzung der Strategie**. Die einzelnen Phasen des Strategieprozesses laufen konsequent auf die Erzielung von Resultaten hinaus. Gemeint sind nicht Inputfaktoren wie Arbeitsaufwand, Anzahl von Sitzungen oder Dokumenten, sondern der Output, das nachweislich Realisierte[1]. Nachdem sich Umfeld, Kundenanforderungen, Leistungen und die Organisation selbst laufend ändern, muss eine Strategie anpassungsfähig gehalten werden. Es macht wenig Sinn, ein einmal erarbeitetes und verabschiedetes Strategiedokument eindimensional in die Zukunft fortzuschreiben. Daher besteht ein wichtiger Teil des Strategieprozesses in der **Weiterentwicklung der Strategie**. Die Kernfrage dieser vierten großen Phase lautet daher folgerichtig: »Wie sichern wir Umsetzung und Weiterentwicklung der Strategie?« Es geht um Strategiecontrolling, die Aufgaben für Führungskräfte beim Umsetzen, Projektmanagement als Hebel für Resultate und Change-Management.

Wenn etwas umgesetzt und weiterentwickelt wird, liegt ein Resultat vor. Dieses Resultat ist wiederum eine Ausgangslage für den Strategieprozess. Das bedeutet, dass die vierte Phase direkt in die erste Phase einmündet und der Strategieprozess erneut angestoßen wird. Strategieentwicklung ist keine lineare, eindimensionale Fortschreibung der Gegenwart in die Zukunft, sondern ein Kreislauf mit mehreren Dimensionen: Gegenwart und Zukunft, innen (planen) und außen (umsetzen am Markt), Geschäftsfelder und Gesamtunternehmen, Herausforderungen von außen und Stärken von innen, Organisation als Ganzes und die einzelne Person, strategische Inhalte und Prozessführung. Dies ist der direkte Anknüpfungspunkt an die Grundlagenwissenschaften solider Strategieentwicklung, nämlich **Systemansatz** und **Kybernetik**[2]. Eine Strategie leistet einen Beitrag, ein komplexes System wie ein Geschäft oder eine Organisation zu lenken und zu entwickeln. Vor diesem Hintergrund ist Strategieentwicklung nichts anderes als eine Methodik zum Umgang mit Komplexität. In diesem Kapitel geht es um folgende Inhalte.

1. *Organisation und Kommunikation im Strategiecontrolling,*
2. *Aufgaben und Resultate im Strategiecontrolling,*
3. *Balanced Scorecard (BSC) als Instrument des Strategiecontrollings.*

1. Organisation und Kommunikation im Strategiecontrolling
Ist eine Strategie erarbeitet, so geht es um die Umsetzung und Weiterentwicklung. Beides ist Gegenstand im **Strategiecontrolling**. »Controlling« kommt aus dem Englischen und bedeutet nicht »kontrollieren«. Die korrekte Übersetzung lautet »steuern« und »lenken«. Und darin liegt auch der Hauptzweck des Strategiecontrollings[3]. Es ist ein Werkzeug für die umsetzungsverantwortliche Führungskraft. Nachfolgend sind die wichtigsten Grundsätze zusammengefasst.

Grundsätze für das Strategiecontrolling **Checkliste**

1. Verantwortlich für das Strategiecontrolling ist die ergebnisverantwortliche Führungskraft und nicht ein Spezialist.
2. Strategiecontrolling muss in einer Hand bleiben. Aufgesplittete Controlling-Tätigkeiten sorgen nicht für Professionalität, sondern für Missverständnisse, Langsamkeit und Misstrauen.
3. Strategiecontrolling umfasst die Organisation dieser Tätigkeit, die Steuerung der Kommunikation, die Prüfung der Strategieumsetzung und die Weiterentwicklung der Strategie.
4. Kern des Strategiecontrollings sind nachfolgende Fragen:
   4.1. Verändern sich Ausgangslage, Einschätzung des Umfeldes, Spielregeln des Geschäftes, strategische Herausforderungen? Muss die Strategie angepasst werden?
   4.2. Werden die strategischen Ziele sowohl qualitativ als auch quantitativ erreicht?
   4.3. Inwieweit sind der Umsetzungs- und Entwicklungsprozess anzupassen? Muss seitens Organisation, Prozesse, Systeme, Entwicklung von Mitarbeitern bzw. Führungskräften etwas verändert werden?
   4.4. Steht nach wie vor der Kunde und das Geschäft im Zentrum unserer Aufmerksamkeit?
5. Strategiecontrolling kann nur funktionieren, wenn die Grundlagen (Geschäfts-, Unternehmens-, Funktionalstrategie) solide erarbeitet wurden.
6. Ein gewisses und klar definiertes Maximum an Aufwand bzw. Dokumentation darf nicht überschritten werden. Nichts produziert im Strategiecontrolling mehr Arbeit als viele Leute, die über zu viel Zeit verfügen.
7. Ein Außenstehender sollte in fünf bis zehn Minuten Klarheit über den Umsetzungsstatus und die Weiterentwicklung der Strategie haben.

Der vorbereitende Schritt ist die **Organisation des Strategiecontrollings**. Dabei geht es um die Festlegung der entsprechenden Personen bzw. Gremien. Diesbezüglich sind Aufgaben, Kompetenzen und Verantwortlichkeiten zu planen und an alle zu kommunizieren. Große und wichtige Aufgaben sind in den Zielvereinbarungen der jeweiligen Person festzuhalten. Zusätzlich sind Sitzungstakt und Berichtwesen einzuplanen.

Strategiecontrolling ist oberste Führungsaufgabe. Es ist nicht an einen Controller delegierbar, weil letztlich nur diejenige Person steuern und lenken kann, die auch für Ergebnisse verantwortlich ist. Insbesondere in großen Organisationen kann ein Assistent herangezogen werden, um das Strategiecontrolling zu unterstützen. Primär geht es hier um das Aktualisieren und Aufbereiten von Zahlen, die Zusammenfassung von Umsetzungsberichten usw. Eine solche **Assistenz** kann enorm zur Produktivität des Prozesses beitragen, ändert aber nichts an der grundsätzlichen Verantwortung der Führungskraft für das Strategiecontrolling.

Strategiecontrolling – Organisation **Werkzeug**

Person/Gremium	Aufgaben/Kompetenzen/ Verantwortlichkeiten	Sitzungstakt/Vorlage Bericht
1.		
2.		
3.		
4.		

Strategiecontrolling – Organisation **Beispiel Pharma**

Ein Spezialitätenhersteller pharmazeutischer Produkte führt Strategiecontrolling ein. Die Organisation wird mit folgenden Eckpunkten festgehalten und verabschiedet.

Person/Gremium	Aufgaben/Kompetenzen/ Verantwortlichkeiten	Sitzungstakt/ Vorlage Bericht
1. Gesamt-Verantwortung: Vorsitzender GF (Eder)	• Gesamtverantwortung für Umsetzung und Weiterentwicklung der Strategie • Kommunikation nach innen und nach außen	• Quartalsbericht an Verwaltungsrat • jährl. Bericht bei Mitarbeiter-Versammlung
2. Führungsteam »Strategiecontrolling» (Eder, GF, Modulverantw. gem. Liste, Förster)	• Bericht der einzelnen Umsetzungsverantwortlichen • Abnahme der Themen und Maßnahmen • Entscheide bzgl. neuer Themen, Kommunikation…	• Sitzung: erster Dienstag pro Monat (08.00 bis 12.00) • Protokoll: Förster
3. Modulverantwortliche	• Umsetzung der strategischen Schwerpunkte (Module) gem. Verteilung • Verantwortung für: professionelles Projektmanagement, Kommunikation, Weiterentwicklung der Themen	• Monatsberichte an: Stabsstelle bzw. Führungsteam »Strategiecontrolling« • Takt, interne Berichte…: autonom zu gestalten
4. Stabsstelle »Strategiecontrolling« (Förster)	• Sammlung/Zusammenfassung: Umsetzungsberichte, Zahlenwerk • Dokumentation • Protokollierung der wichtigsten Sitzungen • methodische Unterstützung bzw. »Wadelbeißen«	• Monatsberichte bzgl. Umsetzungsstatus an Führungsteam »Strategiecontrolling«

Strategie ist etwas Abstraktes, Erklärungsbedürftiges und Erklärungsnotwendiges. Gerade in der Phase der Umsetzung und Weiterentwicklung ist professionelle **Kommunikation der Strategie** ein entscheidender Hebel. Nachdem Kommunikation im Allgemeinen sehr positiv gesehen wird, liegt die Schlussfolgerung nahe, so viel Kommunikation wie möglich zu verlangen. Welche Konsequenz hat das für die Praxis? Tonnen von Informationsblättern, Berichten und Außendungen werden produziert. Jeder will über alles und sofort informiert sein. Koordinationssitzungen und Informationsveranstaltungen lassen die Terminkalender aus allen Nähten platzen. Wenn von Kommunikation, Information, Missverständnissen oder Koordination die Rede ist, liegt ein erster Hinweis auf eine handwerklich schlecht gestaltete Strategie bzw. Strategieentwicklung vor. Die erwähnten Symptome sind ernst zu nehmen. Nur dürfen sie nicht als das gedeutet werden, was sie gar nicht sind: nämlich Probleme der Kommunikation. Wenn Ziele unklar sind, müssen sie präzisiert werden. Wenn sich niemand zuständig fühlt, dann ist für Verantwortung zu sorgen. Schlechte Kommunikation ist nicht Ursache, sondern Folge unvollständiger oder nicht abgestimmter Strategieentwicklung. Je professioneller der Prozess zur Erarbeitung und Umsetzung einer Strategie gestaltet ist, desto weniger Kommunikationsaufwand ergibt sich. Geringe Notwendigkeit an Kommunikation ist geradezu ein Qualitätszeichen professioneller Strategieentwicklung.

Kommunikation ist auch ein Bewährungstest für gegenseitiges **Vertrauen**[4]. Wenn zwischen Mitarbeitern und Führungskräften Vertrauen besteht, so muss nicht permanent über alles informiert werden. Es genügen seltene und dem Leistungsauftrag angemessene Grobinformationen. Dadurch können sich Mitarbeiter und Führungskräfte voll und ganz auf ihre Aufgaben konzentrieren und haben mehr Zeit für Leistung und Resultate. Die beigelegten Kernfragen für die Kommunikation einer Strategie leiten sich direkt daraus ab.

Kernfragen für die Kommunikation einer Strategie — **Checkliste**

1. Wer braucht welche Informationen? (und nicht: Wer will Informationen?)
2. Was hat der Kunde davon, wenn etwas kommuniziert wird?
3. Verändern sich die Produktivität oder die Qualität der Zusammenarbeit positiv?
4. Wer steuert die Kommunikation, d.h. wer ist verantwortlich?
5. Welche Medien sind in welchem Takt zu benutzen?
6. Wie empfängerfreundlich sind die Informationen?
7. Wo ist Kommunikation kontraproduktiv?
8. Welche negativen Auswirkungen gibt es, wenn nicht informiert wird?
9. Welche Interessen haben beteiligte Gruppen (Stakeholder) auf die Umsetzung und Weiterentwicklung der Strategie (rechtlich, wirtschaftlich, politisch, medial...)?
10. Welche Möglichkeiten der Einflussnahme haben Stakeholder auf die Umsetzung und Weiterentwicklung der Strategie (rechtlich, wirtschaftlich, politisch, medial...)?
11. Wo liegt der Beitrag eines Stakeholders zur Umsetzung der Strategie?
12. Wo bestehen Abhängigkeiten, wo liegen mögliche Störungen bzw. Konflikte?

In vielen Branchen ist besonderes Augenmerk auf die beteiligten Interessensgruppen, die sogenannten **Stakeholder**, zu legen. Einerseits geht es um Kenntnis der Interessen und Bedürfnisse dieser Interessensgruppen. Andererseits muss klar sein, in wieweit diese Stakeholder die Umsetzung und Weiterentwicklung einer Strategie beeinflussen. Die wichtigste Frage lautet hier, welchen konstruktiven Beitrag eine Interessensgruppe zur Umsetzung einer Strategie leisten kann.

Spätestens in dieser Phase der Strategieentwicklung ist eine **Kommunikationsmatrix** zu erarbeiten. Darin sind interne und externe Zielgruppen zu definieren. Pro Zielgruppe sind Ziele und Inhalt der Kommunikation, die dazu gehörenden Gremien und Medien festzuhalten. Pro Kommunikationsschwerpunkt sind Takt und die jeweilig verantwortliche Person festzuhalten. Üblicherweise wird die Kommunikationsmatrix im Rahmen der Geschäftsstrategie erarbeitet, weil dort die unmittelbare Verknüpfung zu den Zielgruppen hergestellt ist. Spätestens bei Umsetzungsstart muss diese vorliegen und deren professionelle Umsetzung gesteuert werden.

Strategiecontrolling – Kommunikationsmatrix **Werkzeug**

Zielgruppe	Ziele/Inhalt	Gremium/Medium	Takt	Verantw.
1.				
2.				
3.				
4.				

Strategiecontrolling – Kommunikationsmatrix — **Beispiel Pharma**

Ein Spezialitätenhersteller pharmazeutischer Produkte arbeitet im Rahmen der Umsetzung und Weiterentwicklung der Strategie mit einer Kommunikationsmatrix.

Zielgruppe	**Ziele/Inhalt**	**Gremium/Medium**	**Takt**	**Verantw.**
1. Verw.rat	• Status Umsetzung • Status Weiter-Entwicklung der Strategie • Sonderthemen	VR-Sitzungen/Handout bzw. Protokoll	pro Quartal	Eder
		große Strategie-Tagung/Handout bzw. Protokoll	einmal p.a.	Eder, Gelhardt
2. Führungs-Kreis (Ebene I und Ebene II)	• Status Umsetzung und Weiter-Entwicklung • Sonderthemen	Führungskreis-Sitzungen I und II/Handout bzw. Protokoll	monatlich	Eder bzw. Modul-Verantw.
3. Mitarbeiter	• Status Umsetzung • Sonderthemen • Konsequenzen für Organisation, Entlohnung…	Mitarbeiter-Versammlung/keine Unterlagen	einmal p.a.	Eder
	• Status Umsetzung • Konsequenzen für Abteilung	pro Abteilung/keine Unterlagen	pro Quartal	Abteilungs-Leiter
4. Betriebsrat	• Status Umsetzung • Konsequenzen für Belegschaft und Systeme	BR-Sitzung/keine Unterlagen	pro Quartal	Eder, Wenger
5. Behörden	• Konsequenzen der Strategie für Qualität, Audit • Lobbying	Hintergrund-Gespräche, fixe Audit-Termine/Qualitätsbroschüre	pro Quartal	Leutwiler, Eder

2. Aufgaben und Resultate im Strategiecontrolling
Sinn und **Zweck des Strategiecontrollings** ist die Begleitung der Umsetzung und die Weiterentwicklung der Strategie. Hierzu werden die einzelnen Schritte zur Erarbeitung und Umsetzung einer Strategie geprüft und inhaltlich neu durchdacht. Im Wesentlichen geht es um vier Fragestellungen. Erstens: »Ergibt sich gegenüber den bisher erarbeiteten Inhalten ein neuer Kenntnisstand bzw. stimmen Annahmen, Aussagen und Schlussfolgerungen noch immer?« Dies ist die wahrscheinlich wichtigste Frage, weil sie das Fundament jeder Strategie berührt. Wenn sich bei den Annahmen, den Aussagen und den abgeleiteten Schlussfolgerungen etwas grundsätzlich ändert, dann sind die gesamte Strategie oder große Teile davon neu zu erarbeiten. Die zweite Frage lautet: »Ergeben sich seit der Verabschiedung der Strategie neue Optionen oder Maßnahmen?« Bei Überprüfung oder neuerlicher Anwendung der Strategiewerkzeuge können neue Themen strategienotwendig werden. Regelmäßig verwendete Instrumente sind etwa Marktcockpit, Kundennutzen oder Wertkette. Zusätzlich können kleine Workshops mit Optionen neue Ansätze bringen, ohne dass deswegen die Ausgangslage neu erarbeitet werden muss. Die dritte Frage leitet sich operativ aus der Strategie ab: »Inwieweit sind Ziele, Mittel und Maßnahmen auf Kurs?« In diesem Fall werden das Zahlenwerk, die Ressourcen und Maßnahmen der Strategie geprüft und positive bzw. negative Abweichungen festgehalten. Die vierte Fragestellung schließt sich direkt an die ersten drei an: »Wo muss gegengesteuert werden und wo bedarf es neuer Schlüsselentscheide?« Resultate dieser Fragestellung sind zusätzliche oder gestrichene Stoßrichtungen, Ziele, Mittel und Maßnahmen. Dies ist der Kern der Weiterentwicklung einer Strategie[5].

Das Strategiecontrolling ist in einen jährlichen Zeitplan zu überführen. Die Verabschiedung der Strategie ist in diesem Sinn nicht das Ende, sondern der Anfang von Umsetzung und Weiterentwicklung. Der Zeitplan orientiert sich an den wichtigsten **Prüffeldern für Strategiecontrolling**, die beiliegend zusammengefasst sind: Leitbild und Leitplanken, Segmentierung und Markt-Cockpit, Qualität und Kundennutzen, Wertkette, Ausgangslage, Optionen, Stoßrichtungen, Geschäftsstrategie, Unternehmensstrategie, Funktionalstrategie, Strategiecontrolling selbst und Umsetzungsstärke. Diese Prüffelder sind bezüglich Wettbewerbssituation, Branche und Unternehmensgröße anzupassen und werden in einen sach- und zeitlogischen Zusammenhang gebracht. Sie bilden so die Basis für die angesprochenen vier Fragestellungen. Die aktualisierte Strategie ist dann als jährliche Basis für Budget und Jahresziele zu verwenden. Damit ist die Verbindung zwischen Strategie und operativem Geschäft hergestellt.

Die wichtigsten Termine im Strategiecontrolling können als **Strategietagung** organisiert werden, d.h. als gemeinsame Standortbestimmung und Weiterentwicklung der Strategie mit den umsetzungsverantwortlichen Führungskräften.

Prüffelder im Strategiecontrolling	Checkliste (1)
Prüffeld	**Resultate des Strategiecontrollings**
1. Leitbild/Leitplanken	• Anpassung der Strategie an Leitbild/Leitplanken • Anpassung von Leitbild/Leitplanken an neue Erkenntnisse • neue Optionen und neuer Themenspeicher
2. Segmentierung und Marktcockpit	• Anpassung der Segmentierung und der Marktcockpits an neue Erkenntnisse • Aktualisierung der Marktcockpits (Prüfung der Wirkung bisher umgesetzten Maßnahmen) • neue Optionen und neuer Themenspeicher
3. Qualität und Kundennutzen	• Aktualisierung für ausgewählte Leistungen und Kunden (Prüfung der Wirkung bisher umgesetzter Maßnahmen) • Anpassung/Weiterentwicklung der Positionierung • neue Optionen und neuer Themenspeicher
4. Wertkette	• Aktualisierung und Prüfung von Kosten und Wert • Anpassung/Weiterentwicklung der Wertkette • neue Optionen und neuer Themenspeicher
5. Ausgangslage	• Aktualisierung und Prüfung: Schlüsselgrößen, strategische Herausforderungen, SWOT... • Prüfung der Anpassungsnotwendigkeit der Strategie • neue Optionen und Themenspeicher
6. Optionen	• neue Optionen bzgl. Marktstellung: Marktdurchdringung, Moments of Truth • neue Optionen bzgl. Innovationsleistung: Markt- und Leistungsentwicklung, Geschäftsmodell • neue Optionen bzgl. Produktivitäten: Kostentreiber, systematische Müllabfuhr, Ausstieg
7. Stoßrichtungen	• Prüfung bisheriger Stoßrichtungen • Aufnahme neuer und in der Vergangenheit zurückgestellter Stoßrichtungen • Anpassungsnotwendigkeit für die Strategie

Prüffelder im Strategiecontrolling	Checkliste (2)
Prüffeld	**Resultate des Strategiecontrollings**
8. Geschäftsstrategie	• Prüfung von: Ziele, Mittel und Maßnahmen • ggf. Aufnahme neuer Stoßrichtungen • neue Optionen, neue Maßnahmen
9. Unternehmensstrategie	• Prüfung von: Ziele, Mittel und Maßnahmen • Veränderungen in der Priorisierung der Geschäftsfelder und Geschäftsstrategien • neue Optionen, neue Maßnahmen
10. Funktionalstrategie	• Prüfung von: Ziele, Mittel und Maßnahmen • ggf. Aufnahme neuer Anforderungen in die Funktion • neue Optionen, neue Maßnahmen
11. Strategiecontrolling	• Prüfung von Organisation und Kommunikation des Strategiecontrollings (Zweckmäßigkeit, Produktivität…) • Prüfung des Prozesses zur Umsetzung und Weiterentwicklung der Strategie • Überführung der aktualisierten Strategie in die Budgets und Jahresziele
12. Umsetzungsstärke	• Prüfung und ggf. Verstärkung der Wirksamkeit der Führungskräfte (vgl. Aufgaben in der Umsetzung) • Prüfung und ggf. Verbesserung des Projektmanagements • Prüfung und Verbesserung der wichtigsten Change-Faktoren

Strategiecontrolling – Zeitplan **Werkzeug**

1.				
2.				
3.				
4.				
5.				
6.				
7.				
	1. Quartal	2. Quartal	3. Quartal	4. Quartal

Strategiecontrolling – Zeitplan **Beispiel Privatbank**

Eine Privatbank mit drei Geschäftsfeldern (SGF) »Vermögende Privatkunden«, »Immobilienkunden«, »Kommerzkunden« hat den Zeitplan für das Strategiecontrolling anhand der vier Geschäftsquartale gegliedert. Der Prozess ist gleichzeitig mit der jährlich sich wiederholenden Phase der Budgetierung und der Zielvereinbarungen gekoppelt. Das Resultat sind drei Strategieklausuren in folgender Taktung:

	1. Quartal	2. Quartal	3. Quartal	4. Quartal
1. Prüfung Ausgangslage, insbesondere Schlüsselgrößen und strat. Herausforderungen		Strategie-Klausur 31.05.		
2. Aktualisierung und Weiterentwicklung Marktcockpit (inkl. Prüfung Segmentierung)		Strategie-Klausur 31.05.		
3. Erhebung Kundennutzen für repräsentative Kunden und Leistungen pro SGF			Strategie-Klausur 30.09.	
4. Prüfung und Weiterentwicklung der Wertkette in den drei SGF			Strategie-Klausur 30.09.	
5. Erarbeitung Optionen (v.a. bzgl. Marktstellung, Innovations-Leistung und Produktivitäten)			Strategie-Klausur 30.09.	
6. Prüfung/ Weiterentwicklung SGF-Strategien und Funktionalstrategien				Strategie-Klausur 30.11.
7. Einbau in Budgets/ Jahresziele der Führungskräfte und Profit Center				Strategie-Klausur 30.11.

Ein einfaches und wirksames Instrument des Strategiecontrollings ist der **Strategie-Bericht**. Auf einem Blatt werden die wichtigsten Themen der Umsetzung und Weiterentwicklung einer Strategie zusammengefasst. Der Gegenstand eines Strategie-Berichtes kann vielfältig sein: ein Geschäftsfeld, eine Funktion, ein (Teil-) Unternehmen, eine wichtige Kundengruppe, eine Schlüsselleistung, eine Region usw. Entscheidend ist, dass die Verantwortlichen am Beginn des Strategiecontrollings Bescheid wissen, dass diese Berichte gefordert sind. Die Grundstruktur eines Strategie-Berichts gliedert sich in folgende Teile.

- Als erstes geht es um die erreichten Resultate. Die Verantwortlichen haben darzustellen, welche die wichtigsten drei bis fünf Ergebnisse sind, die in den letzten Monaten erreicht wurden. Dies ist die direkte Anknüpfung an die Maßnahmenliste und somit Kern des **Umsetzungscontrollings**.
- Zweitens wird dargestellt, welche Schlüsselthemen in den nächsten Monaten umgesetzt werden. Auch hier liefern die Strategiemaßnahmen die Ausgangsbasis. Sollten aufgrund veränderter Gegebenheiten neue Maßnahmen notwendig sein, so sind diese hier und in der Gesamtliste aufzunehmen.
- Als Drittes wird festgehalten, ob es bei gewissen Themen Schlüsselentscheidungen oder spezielle Abstimmung braucht. Die Themen können sehr vielfältig sein: von der Abspaltung eines eigenen Geschäftsfeldes über die Aufnahme neuer Leistungen oder Kunden bis hin zu Prozessfragen (Bsp. Einführung Innovationsprozess) kann die Liste reichen. Auch sollten Unklarheiten bezüglich Aufgaben-Kompetenzen-Verantwortlichkeiten an dieser Stelle angesprochen und entschieden sein.
- Der vierte Punkt ist der im Kern »strategische«, d.h. die **Weiterentwicklung der Strategie**. Es werden all diejenigen Fragen aufgenommen, wo die Strategie verändert oder angepasst werden muss. Auch hier können die Themen weit gesteckt sein und alle Phasen und Inhalte einer Strategie betreffen. So taucht bei einem Pharma-Logistiker im Rahmen der Umsetzung beispielsweise die Frage auf, ob zusätzlich das Fein-Chemikalien-Geschäft angegangen werden soll. In einem Versicherungsunternehmen stellt sich bei der Umsetzung heraus, dass zu wenige kompetente Projektleiter verfügbar sind und daher dieses Thema schnell angegangen werden soll. Die entsprechenden Entscheide sind im ursprünglichen Strategiepapier festzuhalten. Wenn gewisse Grundsatzfragen an die Substanz der Strategie gehen, dann muss – im Extremfall – vielleicht sogar die komplette Strategie neu überdacht werden.

Der Strategiebericht sollte eine Seite nicht überschreiten und bei jeder Sitzung des Strategiecontrollings fixer Bestandteil sein. Es empfiehlt sich, die einzelnen, ausgefüllten Berichte vor der jeweiligen Sitzung an alle Teilnehmer zu senden, damit die Sitzung sofort zur Sache kommen kann. Der Strategiebericht dient der systematischen **Reflexion** der eigenen Beiträge für das Ganze – abseits der Hektik des Tagesgeschäftes. Insofern sollte die Vorbereitungsarbeit auch mit den Mitarbeitern des jeweiligen Verantwortungsbereichs durchgeführt werden.

Strategiebericht	Werkzeug
1. Was wurde in den letzten Monaten konkret erreicht?	•
2. Welche sind die wichtigsten Aktionen in den nächsten Monaten?	•
3. Wo braucht es Schlüsselentscheide oder spezielle Abstimmung?	•
4. Was muss in der Strategie verändert oder angepasst werden?	•
5. Sonstiges	•

Strategiebericht	Beispiel Stadtwerke
Die Stadtwerke einer großen Kommune haben eine Strategie für die wichtigsten Geschäfte erarbeitet: City- und Nahverkehr, Wasser bzw. Abwasser, Energieversorgung, Entsorgung und kommunale Freizeitbetriebe. Im Rahmen des Strategiecontrollings werden Strategieberichte geliefert. Der Bericht für die Energieversorgung fasst auf einer Seite die wichtigsten Punkte zusammen.	
1. Was wurde in den letzten Monaten konkret erreicht?	• komplette Umsetzung der Regulierungsrichtline RR 67-02 inkl. der begleitenden Prozesse (Faktura...) • Aufbau von drei weiteren erfahrenen Mitarbeitern zu Projektleitern • weitere Verbreiterung des Bezugsportfolios, v.a. bzgl. Strom und Alternativenergie • Umsetzung Contracting »Mittlere Anlagen« und Anlagen für Großkunden A, B, C
2. Welche sind die wichtigsten Aktionen in den nächsten Monaten?	• Ausbau Nahwärme gem. Projektierung • Umsetzung Vertriebskonzept »Gewerbekunden« • Überarbeitung Pricing • Forcierung Energieausweise • weiterer Aufbau von fünf Projektleitern
3. Wo braucht es Schlüsselentscheidungen oder spezielle Abstimmung?	• Konzertierte Vertriebsaktion in Richtung »Industriekunden«, v.a. Ausbau Contracting Großanlagen • Einstellung der Installations-Aktivitäten • Prüfung einer Kundennutzen-Erhebung im Frühjahr 20xx mit entsprechender Anbindung an das bestehende Qualitäts-Audit
4. Was muss in der Strategie verändert oder angepasst werden?	• Prüfung Kooperation »Energie« mit Stadtwerken X, Y und Z
5. Sonstiges	• Keine Bemerkungen

3. Balanced Scorecard (BSC) als Instrument des Strategiecontrollings

Kaum ein Managementinstrument ist in den letzten Jahren so populär geworden wie die **Balanced Scorecard** (BSC) von Kaplan und Norton[6]. Und kaum ein Managementthema polarisiert so stark bezüglich Sinnhaftigkeit und Anwendbarkeit. Die BSC geht davon aus, dass alle strategierelevanten Ziele in vier sogenannten Scorecards mit entsprechenden Kennzahlen dargestellt werden können. In der am meisten verwendeten Version sind dies:

- eine finanzielle Scorecard: Cashflow, Ebit, ROI, ROCE, EVA...
- eine Markt- und Kunden-Scorecard: Marktanteil, Umsatz, Kundennutzen, Kundenbindung, Innovationsrate...
- eine Prozess-und Produktivitäts-Scorecard: Produktivitäten des Kapitals und der Mitarbeiter, relative Kostenpositionen, Prozess- und Qualitätsgrößen...
- eine Lern- und Entwicklungs-Scorecard: Fluktuation, Attraktivität für gute Leute, Personalentwicklungsaufwand und -nutzen...

Die Botschaft lautet, dass diese vier Dimensionen ausgewogen, also »balanced« sein müssen und keine über eine andere dominieren darf. Jede Scorecard ist mit Zielwerten versehen, die bis auf einzelne Maßnahmen konkretisiert werden. Damit liegt gegenüber dem Strategieprozess kein grundsätzlicher Fortschritt vor. Erstens bieten die sechs Schlüsselgrößen eine mindestens ebenso gute Kategorisierung. Zweitens werden in der Geschäfts-, der Unternehmens- und der Funktionalstrategie viel präziser Ziele, Mittel und Maßnahmen ausgewiesen. Der größte Unterschied liegt aber darin, dass die BSC keinen Strategieprozess ersetzen kann. Hier liegt das größte Missverständnis und eine Gefahr: Viele Führungskräfte sehen in der BSC eine Methode zur Erarbeitung einer Strategie. Dies ist grundlegend falsch. Die BSC ist kein Entwicklungs-, sondern ein Darstellungsinstrument. Sie ist ein leerer Katalysator, der erst mit den richtigen Inhalten gefüllt werden muss. Anwendung findet die BSC daher erst in der Phase der Umsetzung und Weiterentwicklung einer Strategie. Insofern handelt es sich um ein Werkzeug des Strategiecontrollings.

Ein Managementinstrument muss sich permanent der kritischen **Prüfung durch die Praxis** stellen. Wenn das nicht passiert, kann nicht mehr von einem Werkzeug gesprochen werden, sondern von einem Dogma. Vorteile und Gefahren sind daher anzusprechen, bevor die BSC angewendet werden kann.

Unter den **Vorteilen der Balanced Scorecard** sind vor allem die einfache und die kompakte Darstellung anspruchsvoller Sachverhalte zu nennen. Führungskräfte schätzen Übersichtlichkeit und (vermeintliche) Reduktion von Komplexität. Es gibt nicht viel in der Managementwelt, was so vorstandstauglich ist, wie eine Balanced Scorecard. Sie liefert darüber hinaus eine gute Zusammenfassung des unternehmerischen Geschehens für alle sogenannten Stakeholder: Eigentümer bzw. Investoren, Top-Management, Mitarbeiter, Lieferanten, Kunden und gesellschaftliche Institutionen. Gegenüber dem klassischen Shareholder-Value-Ansatz zwingt die BSC zum Durchdenken des Geschäftes in verschiedenen Dimensionen und nicht nur zur Maximierung von Geldgrößen. Gut angewendet ist die Balanced Scorecard eine Umset-

Vorteile und Gefahren der BSC	Checkliste
Vorteile der BSC	**Gefahren der BSC**
einfache und kompakte Darstellung anspruchsvoller Sachverhalte	Verwechslung und falscher Einsatz als Instrument der Strategieentwicklung
Zusammenfassung des unternehmerischen Geschehens in vier Dimensionen	Gefahr der Dominanz der finanziellen Scorecard
Kommunikationsinstrument	Berichtsbürokratie, »Verschlimmbesserung»
umfangreichere Sicht auf das Geschäft als ein reiner Shareholder-Value-Ansatz	massive Unterschätzung der Kosten des »Betriebs« einer BSC
Umsetzungshilfe	Manipulierbarkeit, professioneller »Bluff»
einfaches Management Informationssystem (MIS)	Immunisierung, Zeitgeist, Ausdruck für »modernes Management»

zungshilfe. Sie geht konsequent den Weg von den strategischen Zielen über Kennzahlen und Zielgrößen hin zu Maßnahmen. In Summe ist die BSC ein einfaches **Management Informationssystem (MIS)** und im Rahmen des Strategiecontrollings eine Management-Agenda. Sie zeigt auf, ob in einer Organisation die richtigen Diskussionen geführt werden.

Die **Gefahren der Balanced Scorecard** zeigen sich mittlerweile in vielen Unternehmungen. Erstens setzt die BSC einen methodisch sauberen Strategieprozess mit den richtigen Zielen voraus. Falsche oder unrealistische Ziele können zu systematischer Fehlentwicklung der Organisation führen. Das System der BSC schützt nicht vor dieser Fehlentwicklung und kann sogar in Sicherheit wiegen. Zweitens besteht die Gefahr, dass die ursprünglich ausgewogenen Scorecards in der Praxis wieder auf die finanzielle zurückfallen und daher das Gleichgewicht verlieren. Damit werden die anderen Scorecards – insbesondere die marktbezogene – von kurzfristigen Optimierungsüberlegungen verdrängt: Innovationen werden nicht mehr in den Markt gebracht, Schlüsselprozesse kostenmäßig ausgedünnt und keine Mittel mehr in die Entwicklung von Mitarbeitern und Führungskräften gesteckt. Nichts ist einfacher, als so über ein bis zwei Jahre die finanziellen Ziele zu maximieren und damit an Börsen oder in Zeitschriften eine gute Figur zu machen. Drittens scheitern viele BSCs daran, dass zu komplizierte Systeme und zu »schwere Geschütze« gebaut werden und das ganze dann in einer Berichtsbürokratie versinkt. Gerade in großen Organisationen ist die Gefahr der **Verschlimmbesserung** durch eine BSC gegeben. Verstärkt wird dieser Effekt durch Controller, Programmierer oder Berater, die zu viel Zeit haben und nicht gesteuert werden. Viertens werden die Kosten des Betriebs einer BSC massiv unterschätzt. Können die Kosten der Einführung oftmals noch relativ gut bestimmt werden, so werden die Kosten nach der Einführung meist nicht kalkuliert. Als grobe Faustformel gilt: Die einmaligen Kosten der Einführung mal zehn ergeben die jährlichen Fixkosten für den Betrieb einer BSC, wenn alle relevanten Kosten berücksichtigt werden (ausgelöste Sitzungen, Pflege, Überarbeitung der Systeme). Fünftens kann mit einer BSC sehr professionell geblufft werden. Eine Balanced Scorecard strahlt Fundierung, Seriosität und Professionalität aus. Damit besteht die Gefahr, dass das Instrument zur Manipulation und Meinungsbildung missbraucht wird. Schließlich wagen es viele Führungskräfte nicht, eine untaugliche BSC abzuschaffen, weil immer noch der **Zeitgeist** vorherrscht, die BSC sei Ausdruck für modernes Management. Eine nutzlose BSC aus der Organisation zu entfernen, ist aber nicht ein Zeichen von Schwäche, sondern von Verantwortung und Kostenbewusstsein.

In der Praxis ist beides zu finden, erfolgreich eingesetzte und vollkommen gescheiterte Balanced Scorecards. Es geht daher nicht um eine kategorische Befürwortung und Ablehnung dieses Instruments, sondern um die Frage: Was können wir von denen lernen, die eine BSC richtig eingeführt haben und resultatorientiert als Management-Werkzeug nutzen? Die dargestellten Vorteile und Gefahren zeigen die wesentlichen Kriterien für einen brauchbaren Einsatz auf. Professionell eingesetzt leistet die BSC einen guten Beitrag für das **Strategiecontrolling**, d.h. für die Umsetzung und Weiterentwicklung einer Strategie.

18 Aufgaben für Führungskräfte beim Umsetzen

Für die Umsetzung und Weiterentwicklung einer Strategie besteht nur ein Erfolgsfaktor – **Führungskompetenz**[7]. Es gibt keine wichtigere Voraussetzung für die Kundenorientierung und für die Leistungsfähigkeit einer Organisation. Kompetente Führung meint in diesem Zusammenhang nichts anderes als die inhaltlichen und methodischen Fähigkeiten zur Erarbeitung einer Strategie und zur entsprechenden Umsetzung.

Worin besteht der Kern von Führung, vor allem hinsichtlich des Themas Strategie? In der einschlägigen Literatur finden sich vielfach Untersuchungen über ideale und idealisierte **Eigenschaften von Führungskräften**. Lange Kriterienkataloge beeindrucken mit gut klingenden Wörtern wie etwa: integrativ, ganzheitlich, kommunikativ, kreativ, emotional intelligent, intuitiv, spontan, motivierend und vieles andere mehr. Solche Anforderungsprofile mögen für akademische Seminararbeiten interessant sein, in der Praxis taugen diese sehr wenig – und das aus drei Gründen. Erstens stellen sie meistens psychologische Aspekte in den Vordergrund und nicht die Leistung, das Resultat. Zweitens fällt das konkrete Arbeiten mit den meisten Begriffen schwer. Es hängt von einer subjektiven Interpretation ab, wer wann und wie als kommunikativ oder auch nicht kommunikativ gilt. Drittens kommt eine simple statistische Überlegung dazu: Selbst wenn die aufgeführten Eigenschaftslisten plausibel und nutzbar wären, gäbe es auf dieser Welt viel zu wenige Menschen, die alle angesprochenen Faktoren erfüllen. Die Herausforderung besteht gerade darin, nicht Genies als Führungskräfte zu haben, sondern ganz gewöhnliche Menschen, die kompetent führen. Was kann nun von denjenigen gelernt werden, die über lange Zeit gezeigt haben, dass sie das **Strategiehandwerk** beherrschen, Ergebnisse erzielen und Vertrauen bei ihren Leuten haben? Es sind einige Aufgaben, die den Unterschied ausmachen und zur Umsetzung führen. Frei nach P. Drucker und F. Malik[8] werden diese nachfolgend vorgestellt.

1. *Für Ziele sorgen,*
2. *Organisieren und die Aufgaben der Mitarbeiter gestalten,*
3. *Entscheiden und verantworten,*
4. *Kontrollieren und beurteilen,*
5. *Für eine solide Arbeitsmethodik sorgen,*
6. *Strategiewerkzeuge verwenden.*

Es handelt sich hier um handwerkliche, konkret anwendbare und nicht um psychologische, esoterische **Aufgaben für Führungskräfte**. Gerade zur Erfüllung dieser Aufgaben sollten Führungskräfte ausgewählt, eingesetzt und nach ihr beurteilt werden. Die Gefahr der Verzettelung ist für den Beruf des Managers besonders groß. Je vielfältiger das Geschäft und die Organisation ist, umso größer ist die Gefahr, dass nichts mehr richtig erledigt werden kann. Es wird zwar gearbeitet, aber es werden keine Ergebnisse erreicht. Daher bleibt nichts anderes übrig, als sich auf wenige, dafür aber wichtige Aufgaben zu beschränken.

1. Für Ziele sorgen
Jede Organisation verfolgt einen Zweck. Der Kern besteht im Stiften von **Kundennutzen** und in der Sicherstellung von Leistungsfähigkeit. Letztlich sind es wiederum die sechs Schlüsselgrößen, die den Rahmen abstecken: Marktstellung, Innovationsleistung, Produktivitäten, Attraktivität für gute Leute, Liquidität und das Gewinn-Erfordernis. Der Zweck kann darin bestehen, Lebensversicherungen zu vermarkten, Opern aufzuführen, Autos zu reparieren, Menschen zu pflegen, Softwarelösungen zu entwickeln, Müll zu entsorgen oder Gemüse anzubauen. In all diesen Organisationen braucht es eine Strategie, um Ziele festzulegen. Daran werden die Geschäftsfelder, die Leistungen, Funktionen oder Regionen ausgerichtet.

Ziele und Zielvereinbarung — **Checkliste**

1. Die Ziele sind aus der Strategie abgeleitet.
2. Es liegen nur wenige, dafür wichtige Ziele vor.
3. Die betroffenen Mitarbeiter sind einzubeziehen und deren Initiative einzufordern.
4. Ziele ziehen eindeutige Verantwortlichkeiten nach sich.
5. Ziele sind SMART: spezifisch, messbar, abgeleitet, realistisch und terminiert.
6. Ziele, erforderliche Mittel und Maßnahmen entsprechen sich.
7. Die Ziele sind verständlich und schriftlich formuliert (keine Schlagwörter…).
8. Ziele werden in der Organisation kommuniziert (Ausnahme: Geheimhaltungspflicht).
9. Der Stand der Zielerreichung wird periodisch im Vieraugengespräch geklärt. Am Jahresende erfolgt die Gesamtbeurteilung (Basis: Zielvereinbarung).

Jede Führungskraft ist dafür verantwortlich im eigenen Bereich für eine **strategieorientierte Zielvereinbarung**[9] zu sorgen und diese entsprechend auch umzusetzen. In der Zielvereinbarung werden die Beiträge des Mitarbeiters für das laufende Jahr konkretisiert. Es geht nicht um operative Detailmaßnahmen, sondern um die großen Ziele. Daher kann die Anzahl der Ziele nur etwa drei bis sieben betragen. Jede Zahl darüber führt zu Verzettelung, sinnlosen Überstunden und Resultatlosigkeit.

Strategieorientierte Zielvereinbarung			**Werkzeug**
Zielvereinbarung			
Mitarbeiter/Vorgesetzter			
Zielvereinbarung vom			
Zwischengespräche			
Abschlussgespräch/-beurteilung			
Zielfelder und Beurteilung			
Zielfeld	**Ziele**	**Termin**	**Beurteilung**
1.			
2.			
3.			
4.			
5.			
Entwicklungsbedarf			
Maßnahmen			
Unterschrift Vorgesetzter		*Unterschrift Mitarbeiter*	

Strategieorientierte Zielvereinbarung — **Beispiel Steuerungstechnik**

Ein Hersteller für Steuerungstechnik hat im Geschäftsfeld »Fertigung und Automation« eine neue Generation von Steuerungs- und Sicherheitsschaltern eingeführt. Im Rahmen der Strategie für dieses SGF lautet eine Schlüsselmaßnahme für den Vertrieb »Die neue Schaltergeneration ist bis 31.10. bei 30 A-Kunden verkauft und bei mindestens 10 A-Kunden als Referenz abrufbar.« Ein Vertriebsmitarbeiter erhält dieses Ziel als Schlüsselaufgabe für das laufende Jahr. Die Zielvereinbarung wird entsprechend ausgerichtet.

Zielvereinbarung

Mitarbeiter/Vorgesetzter	G. Keller/P. Sordini
Zielvereinbarung vom	04.01.200x
Zwischengespräche	22.05. und 19.09.200x
Abschlussgespräch/-beurteilung	18.12.200x

Zielfelder und Beurteilung

Zielfeld	**Ziele**	**Termin**	**Beurteilung**
1. Kontakt mit Ziel-Vertriebskunden	• Auswahl von 50 bis 70 Zielkunden • Kontaktnahme, Angebote	28.02.	
2. Vollumfänglicher Einsatz bei Kunden	• Verkauf bei mind. 30 A-Kunden (10 bis 22.05., 20 bis 19.09.) • Aufnahme Betrieb, Testung schwieriger Situationen und anspruchsvoller Module • ggf. Fehlerliste an Entwicklung	22.05., 19.09	
3. Betreuung, laufender Kontakt, Referenz	• Betreuung der Kunden • laufender Kontakt, Schlussfolgerungen für die künftige Vermarktung • Referenzen bei mind. 10 A-Kunden	15.12.	

Entwicklungsbedarf

Maßnahmen	

Unterschrift Vorgesetzter	Unterschrift Mitarbeiter

Im Idealfall werden die Ziele mit den Mitarbeitern besprochen und vereinbart. Das schafft notwendiges Vertrauen und stellt sicher, dass sich alle einbringen können. Es kann aber auch Anlässe geben, wo die Führung ohne Einvernehmen mit allen Mitarbeitern Ziele festlegen muss (beispielsweise unter Zeitdruck oder in Notlagen). Gerade in solchen Situationen zeigt sich das Verantwortungsbewusstsein von Führungskräften. In jedem Fall sollten mit allen Führungskräften und mit den wichtigsten Mitarbeitern jährlich Zielvereinbarungen geschlossen werden, die sich aus der Strategie ableiten lassen. Bewährt hat sich das gemeinsame Festlegen am Jahresanfang und eine gemeinsame Leistungsbeurteilung bzw. Standortbestimmung zwei- bis dreimal jährlich. Die Zielvereinbarung soll die **Resultatorientierung** verstärken und nicht eine Verhaltenssteuerung sein.

2. Organisieren und die Aufgaben der Mitarbeiter gestalten
Wenn die Ziele vorliegen, dann sind die Aufgaben der Mitarbeiter entsprechend zu strukturieren. **Organisieren** bedeutet in diesem Sinn nichts anderes als die Verbindung von Stellen bzw. Tätigkeiten mit Personen. Aus der Strategie leiten sich Ziele ab. Daraus ergeben sich Aufgaben für die einzelne Person und notwendige Veränderungen im Tätigkeitsfeld, der Stelle. Die Führung hat für die strategiekonforme Gestaltung der Aufgaben, Kompetenzen und Verantwortlichkeiten zu sorgen, damit Ergebnisse erreicht werden können.

Eine arbeitsteilige Organisation besteht aus Spezialisten. Dies ist im Sinn der Effizienz von Vorteil. Der Nachteil liegt im Fehlen der großen Perspektive, des Überblicks, des eigentlichen Zwecks einer Organisation. Die Herausforderung ist es, die Aufgaben so zu gestalten, dass die Produktivitätspotenziale durch Arbeitsteilung genutzt werden, gleichzeitig aber auch das Ganze gesehen wird. Das Resultat der Aufgabengestaltung ist die **strategieorientierte Stellenbeschreibung**. Bei der Ausformulierung sind als erstes die Bezeichnung der Stelle sowie der vorgesetzten und der stellvertretenden Stelle anzugeben. Damit ist die organisatorische Anbindung definiert. Die vorgesetzte Stelle verweist auf Hierarchie, Berichtsweg und die erste Entscheidungsinstanz. Als zweites sind Aufgaben, Kompetenzen und Verantwortlichkeiten darzulegen. Die Formulierung sollte den **Beitrag für das Ganze** hervorstreichen. Bewährt hat sich die Einleitung mit »Der Stelleninhaber sorgt für…«. Es geht nicht um eine Auflistung von Tätigkeitsmerkmalen, sondern um die resultatorientierte Beschreibung der Aufgaben, die zu einem großen Teil aus der Strategie ableitbar sind. Der Zeitaufwand für die einzelnen Aufgaben ist grob abzuschätzen, damit eine Selbstkontrolle und gegebenenfalls eine Anpassung der Stelle erfolgen können. Bewährt hat sich auch ein zeitlicher Puffer im Ausmaß von zehn bis zwanzig Prozent für Unvorhergesehenes, Sonderaufgaben oder Projekte. Drittens sind noch Geltung und Inkraftsetzung festzuschreiben und mit den Unterschriften des Stelleninhabers und des Vorgesetzten offiziell zu machen.

Strategieorientierte Stellenbeschreibung — Werkzeug

1. Organisatorische Anbindung

Bezeichnung der Stelle:	**Stelleninhaber:**
Bezeichnung der vorgesetzten Stelle:	**Vorgesetzter:**
Bezeichnung der stellvertretenden Stelle:	**Stellvertreter:**

2. Aufgaben, Kompetenzen, Verantwortlichkeiten

Nr.	**Der Stelleninhaber sorgt für...**	**Aufwand in %**
1		
2		
3		
4		
5		
6		
7		

3. Geltung

Die vorliegende Stellenbeschreibung gilt ab dem Tag der beidseitigen Unterzeichnung. Sie gibt den aktuellen Stand des Aufgabenbereiches wieder.

(Datum, Vorgesetzter)	(Datum, Stelleninhaber)

Strategieorientierte Stellenbeschreibung	**Beispiel Komponenten-Industrie**

Ein Hersteller von Komponenten für maschinelle Anzeigen hat seine Strategie verändert. Für die Umsetzung muss unter anderem das Aufgabenprofil der Servicetechniker ausgebaut werden. Bislang hat es sich hier um eine rein technische Dienstleistung gehandelt. Künftig werden Servicetechniker verstärkt Vertriebsaufgaben übernehmen.

1. Organisatorische Anbindung

Bezeichnung der Stelle:	**Stelleninhaber:**
Servicetechniker	M. Peters
Bezeichnung der vorgesetzten Stelle:	**Vorgesetzter:**
Leiter Servicetechnik	O. Hein
Bezeichnung der stellvertretenden Stelle:	**Stellvertreter:**
Montagetechniker (wenn kein Servicetechniker vorhanden sein sollte)	P. Voss

2. Aufgaben, Kompetenzen, Verantwortlichkeiten

Nr.	**Der Stelleninhaber sorgt für...**	**Aufwand in %**
1	kompetenten Service im Sinn des Kundenauftrages und der Spezifikation	30%
2	klare, transparente Planung des Service, insbesondere: Routen- und Zeitplanung, Spezifikationen (ab Umsatzwert größer 3.000 Euro), Materialien- und Werkzeugdisposition	10%
3	kompetente Beratung des Kunden (bzgl. Service, vorbeugender Maßnahmen) und Aufbau eines persönlichen Kundenkontaktes	10%
4	Vertrieb von Einzelkomponenten entsprechend Verkaufsplanung (vgl. jährliche Zielvereinbarung und regionale Absatzplanung)	15%
5	Vertrieb von Systemlösungen entsprechend Verkaufsplanung (vgl. jährliche Zielvereinbarung und regionale Absatzplanung)	15%
...	...	...

3. Geltung

Die vorliegende Stellenbeschreibung gilt ab dem Tag der beidseitigen Unterzeichnung. Sie gibt den aktuellen Stand des Aufgabenbereiches wieder.

(Datum, Vorgesetzter)	(Datum, Stelleninhaber)

Die Stellenbeschreibung konkretisiert das **Aufgabenprofil** von Funktionen. Sie ist damit auch eine Basis für Jahresziele und ein Hebel für die Umsetzung. Durch die personenunabhängige Formulierung werden Standardisierung, Multiplizierbarkeit und Systematik sichergestellt. Bei der Erarbeitung einer Strategie sind die wichtigsten Stellenbeschreibungen zu prüfen und im Fall von deutlichen Veränderungen anzupassen. Dies ist viel wirksamer als das Aufmalen von Organigrammen. Allerdings sollte sparsam mit diesem Instrument umgegangen werden, um eine Bürokratisierung zu vermeiden. Bei lediglich kleinen Veränderungen der Aufgaben genügt es, wenn die Umsetzung durch die Zielvereinbarung sichergestellt ist.

3. Entscheiden und verantworten
Führung bedeutet nichts anderes als **Verantwortung für Resultate**. Verantwortung ist aber nur dann möglich, wenn auch selbst Entscheidungen[10] getroffen werden können. Ist eine Führungskraft in einer Organisation ohne jede Entscheidungskompetenz für alles verantwortlich, liegt ein schwerer Konstruktionsfehler vor. In einem solchen Fall muss schnellstens nachjustiert werden: Es geht um ein Gleichgewicht von Aufgaben, Entscheidungskompetenz und Verantwortung. Entscheidungen sind dann besonders relevant, wenn das Geschäft nicht so gut läuft wie gewünscht. Genau an diesem Punkt zeigen sich die guten und wirksamen Führungskräfte. Sie entscheiden und übernehmen Verantwortung. Wer sich in solchen Situationen vor Entscheidungen drückt oder die Verantwortung auf andere schiebt, gefährdet die Vertrauensbasis bei den Mitarbeitern und die Organisation als solche. Entscheiden bedeutet selbstverständlich nicht, dass eine Führungskraft alles zu sich »hoch delegiert«. Die besten Manager gestalten die Organisation und die Aufgaben der Mitarbeiter so, dass nur in Grundsatzfragen oben entschieden werden muss und möglichst viel dort festgelegt wird, wo der Kunde bzw. das Geschäft ist. Das heißt, dass die Mitarbeiter mehr Verantwortung und in diesem Sinn auch einen Vertrauensvorschuss bekommen. Selbstverständlich muss jede Führungskraft sicherstellen, dass sie immer wieder Feedback vom Mitarbeiter bzw. von den Kunden bekommt und das »vorgestreckte« Vertrauen zu keinem Zeitpunkt missbraucht wird.

Entscheiden und Verantworten braucht Instrumente. Die Maßnahmen einer Strategie, die Zielvereinbarung und letztlich auch die Stellenbeschreibung sind solche Werkzeuge. Hinzu kommt der Strategieprozess: Er dient der systematischen Entscheidungsfindung und der Sicherstellung von Verantwortung für Resultate. Dies sind die besten Kriterien zur Beurteilung eines solchen Prozesses.

4. Kontrollieren und beurteilen
Jede Führungskraft hat in regelmäßigen Zeitabständen die Leistungsfähigkeit seiner Organisation, seines Bereiches und der Mitarbeiter zu prüfen. Maßstab für das **Kontrollieren und Beurteilen** ist zu einem wesentlichen Teil die Strategie, die darin ausgewiesenen Anforderungen und die zu erzielenden Resultate. Eine gründliche Beurteilung der Situation, insbesondere der Resultate, und das Ergreifen von Verbesserungsmaßnahmen sind die wesentlichen Schritte. Der Kern des Wortes »kontrollieren« liegt damit in der Sicherstellung des versprochenen Ergebnisses. Die

wichtigsten Instrumente für das Kontrollieren und das Beurteilen sind Ziele und Ressourcenpläne, die Maßnahmen in Form der Zielvereinbarung und der Prozess des Strategiecontrollings.

In gewissen Teilen der Führungs- und Personalliteratur werden die Aufgaben »kontrollieren und beurteilen« fast schon dogmatisch angegriffen und als nicht mehr modern oder schädlich abgetan. Faktum ist, dass erstens Führung immer auch **Feedback** bedeutet, zweitens Kunden und Mitarbeiter seitens der Führung auch Feedback bekommen müssen und drittens keine Zielerreichung ohne Prüfung festgestellt werden kann. Ob diese Worte verwendet werden, hängt von der jeweiligen Kultur im Unternehmen ab. Die einen nennen es »monitoring«, die anderen »controlling« oder »Feedback-Prozess«. Die beste und ehrlichste Wortwahl ist diejenige, die klar beschreibt, worum es geht und die sich nicht in Fremdworte flüchtet. Kontrollieren und beurteilen sind nach wie vor die eindeutigsten Begriffe.

5. Für eine solide Arbeitsmethodik sorgen

Eine Organisation ist für Leistungen, für Resultate da. Letztlich zählt nicht der Input an Arbeitszeit, sondern der Output, das Ergebnis. Das ist die einzig realistische Orientierung für Organisationen und insbesondere für Führungskräfte. Es betrifft im Kern die Frage nach Wirksamkeit, d.h. um den richtigen Einsatz und um die laufende Perfektionierung der **Arbeitsmethodik**[11]. Gute Leistung wird häufig effektiven Teams zugeschrieben. Dies gilt aber nur bedingt. Die erste Voraussetzung für Leistungsfähigkeit liegt in der Führung der eigenen Person. Wirksame Führungskräfte beginnen beim Organisieren bei sich selbst und gehen dann erst auf die Organisation und die Mitarbeiter über. Sie überblicken die Tätigkeiten und den Fortschritt in der Leistungserbringung im Sinn der Strategie. Sie verfügen über ein wasserdichtes Ablagesystem und finden, was sie suchen. Sie haben zusätzlich ihren Terminkalender im Griff und beherrschen meisterhaft ihre persönlichen Arbeitsinstrumente wie etwa Ablagesysteme.

Die meisten Menschen überlassen ihre Arbeitsmethodik dem Zufallsprinzip. Weder in der Schule noch auf Lehrstellen oder Universitäten wird dieses Werkzeug gezielt vermittelt. Man muss ein wenig herumprobieren, um das eigene Arbeiten wirksam zu machen. Eine Führungskraft sollte auch die eigenen Mitarbeiter und die wichtigsten Prozesse regelmäßig auf Arbeitsmethodik überprüfen und Maßnahmen zur Verbesserung einleiten. Dies ist die beste Voraussetzung für **Umsetzungsstärke** und für die Realisierung einer Strategie.

Arbeitsmethodik	Checkliste
Grundsatz	**Fragestellungen**
1. den Auftrag aus der Strategie kennen und den eigenen Beitrag in Resultaten ableiten	• Welches Ergebnis muss bis wann vorliegen? • Über welche Aufgaben und Meilensteine ist es zu erreichen? • Was können andere – im Sinn des Delegationspotenzials – viel besser?
2. Wesentliches von Unwesentlichem unterscheiden	• Was kann weggelassen werden – ohne dass die Strategie bzw. das laufende Geschäft gefährdet werden? • Wo genau liegt der eigene Beitrag? Wo ist dieser unverzichtbar? • Was muss zeitlich zusammenhängend erledigt werden?
3. Input-Verarbeitung überprüfen	• Wie dominant sind Telefon, Post, Fax, Mail? • In welchem Ausmaß kann und will man sich stören lassen? • Wie können eingehende Informationen wieder auffindbar abgelegt werden?
4. Leistungskurven kennen und nutzen	• Wann ist die Leistungsfähigkeit besonders hoch, wann niedrig? • Wie sieht die typische Tagesverfassung aus? • Wie muss die Arbeitszeit getaktet sein?
5. Werkzeuge verwenden	• Mit welchen Hilfsmitteln kann die Arbeit wirksam gestaltet werden? • Wie ist die persönliche Agenda zu verwenden? • Wie wird man von Sekretariaten oder vom Büro unabhängig?
6. andere Menschen beobachten und von ihnen lernen	• Was kann von wirksamen Menschen abgeschaut werden? • Wie arbeiten und was tun wirksame Menschen? • Welche Methoden bzw. Werkzeuge verwenden sie?

6. Strategiewerkzeuge verwenden

Die Umsetzung der genannten Aufgaben hängt von der professionellen Verwendung von **Strategiewerkzeugen** ab. Damit erhält Management eine zusätzliche Perspektive – nämlich die eines Handwerks. In jedem Handwerk gibt es Werkzeuge und so auch bei der strategischen Führung. Die wichtigsten sind in beiliegender Liste zusammengefasst und orientieren sich an den Aufgaben für Führungskräfte.

Aufgaben und Werkzeuge für Führungskräfte beim Umsetzen einer Strategie — **Checkliste**

Aufgaben für Führungskräfte	Strategiewerkzeuge
1. für Ziele sorgen	Strategieprozess, Leitbild bzw. Leitplanken, Sofortmaßnahmen (aus der Beurteilung der Ausgangslage), Stoßrichtungen, Maßnahmen aus der Geschäfts-/Unternehmens-/Funktionalstrategie, Zielvereinbarung
2. organisieren und die Aufgaben der Mitarbeiter gestalten	Wertkette, Moments of Truth, Geschäftsmodell, Anforderungen an die Funktionen aus der Geschäftsstrategie, Zielvereinbarung, Stellenbeschreibung, Projektmanagement
3. entscheiden und verantworten	Segmentierung, Kundennutzen, Wertkette, systematische Müllabfuhr, Stoßrichtungen, Geschäfts-/Unternehmens-/Funktionalstrategie, Risikoprofil, Zielvereinbarung, Stellenbeschreibung, Strategiecontrolling
4. kontrollieren und beurteilen	Segmentierung und Marktcockpit, Sofortmaßnahmen, strategische Herausforderungen, Maßnahmen aus der Geschäfts-/Unternehmens-/Funktionalstrategie, Zielvereinbarung, Strategiecontrolling, Projektmanagement
5. für eine solide Arbeitsmethodik sorgen	Strategieprozess, Checkliste Arbeitsmethodik, Projektmanagement

Die Erfüllung der angesprochenen **Aufgaben für Führungskräfte** ist nicht sonderlich spektakulär und gilt sowohl für Non-Profit- als auch für For-Profit-Organisationen. Auch erfordern die Aufgaben kein »Genie«, besondere Kreativität oder angeborene Fähigkeiten. Vielmehr haben sie etwas mit konsequenter Umsetzung, Disziplin und Konzentration zu tun. Sie sind lernbar und gehen schließlich in Erfahrung über. Daher ist Führung keine Kunst, sondern ein Handwerk im Dienst der Strategieumsetzung.

19 Projektmanagement als Hebel für die Umsetzung

Die Umsetzung einer Strategie besteht zu einem nicht unbeträchtlichen Teil aus Projekten. In einer Geschäftsfeld- oder Funktionalstrategie sind beispielsweise Schlüsselmaßnahmen festgeschrieben, die in sich keine Maßnahme, sondern ein Projekt bilden. Wenn etwa ein Vertriebsbüro in einer Region zu errichten ist, so steht dies in einer Zeile der Maßnahmenliste und in den Ressourcenplänen. Die Errichtung und das Aufnehmen des Betriebs erfordern aber professionelles **Projektmanagement** als Hebel für die Umsetzung[12]. In der Praxis sind viele Mitarbeiter und Führungskräfte bei der Strategieumsetzung mit Projekten betraut und auf die Projektmethode angewiesen. Drei Anknüpfungspunkte gibt es, damit Projekte Wirkung zeigen.

1. *Orientierung an Projektphasen,*
2. *Projektauftrag als Kern der Umsetzung,*
3. *Multiprojekt-Management als Steuerungsinstrument.*

Auch für das Thema Projektmanagement gilt, dass es sich um keine komplizierte Angelegenheit handelt. In fast allen Fällen werden keine anspruchsvollen Netzpläne, Projektmanagement-Software oder monatelange Projektausbildung benötigt. Wirksamkeit im Projektmanagement beginnt bei der **Methodik**, bei den Projektphasen, bei der Erarbeitung wasserdichter Projektaufträge und im professionellen Steuern von vielen Projekten

1. Orientierung an Projektphasen
Es gibt insgesamt vier Phasen in einem Projekt, um Resultate zu erreichen. Die Grundlogik dieser **Projektphasen**[13] ist völlig unabhängig davon, wie groß oder kompliziert das Projekt ist. Projekte sind so verschieden wie die einzelnen Organisationen, in denen sie durchgeführt werden. Trotzdem gibt es einen gemeinsamen Kern aller Projekte – die Projektphasen. Jedes Projekt muss diese Phasen durchlaufen und die Reihenfolge einhalten. Fehlen Projektphasen, wird die Projektarbeit schwierig und letztlich das Projektziel gefährdet.

Der erste Teil besteht aus **Projektstart** und **Projektauftrag**. Am Beginn eines Projektes wird das Projektziel festgehalten. Dieses ergibt sich aus der Strategie oder dem Strategiecontrolling, meistens in Form einer Schlüsselmaßnahme. Die Herausforderung besteht in einer Abgrenzung des Problems und in einer Konkretisierung in Form eines Projektzieles. Anschließend beginnt der fast wichtigste Schritt bei der Erarbeitung eines Projektes – der Projektauftrag. Dort sind Ausgangslage, Zielsetzung, Kunden, Arbeitsschritte, Ressourcen usw. zusammengefasst.

Als zweites werden **Projektanalyse** und **Projektplanung** durchgeführt. Die Grundlagen sollten bereits bei der Erarbeitung der Ausgangslage vorliegen. Fehlen Elemente, so können die gängigen Analysewerkzeuge verwendet werden, wie etwa Marktcockpit, Kundennutzen, Wertkette oder SWOT. Nach der Analyse ist der Projektplan zu erarbeiten, d.h. die Haupt- und Teilaufgaben, der zeitliche Projektablauf und die Verantwortlichkeiten zur Umsetzung. Dies ist zugleich auch Kern der Projektorganisation. Das Herausfordernde in der Projektanalyse und in der Projektplanung sind nicht die verwendeten Instrumente. Sehr viele Tools sind bereits erfunden und zu viele verkomplizieren ein Projekt, anstatt Klarheit zu schaffen. Entscheidend ist der Schritt vom Ziel bis hin zu einer logisch und zeitlich richtigen Folge von Arbeits- und Aufgabenschritten, die in eines münden: Verantwortung und Umsetzung.

In der dritten Phase erfolgen **Projektumsetzung** und **Projektabschluss**. Aus den vorigen Phasen liegen die Grundlagen für die Umsetzung bereits vor: Umsetzungsschritte, Zeitplan und Verantwortlichkeiten sind definiert. In dieser Phase geht es nicht um Inspiration und Kreativität, sondern um Konzentration auf die Maßnahmen, Disziplin und Feedback. Gerade an der Qualität der Umsetzung zeigt sich, ob die Projektleitung kompetent arbeitet. Gleiches gilt auch für den Projektabschluss. Die Projektergebnisse sind während der Umsetzung an die strategieverantwortliche Führungskraft zu melden. Dies kann durch einen Projektabschlussbericht oder durch ein Übergabeprotokoll erfolgen.

Viertens geht es um die **Projektsteuerung**. Diese ist notwendig, damit ein Projekt auf Kurs bleibt und die Resultate in gewünschter Zeit und Produktivität erbringt. Aus diesem Grund fängt die Steuerung bereits bei Projektstart an und hört erst nach dem Abschluss auf. Je sauberer die Phasen aufgesetzt wurden, umso einfacher ist die Projektsteuerung zu bewerkstelligen. Insbesondere geht es um die klare Erarbeitung des Projektauftrags, um Controlling-Termine während der Umsetzung und um die Sicherstellung eines sauberen Abschlusses.

Jedes Projekt besteht aus vier Projektphasen. Die Grundlogik dieser Phasen ist bei allen Projekten dieselbe – unabhängig davon, ob es sich um große, kleine, komplizierte oder einfache Projekte handelt. Die Projektleitung stellt von Anfang an sicher, dass die einzelnen Phasen eingehalten werden und schafft somit die besten Voraussetzungen für die **Umsetzung**. Nachfolgend findet sich eine Darstellung der Projektphasen. Diese kann als Orientierungsraster für die Projektleitung verwendet werden.

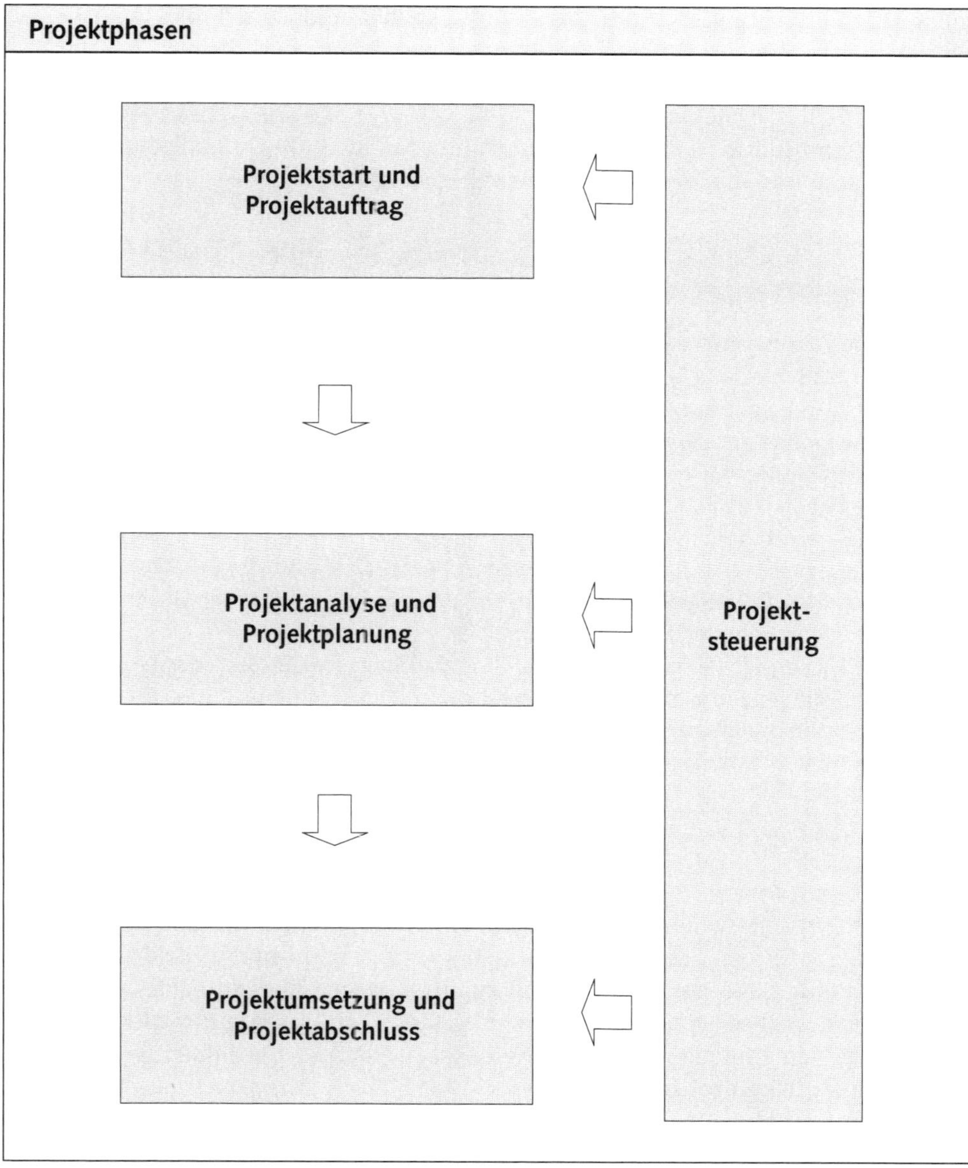

2. Projektauftrag als Kern der Umsetzung
Jedes Projekt startet mit dem **Projektauftrag**[14]. Dieser zwingt dazu, schon frühzeitig an die wichtigsten Inhalte zu denken und ein Projekt vorzustrukturieren. Drei Grundsätze sind zu beachten. Erstens soll ein Projektauftrag immer schriftlich formuliert sein. In vielen Fällen genügen zwei bis maximal drei Seiten. Schriftlichkeit zwingt dazu, Wichtiges klar herauszustreichen und zusammenzufassen. Zweitens

muss jeder Projektauftrag vom Projektauftraggeber und vom Projektleiter unterschrieben sein. Mit der Unterzeichnung wird aus einem schriftlichen Plan ein Auftrag mit Verantwortung. Drittens ist ein professionell gemachter Projektauftrag die beste Form eines **Projektsteckbriefes**, weil sich dort alle relevanten Informationen finden. Ein unbedarfter Leser sollte binnen fünf Minuten die wesentlichen Eckpunkte, die Inhalte und das methodische Vorgehen verstanden haben.

Elemente im Projektauftrag — **Checkliste**

1. eine Zusammenfassung der Ausgangs-/Problemlage,
2. die Festschreibung des Projektzieles und der Teilziele,
3. die Klärung des Nutzens für Kunden und für das Unternehmen,
4. eine grobe Darstellung der wichtigsten Projektphasen mit den wichtigsten Terminen (»Meilensteine»),
5. die Listung aller vom Projekt betroffenen Organisationen und Institutionen (Lieferanten, Abnehmer, externe Institutionen),
6. eine grobe Mittelschätzung (Kosten der Arbeitszeit, Infrastruktur),
7. eine kurze Darstellung der Projektorganisation, der entsprechenden Sitzungen und der wichtigsten Entscheidungsgremien,
8. die wichtigsten Personen im Projekt: Projektauftraggeber, Projektleiter, Projektschriftführer, Projektsprecher, externe Experten etc.,
9. eine Unterschriftenzeile für den Projektauftraggeber und für den Projektleiter,
10. ein Verweis, wer über das Projekt und über den Projektauftrag informiert werden muss.

Ein Projektauftrag ist eine Strategie für ein Projekt im Kleinen. Es gibt keine bessere Voraussetzung für den Start eines Projektes als ein präziser und griffiger Projektauftrag. Alle Punkte, die zur Planung und zur Umsetzung eines Projektes wesentlich sind, werden im Projektauftrag zusammengefasst. Die Projektaufträge können daher auch in den Anhang einer Strategie gegeben werden und bilden so eine Basis für das **Strategiecontrolling**.

Projektauftrag	Werkzeug (1)
Projekt:	
Projektauftraggeber:	
Projektleiter:	
Datum:	
1. Problemlage, Ausgangslage, Situationsanalyse	
2. Projektziel und Teilziele	
3. Nutzen für Kunden und Nutzen für das Unternehmen	
4. Phasen im Projekt	
5. Anfang- und Endtermin plus wichtige Zwischentermine (Meilensteine)	

Projektauftrag	Werkzeug (2)
6. benötigte Mittel/Budget zur Projektplanung und zur Projektumsetzung	
7. vom Projekt betroffene Organisationen/Institutionen	
8. Personen im Projekt (Auftraggeber, Leiter, Schriftführer, Sprecher, externe Experten...)	
9. Projektorganisation/Sitzungstakt/Entscheidungsgremien	
10. Genehmigung	
Projektauftraggeber Datum und Unterschrift	Projektleiter Datum und Unterschrift
11. Kommunikation/Information an	

Projektauftrag	Beispiel Lebensmittel-Einzelhandel (1)

Ein Handelsunternehmen setzt seine Strategie um. Unter dem Stichwort der Produktivität ist eine Schlüsselmaßnahme festgelegt worden, das Intranet deutlich zu verbessern. Diese Schlüsselmaßnahme wird aufgrund ihrer »Mächtigkeit« als Projekt behandelt.

Projekt:	Profi-Intranet
Projektauftraggeber:	Wörner
Projektleiter:	Scheer
Datum:	08.01.200x

1. Problemlage, Ausgangslage, Situationsanalyse

- Der vorhandene Medienmix des Unternehmens entspricht auf Konsumentenseite den Markterfordernissen.
- Bezüglich Lieferanten und nach innen existieren nur folgende Medien: Papier, interne Mitteilungen, Mail, Informationswände und Informationsveranstaltungen.
- Der Kommunikationsaufwand zu Lieferanten und nach innen ist beträchtlich (geschätzte 14.000 Stunden pro Jahr an Doppelspurigkeiten, überflüssiger Kommunikation, Mehraufwand zur Kommunikation mit Lieferanten).
- Typische Probleme in der Kommunikation:
  - zu breite Streuung der Information/zu geringe »Treffsicherheit« der Information,
  - keine Rückmeldung, ob Information angekommen ist,
  - zu langsamer Informationsfluss,
  - unzureichende und unvollständige digitale Anbindung der Zwischenhändler und Märkte,
  - zu geringe Nutzung der bestehenden Technologie und Zweckentfremdung der vorhandenen Medien,
  - keine durchgängigen Verantwortlichkeiten für die Kommunikation im Unternehmen.

2. Projektziel und Teilziele

Projektziel:
Ziel ist es, ein inhaltliches und technisches Modell für ein Intranet vorzulegen.
Dieses Modell wird bis 31.08. umgesetzt.

Projektteilziele (siehe gesonderte Beschreibungen):
- Modul »Inhalte, Zielgruppen und Zugriff«
- Modul »Formate und Struktur«
- Modul »Pflege«
- Modul »Lieferanten«
- Modul »Integration in den Medienmix«
- Modul »Einbindung der Zwischenhändler und Märkte«
- Modul »Wirtschaftlichkeit und Machbarkeit«

Projektauftrag	Beispiel Lebensmittel-Einzelhandel (2)

3. Nutzen für Kunden und Nutzen für das Unternehmen

- Nutzen für Kunden (Lieferanten, Zwischenhändler, Märkte):
  Information auf einen Blick, Strukturierung der Informationsströme, Vermeidung von Doppelspurigkeiten, schnelle Information, rasche Beauftragung
- Nutzen für das Unternehmen (Mitarbeiter, Geschäftsleitung):
  Transparenz, Vermeidung von Doppelspurigkeiten, schnellere Information, Einsparung (Zeit und Papier), durchgängiges elektronisches Ablagesystem über Intranetfunktionen (Dokumentation, Nachverfolgung…)

4. Phasen im Projekt

- Verfahrensidee
- Ist-Analyse
- Grobkonzept
- Feinkonzept
- Start der Umsetzung
- Ende der Umsetzung

5. Anfang- und Endtermin plus wichtige Zwischentermine (Meilensteine)

Projektstart: 10.01.
- Verfahrensidee: 31.01.
- Ist-Analyse: 28.02.
- Grobkonzept: 31.03.
- Feinkonzept: 30.06.
- Start der Umsetzung: 01.08.

Ende der Umsetzung: 31.08.

6. benötigte Mittel/Budget zur Projektplanung und zur Projektumsetzung

Personal-/Beratungsaufwand bis 01.08.:
- 5 Projektmitglieder mit ca. 250 Stunden: 1.250 Stunden, d.h.: ca. 100.000 €
- 1 externer Berater: ca. 25.000 €

Technischer Aufwand bis 01.08.:
- Gemäß detaillierter Auflistung: 50.000 € bis zum Start der Umsetzung

Eine detaillierte Mittelschätzung für die Umsetzung (nach 01.08.) kann erst im Feinkonzept ausgewiesen werden. Es ist nicht unter 150.000 € zu rechnen.

Projektauftrag	Beispiel Lebensmittel-Einzelhandel (3)
7. vom Projekt betroffene Organisationen/Institutionen	
• Lieferanten • Märkte/Zwischenhändler • Zentrale DV • Einkauf/Vertrieb • Geschäftsleitung	
8. Personen im Projekt (Auftraggeber, Leiter, Schriftführer, Sprecher, externe Experten...)	
• Auftraggeber: Wörner • Projektleiter: Scheer • Schriftführer Dokumentation/Pflege der Unterlagen: Bosch • Projektmitarbeiter: Andres, Kohn, Waldmüller • Externer Berater: Firma XY • Entscheidungsausschuss: Mitglieder der Geschäftsleitung	
9. Projektorganisation/Sitzungstakt/Entscheidungsgremien	
• Sitzungstakt Projektleiter und Projektmitarbeiter: erster und dritter Montag im Monat, 14.00 bis 18.00 im Besprechungszimmer 102 • Entscheidungsausschuss: jeden ersten Dienstag im Monat, 08.30 bis 10.00	
10. Genehmigung	
Projektauftraggeber (Wörner) Datum und Unterschrift	Projektleiter (Scheer) Datum und Unterschrift
11. Kommunikation/Information an	
• Mitglieder GL/Gesamtverantwortlicher Strategie/Strategiekreis • Lieferanten (insbesondere Verweis auf Mitarbeit) • Zwischenhändler und Märkte (insbesondere Verweis auf Gestaltung Lastenheft) • Zentrale DV • Einkauf, Vertrieb (insbesondere Verweis auf Mitarbeit, Gestaltung Lastenheft)	

3. Multiprojekt-Management als Steuerungsinstrument

Bei der Umsetzung von Strategien laufen typischerweise mehrere Projekte gleichzeitig. Die Führung steht daher vor der Herausforderung, nicht operativ in allen Projekten mitzuarbeiten, aber trotzdem alle Projekte unter Kontrolle zu halten. Die Steuerung von vielen Projekten ist das Ziel im **Multiprojekt-Management**[15]. In den bisherigen Ausführungen stand immer das einzelne Projekt im Vordergrund. Analyse, Beauftragung, Planung, Umsetzung und Steuerung galten dem Ziel, ein Projekt zum Erfolg zu führen. Im Multiprojekt-Management erweitert sich die Perspektive auf die erfolgreiche Umsetzung von vielen Projekten. Hierfür haben sich in der Praxis einige Grundsätze bewährt.

Erstens geht es um das Notieren aller Projekte und »Baustellen« in der Organisation, die mit der Strategie direkt oder indirekt zu tun haben, bislang aber nicht im Strategieprozess einbezogen gewesen sind. Folgende Fragen sind zu stellen: Welche strategierelevanten Projekte gibt es derzeit offiziell in unserer Organisation? Welche Projekte sind in der Vergangenheit einmal begonnen worden und noch nicht abgeschlossen? Welche größeren und zusammenhängenden Aktivitäten laufen zur Zeit, die zwar nicht offiziell als Projekt geführt werden, trotzdem aber wichtig sind und Ressourcen binden? Die Projekte sind in einer **Projektliste** festzuhalten und mit Status bzw. Ressourcen zu versehen.

Zweitens erfolgt eine **systematische Müllabfuhr**. Auf dieser Grundlage sind diejenigen Projekte auszuwählen, die einen echten Beitrag zur Strategieumsetzung leisten. Alles andere ist konsequent einzustellen oder in die Linienverantwortung zu übertragen. Es empfiehlt sich generell und unabhängig von einer Strategie, ein bis zwei Mal pro Jahr eine solche »Entschlackungskur« zu machen. Die Organisation wird dadurch wieder fit, schlagkräftig und setzt ihre Ressourcen dort ein, wo Nutzen für Kunden entsteht.

Drittens sind projektbezogene Steuerungsinstrumente konsequent zu verwenden. Folgende **Projektwerkzeuge** erleichtern die Arbeit und damit das Ansteuern von Ergebnissen: Projektauftrag mit den entsprechenden Zielsetzungen, Ressourcenpläne, Projektübergabeprotokoll und Projektabschlussbericht. Es ist nicht das Ziel, eine Berichtsbürokratie aufzubauen. Ein Qualitätskriterium von gutem Multiprojekt-Management besteht gerade darin, pro Projekt in drei bis fünf Seiten einen kompletten Überblick zu haben. Damit werden auch die »Schriftsteller« unter den Projektleitern gezwungen, präzise und kurze Berichte zu liefern.

Viertens wird Überblick über alle Projekte mit einer **Projektlandkarte** hergestellt. Projekte sind nicht statisch, sie bewegen sich. Es bewährt sich, von Zeit zu Zeit alle Projekte auf einer solchen Projektlandkarte einzutragen und die Entwicklung zu verfolgen. Damit wird ein Überblick über alle Projekte und die Sicht auf das Ganze erreicht. Der Projektfortschritt kann geprüft werden und letztlich erfolgt eine Priorisierung von Projekten bei Ressourcenknappheit. Struktur und Tiefe der Projektlandkarte können sehr unterschiedlich sein und hängen immer von der jeweiligen Situation ab. Bewährt hat sich in vielen Fällen eine Landkarte mit zwei Dimensionen. Eine bewertet die Bedeutung des Projektes (niedrig, mittel, hoch). Die andere bestimmt den Fortschrittsgrad des Projektes (Analyse/Planung, Umsetzung, Zielerreichung). Zusätzlich kann mit Hilfe einer einfachen Projektliste ein guter inhaltlicher Überblick gegeben werden.

Projektmanagement erfordert keine komplizierten Verfahren von Projektauditing, Input-Output-Matrix, Priorisierungs-Kombinatorik oder filigrane Projektportfolios. Einige wenige Grundkonzepte genügen zur erfolgreichen Steuerung und Umsetzung von Projekten. Alle Methoden und Werkzeuge müssen den Überblick sicherstellen und eine Entscheidungsgrundlage liefern. Erfahrene Führungskräfte reservieren sich für die Projektsteuerung fixe Zeiten im Kalender. Hierdurch kommen sie ihrer Verantwortung nach und üben auch einen gesunden Druck auf Projektauftraggeber und Projektleiter aus. Damit wird Projektmanagement zu einem Hebel für die **Umsetzung** der der Strategie.

Projektlandkarte — Werkzeug

Status im Projekt

Zielerreichung			
Umsetzung			
Analyse/Planung			
	niedrig	**mittel**	**hoch**

Bedeutung des Projektes

Kreisgröße: gebundene Ressourcen (Manntage und Kapital)

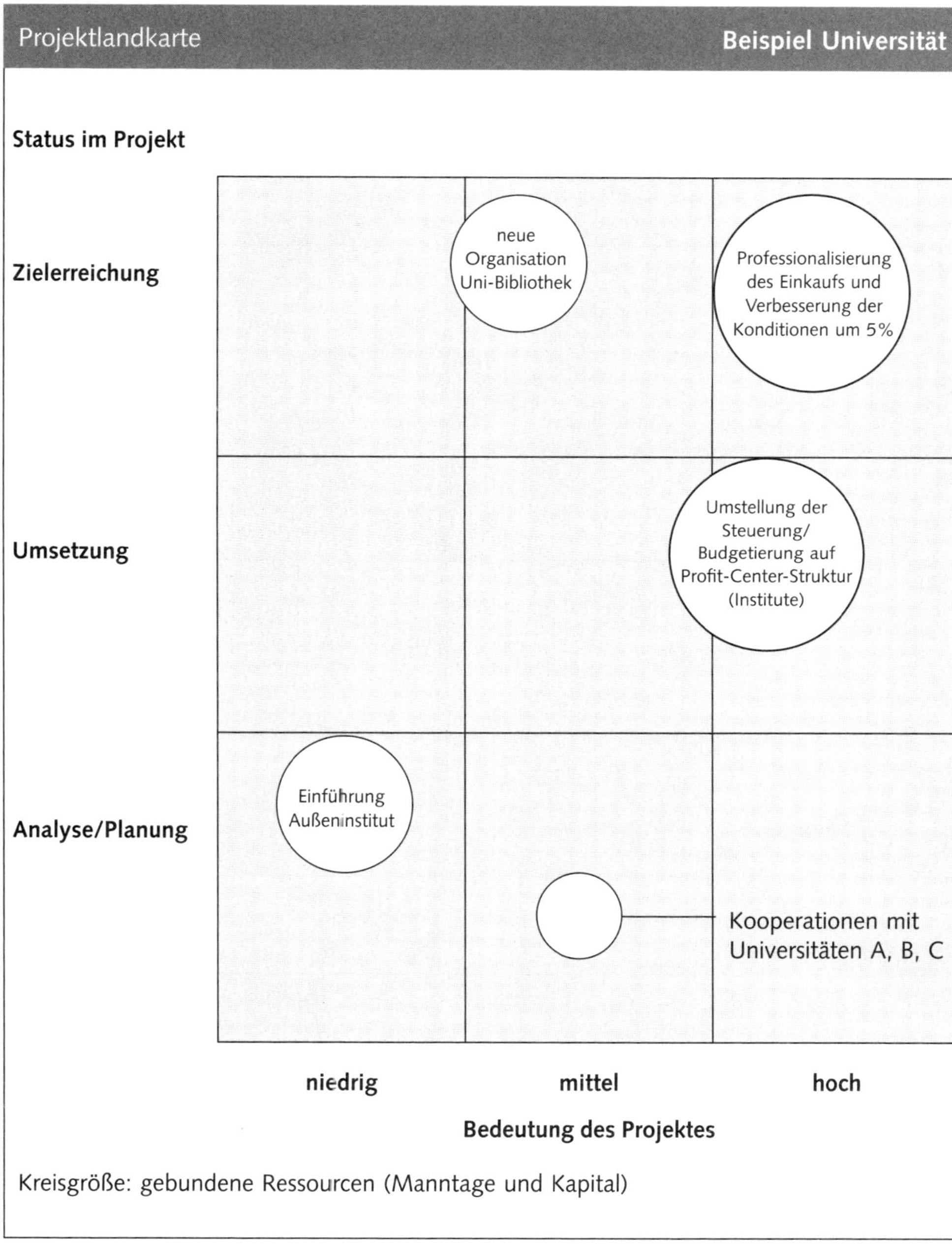
Projektlandkarte
Beispiel Universität
Status im Projekt
Zielerreichung
Umsetzung
Analyse/Planung
neue Organisation Uni-Bibliothek
Professionalisierung des Einkaufs und Verbesserung der Konditionen um 5%
Umstellung der Steuerung/ Budgetierung auf Profit-Center-Struktur (Institute)
Einführung Außeninstitut
Kooperationen mit Universitäten A, B, C
niedrig
mittel
hoch
Bedeutung des Projektes
Kreisgröße: gebundene Ressourcen (Manntage und Kapital)

Projektliste						Werkzeug
Nr.	**Projekt**	**Status**	**Beteiligung**	**Bedeutung**	**Ressourcen**	**Projektleiter**
1						
2						
3						
4						
5						
6	.					
7						

Erläuterungen/Kürzel:

Status	A = Analyse/Planung U = Umsetzung Z = Zielerreichung	Bedeutung	+ = hohe Bedeutung * = durchschnittliche Bedeutung – = niedrige Bedeutung
Beteiligung		Ressourcen	+ = hoher Einsatz * = durchschnittlicher Einsatz – = niedriger Einsatz

Projektliste	Beispiel Universität

Eine Universität führt die strategierelevanten Projekte in Form einer einfachen Projektliste. Diese Liste wird bei jedem Strategiekreis vorgelegt und dient der Fortschrittskontrolle.

Nr.	Projekt	Status	Beteiligung	Bedeutung	Ressourcen	Projektleiter
1	Umstellung der Steuerung/Budgetierung auf Profit Center Struktur (Institute)	U	U, I, M	+	+	Eller
2	neue Organisation Uni-Bibliothek	Z	U	*	*	Hohner
3	Professionalisierung des Einkaufs und Verbesserungen der Konditionen um 5%	Z	U, I	+	+	Rainer
4	Einführung Außeninstitut	A	U	-	*	Hofer
5	Kooperationen mit Universitäten A, B, C	A	U, I	*	-	Bauer

Erläuterungen/Kürzel:

Status	A = Analyse/Planung U = Umsetzung Z = Zielerreichung	Bedeutung	+ = hohe Bedeutung * = durchschnittliche Bedeutung – = niedrige Bedeutung
Beteiligung	U = Universität gesamt I = Institute M = Ministerium	Ressourcen	+ = hoher Einsatz * = durchschnittlicher Einsatz – = niedriger Einsatz

20 Change-Management für die Strategieumsetzung

Die Methodik der Strategieentwicklung gilt für jede Branche und jede Art von Organisation. Ebenso verhält es sich mit dem wichtigsten Prinzip: mit der Ausrichtung auf Resultate. Es gibt im Wesentlichen fünf Faktoren, welche die Veränderungsfähigkeit und die Umsetzungsstärke[16] nachhaltig beeinflussen.

1. *Vermittlung von Sinn und Verdeutlichung der Notwendigkeit einer Strategie,*
2. *Kompromisslose Resultatorientierung und Spürbarkeit der Veränderung,*
3. *Methodische Kompetenz in der Führung des Strategieprozesses,*
4. *Bildung einer Koalition für Umsetzung und Veränderung,*
5. *Vorbildwirkung der Führungskräfte und Vertrauen.*

Neudeutsch werden diese Faktoren gerne mit »**Change**«, »Management of Excellence« und Ähnlichem bezeichnet. Diese Titulierungen sind nebensächlich und maximal akademisch interessant. Viel wichtiger ist, dass sich die Führung einer Organisation an diesen Prinzipien orientiert und in die Strategieentwicklung einbaut. Letztlich geht es beim Thema Strategie um die Frage, ob die sechs **Schlüsselgrößen**[17] verstärkt werden und zu Wettbewerbsvorteilen führen: Marktstellung, Innovationsleistung, Produktivitäten, Attraktivität für gute Leute, Liquidität und das Gewinn-Erfordernis. Anhand der Schlüsselgrößen wird ersichtlich, ob Change-Management erfolgreich war oder nicht.

1. Vermittlung von Sinn und Verdeutlichung der Notwendigkeit einer Strategie
Gemeinsam mit dem Leitbild bildet die Strategie die Konkretisierung des Geschäftszwecks. Der Geschäftszweck wiederum ist nichts anderes als die Verdeutlichung der Existenzberechtigung einer Organisation. Diese besteht darin, einen Nutzen für Kunden zu stiften und dies besser zu tun als der Wettbewerb. Die Leistung und die Leistungsfähigkeit[18] bilden den **Sinn** einer Organisation und nicht Geldgrößen oder die Interessen einzelner Anspruchsgruppen, wie etwa Eigentümer, Management oder Mitarbeiter. Dieser Sinnbezug ist die beste Grundlage für Motivation und Einsicht in die Veränderung.

Erarbeitung und Umsetzung einer Strategie gelingen nur dann, wenn die Beteiligten eine entsprechende Einsicht in die **Notwendigkeit einer Strategie** haben. Das Motto »die Betroffenen zu Beteiligten machen« gilt uneingeschränkt. Allerdings besteht die noch größere Herausforderung darin, die »Beteiligten zu Betroffenen« zu machen. Einsicht und Verständnis sind eine entscheidende Voraussetzung und ein produktiver »Nährboden« für die Umsetzung und für das gemeinsame Erreichen von Zielen. Dies ist besonders dann relevant, wenn die ersten Probleme auftauchen oder viel von der Mannschaft abverlangt wird. Eine wesentliche Voraussetzung liegt darin, dass Sinn und Notwendigkeit der Veränderung klar kommuniziert werden. Bewährt hat sich etwa eine saubere und nüchterne Darstellung der Ausgangslage und der künftigen Herausforderungen. Die frühzeitige Identifizierung und Einbindung der Meinungsbildner ist eine weitere wesentliche Voraussetzung für zielgerichtete Kommunikation.

2. Kompromisslose Resultatorientierung und Spürbarkeit der Veränderung
Wenn es ein Kriterium für die Güte einer Strategie gibt, dann sind es Resultate. Jeder noch so gute methodische Ansatz und die besten inhaltlichen Aussagen sind nutzlos, wenn sie nicht umgesetzt werden. **Resultatorientierung**[19] leitet die Ausgestaltung des Strategieprozesses, die Wahl der Werkzeuge und das Strategiecontrolling. Im einen Fall geht es um eine Maßnahmenliste am Ende einer Sitzung, in einem andern um das Einbauen von wichtigen Vorhaben in eine Zielvereinbarung. Die rechtzeitige Einbeziehung der umsetzungsverantwortlichen Mitarbeiter und Führungskräfte erleichtert das Ansteuern von Ergebnissen, weil breite Akzeptanz vorhanden ist. Resultatorientierung heißt, dass nicht die Inputfaktoren eine Rolle spielen, sondern ausschließlich der Output, also das Ergebnis. Der Input sind alle Einsatzgrößen für eine Leistung. Überstunden, Stress, lange Sitzungen – all das gibt es und eine gute Organisation lässt solche Erscheinungen möglichst selten auftreten. Am Schluss zählen aber nicht diese Inputfaktoren, sondern nur das Resultat für den Kunden.

Kompromisslose Resultatorientierung und Spürbarkeit der Veränderung — Checkliste

1. Klare und unmissverständliche Ziele (Eckwerte, Positionierung, Mittel, Maßnahmen)
2. Anknüpfung der Ziele an die Schlüsselgrößen
3. Strategie als Basis für Jahresziele
4. Strategie als Grundlage für Leistungsbeurteilung der Führungskräfte und Mitarbeiter
5. Ableitung der Führungsaufgaben aus der Strategie
6. Vorgaben für Funktionen, Regionen, Leistungseinheiten und Schlüsselprozesse als wesentlicher Teil der Strategie und der Umsetzung
7. Vorgaben für Führungskräftebedarf und Personalentwicklung

Umsetzung und Veränderung werden dann am besten spürbar, wenn ein Resultat vorliegt. Die Gefahr bei Veränderungsprozessen liegt darin, dass sie sehr lange dauern können. Zwar wird am Anfang mit viel Elan mitgearbeitet, mit der Zeit treten aber Verschleiß- oder Müdigkeitserscheinungen auf. In solchen Fällen liegt die Herausforderung in der **Spürbarkeit der Veränderung** von Anfang an. Wo immer es möglich ist, sind Sofortmaßnahmen umzusetzen, Zwischenergebnisse und die »Quick wins« aufzuzeigen und zu kommunizieren.

3. Methodische Kompetenz in der Führung des Strategieprozesses
Umsetzen und Verändern hat zwei Dimensionen. Die erste ist das inhaltliche Wissen über das Geschäft, die Kunden, die Leistungen, die Prozesse usw. Die zweite ist die **methodische Kompetenz** zur Steuerung des Strategieprozesses[20]. Die meisten Mitarbeiter und Führungskräfte konzentrieren sich auf die Inhalte und unterschätzen die Methodik. Der Trugschluss liegt im Glauben, nur wenn die Inhalte gut sind, würden der Prozess und vor allem die Umsetzung funktionieren. Es gibt unzählige Beispiele, in denen eine Strategie nicht aufgrund der Inhalte gescheitert ist, sondern weil die Erarbeitung, Umsetzung und Weiterentwicklung der Strategie unprofessionell gestaltet wurden. Es kommt noch etwas Weiteres hinzu: Je größer eine Organisation wird, umso weiter weg sind die echten Entscheider vom Geschäft. Gerade in einer solchen Konstellation muss Unternehmensführung entsprechende Kompetenz in der methodischen Steuerung entwickeln. Alles andere führt zu Abhängigkeit von Berichten, zu Interessenspolitik und unfundierten Entscheiden. Umsetzungsstärke und Vertrauen in die Führung entsteht nur durch die Kombination von Inhalt und Methodik.

Methodische Kompetenz beim Steuern des Strategieprozesses — **Checkliste**

1. Klarer Auftrag und klare Leitplanken für die Strategieentwicklung durch die Entscheider
2. keine wechselnden Ziele
3. transparenter und abgestimmter Strategieprozess über alle Phasen
4. professionelles Projektmanagement
5. bewusste Verwendung von Werkzeugen bei der Erarbeitung und Umsetzung
6. Einheitlichkeit in »Denke, Sprache und Schrift«
7. klare Aussagen und klare Sprache
8. Wahl der richtigen »Flughöhe« bei der Analyse, Gestaltung und Umsetzung
9. Konzentration auf wenige Themen zur Umsetzung

Ein wichtiges Instrument in jedem Veränderungsprozess ist das **Strategiecontrolling**, d.h. die Prüfung der Umsetzung und die Weiterentwicklung der Strategie. Hört der Strategieprozess nach dem Beschluss über die Umsetzung auf, werden nicht nur die Resultate gefährdet, sondern auch eine wichtige Führungsfunktion nicht wahrgenommen. Gerade an dieser Stelle haben Mitarbeiter ein sehr ausgeprägtes Sensorium, ob sich die Führung um die Umsetzung und die Weiterentwicklung kümmert oder ob beides dem Zufall überlassen bleibt. Strategiecontrolling erzeugt einen »sportiven« Druck, integriert neue Themen in die Strategie und ist darum auch ein Kommunikations- und in vielen Fällen ein Legitimationsinstrument.

4. Bildung einer Koalition für Umsetzung und Veränderung
Die Erfahrung zeigt, dass es bei der Umsetzung und Weiterentwicklung einer Strategie praktisch nie auf eine einzelne Person ankommt, sondern auf mehrere Personen aus den unterschiedlichsten hierarchischen Stufen. Es handelt sich um eine **Koalition für Umsetzung und Veränderung**. Zwischen dem Mitnehmen aller Menschen in einer Organisation und dem Vorantreiben einer Strategie besteht immer ein Spannungsfeld. Die Treiber der Umsetzung müssen sich von Beginn an folgende Frage stellen: »Wie stehen die Leute in unserer Organisation zur Strategie bzw. zu den notwendigen Veränderungen und wer wird gebraucht?« Verbreitete Verhaltenstypen und Verhaltensmuster sind in nachfolgender Liste zusammengefasst. Umsetzung und Veränderung hat eine zwischenmenschliche Dimension, die selbstverständlich mit Macht und Einfluss verbunden ist. »Spielerwechsel« in der Koalition wirken sich nach innen und nach außen meist fatal aus. Daher ist von Anfang an zu beachten, mit welchen Verbündeten die Implementierung vorangetrieben wird. Gleichzeitig muss sich die Koalition die Frage stellen, wie sie mit gleichgültigen, passiven »Mitschwimmern« und aktiven »Widerständlern« umgehen will.

In Umsetzungs- und Veränderungsprozessen braucht es die **Besten**. Das klingt selbstverständlich, ist es in der Praxis aber nicht. Wenn anspruchsvolle Ziele verfolgt werden, genügt es nicht, Mitarbeiter einzusetzen, die gerade Zeit haben oder Maßnahmen basisdemokratisch zu verteilen. Von Anfang an müssen die Besten dabei sein. Diese Leute haben die notwendige Glaubwürdigkeit, weil sie schon bewiesen haben, dass sie etwas vom Geschäft verstehen und umsetzen können. In kritischen Phasen sind sie besonders wichtig, weil sie nicht beim ersten Gegenwind »von Bord« gehen. Darüber hinaus empfiehlt es sich, in sehr großen Organisationen und bei mächtigen Themen, sogenannte »gemischte Teams« einzusetzen, d.h. Mitarbeiter aus unterschiedlichen hierarchischen Stufen, aus unterschiedlichen Funktionen oder Regionen. Nur so kann sichergestellt werden, dass verteiltes Wissen in die Erarbeitung und in die Umsetzung eingebracht wird.

Verhaltenstypen und -muster bei Veränderung **Checkliste**

Typus	Verhaltensmuster bei Veränderung
aktiver Verbündeter	• aktives Einbringen von Veränderungen und Neuerungen • unzweifelhafte Unterstützung nach außen und oben • Initiative, Kompetenz und Umsetzungsstärke • großes Vertrauen und sehr hohe Übereinstimmung mit den Zielen • konstruktiv-kritische Auseinandersetzung (keine Blauäugigkeit) mit klarer Übernahme von Verantwortung
eingeschränkter Unterstützer	• gute Beiträge – aber erst nach Aufforderung • kein »Herzblut« beim Thema, aber prinzipielle Einsicht in die Notwendigkeit • «nur hundertprozentiger, kein zweihundertprozentiger Einsatz« • vorschriftsmäßiges Abarbeiten von Maßnahmen • grundsätzlich vorhandenes Vertrauen
gleichgültiger, passiver »Mitschwimmer»	• Ausgewogenheit von Kritik und konstruktivem Beitrag (insbesondere gegenüber Dritten) • eingeschränkte Freiwilligkeit und wenig Übernahme von Verantwortung • Verzögerung, Arbeit nach Vorschrift • permanentes Verweisen auf andere »wichtige Dinge« • Akzeptieren nach außen, aber innerliche Überzeugung vom Alten (meistens aus Bequemlichkeit)
aktiver »Widerständler»	• kein Vertrauen und keine Übereinstimmung mit der Notwendigkeit von Veränderung • bewusstes Hintertreiben des Neuen • aktives Organisieren von Widerstand • Aufbau von informellen Organisationseinheiten • ständige Beweisführung zugunsten der alten Zustände

5. Vorbildwirkung der Führungskräfte und Vertrauen
Umsetzungs- und Veränderungsprozesse funktionieren nur, wenn **Vorbildwirkung der Führungskräfte** hinsichtlich der Strategieumsetzung vorhanden ist und diese die Veränderung auch vorantreiben. Umsetzen und Verändern bedeutet, mittels Leitbild und Strategie die Ziele und den Weg aufzuzeigen. Gleichzeitig ist es oft notwendig, in die Organisation, in die Prozesse und in gewissen Teilen auch in das Tagesgeschäft einzugreifen. Dies führt naturgemäß immer wieder zu Irritationen oder Konflikten. Gerade hier ist es erforderlich, dass die Führungskräfte hinter den Zielen stehen und in allen Belangen der Veränderung mit gutem Beispiel vorangehen. Sobald Zweifel diesbezüglich auftauchen, wird die Umsetzung gefährdet.

Vorbildwirkung der Führungskräfte und Vertrauen — Checkliste

1. Vorgabe von Zielen mit entsprechender persönlicher Unterstützung und Glaubwürdigkeit
2. Teilnahme an Schlüsselterminen und Gremien (mit Verfügbarkeit, Pünktlichkeit, Engagement)
3. frühzeitig begründete Zustimmung oder Ablehnung von wichtigen Zielen, Themen, Zwischenständen, Entscheidungsvorlagen
4. Freigabe von Ressourcen, etwa die Freistellung von guten Leuten für die Umsetzungs- und Veränderungsvorhaben
5. Vertreten einer klaren Meinung, vor allem in kritischen Phasen
6. Übernahme der Verantwortung – nach innen und nach außen
7. »hingehen und nachschauen«, ob die Umsetzung funktioniert und Veränderung auch wirklich eingetreten ist
8. unzweifelhafte Unterstützung aller ausführenden Personen

Umsetzung und Veränderung können nur dann gelingen, wenn zwischen Mitarbeitern und Führungskräften gegenseitiges **Vertrauen** besteht. Die besten Strategien, Maßnahmenpläne oder Organisationsformen helfen nur wenig, wenn eine Stimmung von gegenseitiger Vorsicht, Abwarten oder Misstrauen herrscht. Damit verspielt eine Organisation ihre Leistungsfähigkeit für Kunden, ihre Innovationskraft, ihre Produktivität und letztlich auch die Attraktivität für gute Leute. Wesentliche Eckpfeiler einer Vertrauenskultur sind: Ehrlichkeit und Respekt im gegenseitigen Umgang, Anerkennung von Leistung und Erfolgen, »meinen, was man sagt«, die Entfernung von Intriganten, das Nicht-Zulassen von Status und hierarchischem Prestige, eine offene Kommunikation, die Übernahme von Verantwortung in schwierigen Situationen, das Ermöglichen von Leistung, das Unterordnen der eigenen Bedürfnisse unter den Kundennutzen und unter die gestellte Aufgabe. Die meisten Menschen haben ein sehr feines Gespür für das Vorhandensein oder das Fehlen von gegenseitigem Vertrauen. Jedes Untergraben der Vertrauenskultur ist frühzeitig zu unterbinden. Es dauert lange, Vertrauen aufzubauen. Demgegenüber ist Vertrauen relativ rasch beschädigt. Die Realisierung einer Strategie ist an sich schon mit genügend Herausforderungen, Schwierigkeiten, mit harter Arbeit und Konflikten verbunden. Wenn dann noch Misstrauen zwischen den handelnden Personen herrscht, wird die Sache fast unmöglich. Umsetzung und Veränderung funktionieren dann am besten, wenn die gegenseitige Vertrauensbasis robust ist.

Die dargestellten Erfolgsfaktoren für die **Veränderungsfähigkeit** stecken den Rahmen für Umsetzung und Weiterentwicklung einer Strategie ab. Fehlen einzelne Faktoren, werden die gewünschten Resultate nicht oder nur mit viel höherem Aufwand erreicht. Wie überall beim Thema Management, so gibt es auch hier keine Geheimnisse, sondern ein breites Erfahrungsspektrum und klare Erkenntnisse aus der Praxis leistungsstarker Organisationen. Dies beinhaltet eine gute und eine schlechte Nachricht. Die gute besteht darin, dass die einzelnen Faktoren bekannt und zeitlich stabil sind[21]. Eine Führungskraft muss nicht permanent umlernen oder sich nach modischen Wellen richten, um Resultate zu erzielen. Auch sind die Prinzipien für Change-Management nicht abhängig von der Branche oder von der Größe der Organisation. Diese gute Nachricht ist aber gleichzeitig der Kern der schlechten Nachricht. Sie besagt, dass trotz allem Fortschritt in Wissenschaft und Praxis noch immer zu wenige Führungskräfte um diese Zusammenhänge wissen bzw. sie nicht anwenden. Nachfolgendes Werkzeug dient als Audit der wichtigsten Veränderungsfaktoren für die Strategieumsetzung. In der Erarbeitung und während der Umsetzung kann dieses Profil verwendet werden, damit auf diesem Gebiet nichts dem Zufall überlassen bleibt. Kommen dann noch handwerklich gute **Prozessführung** und die richtigen Inhalte hinzu, liegt die beste Voraussetzung für Resultate vor.

Der Kreis schließt sich an dieser Stelle mit einem sinngemäßen Zitat des Altmeisters im Management, Peter Drucker: »Die Königsdisziplin im Management ist nicht Strategie, sondern die **Umsetzung**.«

Change-Management für die Strategieumsetzung			Werkzeug
Erfolgsfaktor	**negativ**	**Profil der Ausprägung**	**positiv**
1. Vermittlung von Sinn (Nutzen für Kunden, Leistung...)	in der Strategie durch Geldgrößen verdrängt		klar vorhanden und nachvollziehbar
2. Verdeutlichung der Notwendigkeit einer Strategie	nicht oder nur der Führung bekannt		breit verstanden und verinnerlicht
3. Resultatorientierung in der Strategieentwicklung	zufällig oder durch die Strategie verhindert		in Erarbeitung und Umsetzung gegeben
4. Spürbarkeit der Veränderung	nicht gegeben oder erst spät vorhanden		von Anfang an gegeben und kommuniziert
5. Methodik in Erarbeitung und Umsetzung der Strategie	nicht vorhanden, unterschätzt, zufällig		vorhanden, als Erfolgsfaktor gesehen
6. Strategiecontrolling als Führungsaufgabe	kein Bestandteil im Strategieprozess		klar und transparent geführt
7. Koalition für Umsetzung und Veränderung	nicht vorhanden, unterschätzt		vorhanden, als Prozesstreiber unterwegs
8. Macht, Einfluss und »die Besten«	Bedeutung nicht gesehen, verleugnet		identifiziert und Teil der Strategieumsetzung
9. Vorbildwirkung der Führungskräfte	unglaubwürdig, macht-/ geldgetrieben		unzweifelhaft und authentisch gegeben
10. gegenseitiges Vertrauen	überlagert von Misstrauen, Intrige, Prestige		vorhanden und robust (gegen Irritationen)

Change-Management für die Strategieumsetzung **Beispiel Chemie**

Ein Geschäftsbereich eines Chemie-Unternehmens prüft die Change-Faktoren in der Umsetzung und entwickelt anschließend konkrete Maßnahmen.

Erfolgsfaktor	**negativ**	**Profil der Ausprägung**	**positiv**
1. Vermittlung von Sinn (Nutzen für Kunden, Leistung…)	in der Strategie durch Geldgrößen verdrängt		klar vorhanden und nachvollziehbar
2. Verdeutlichung der Notwendigkeit einer Strategie	nicht oder nur der Führung bekannt		breit verstanden und verinnerlicht
3. Resultatorientierung in der Strategieentwicklung	zufällig oder durch die Strategie verhindert		in Erarbeitung und Umsetzung gegeben
4. Spürbarkeit der Veränderung	nicht gegeben oder erst spät vorhanden		von Anfang an gegeben und kommuniziert
5. Methodik in Erarbeitung und Umsetzung der Strategie	nicht vorhanden, unterschätzt, zufällig		vorhanden, als Erfolgsfaktor gesehen
6. Strategiecontrolling als Führungsaufgabe	kein Bestandteil im Strategieprozess		klar und transparent geführt
7. Koalition für Umsetzung und Veränderung	nicht vorhanden, unterschätzt		vorhanden, als Prozesstreiber unterwegs
8. Macht, Einfluss und »die Besten«	Bedeutung nicht gesehen, verleugnet		identifiziert und Teil der Strategieumsetzung
9. Vorbildwirkung der Führungskräfte	unglaubwürdig, macht-/ geldgetrieben		unzweifelhaft und authentisch gegeben
10. gegenseitiges Vertrauen	überlagert von Misstrauen, Intrige, Prestige		vorhanden und robust (gegen Irritationen)

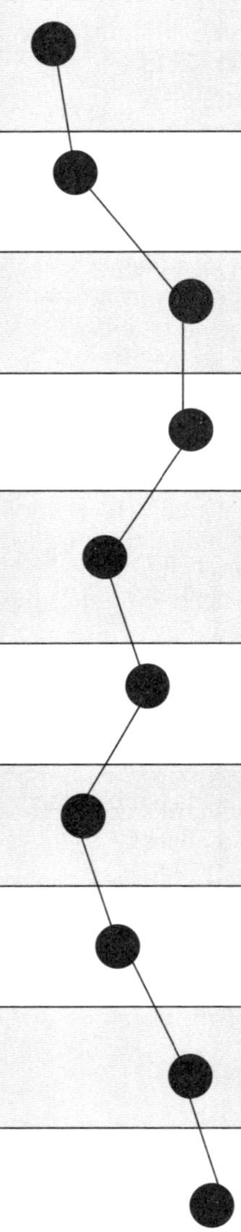

Anmerkungen

1 Vgl. zur Resultatorientierung und systematischen Ansteuerung von Ergebnissen: *Raps, A.*, Strategy implementation – an insurmountable obstacle?, Handbook of business strategy, 2005, S. 141 ff.
2 Vgl. das Vorwort in: *Beer, S.*, Diagnosing the system for organizations, Chichester 1985.
3 Vgl. *Kaplan, R./Norton, D.*, Strategien (endlich) umsetzen, in: Harvard Business Manager, 01/2006, S. 22 ff.
4 Vertrauen äussert sich auch in der Einbindung der Umsetzungsverantwortlichen. Vgl. *Flood, P.*, Managing strategy implementation, Oxford 2000, S. 201.
5 Vgl. *Müller-Stewens, G./Lechner, C.*, Strategisches Management, Stuttgart 2003, S. 694 ff.
6 *Kaplan, R./Norton, D.*, Putting the Balanced Scorecard to work, in: Harvard Business Review, 1993 Sept-Oct, S. 134 ff.
7 Vgl. *Drucker, P.*, Die ideale Führungskraft. Die hohe Schule des Managers, Düsseldorf 1995, S. 15 ff.
8 *Malik, F.*, malik on management m.o.m.®-letter, Nr. 1997/10, Management-Aufgaben und Management-Werkzeuge.
9 *von Rosenstiel, L., et al.*, Führung von Mitarbeitern, Stuttgart 2003, S. 231 ff.
10 Vgl. *Ulrich, H.*, Gesammelte Schriften, Band 2, Bern-Stuttgart-Wien 2001, S. 127.
11 *Malik, F.*, Führen Leisten Leben, Frankfurt 2006, S. 315 ff.
12 *Longman, A./Mullins, J.*, Project management: key tool for implementing strategy, Journal of business stategy, 25/2004, S. 54 ff.
13 *Stöger, R.*, Wirksames Projektmanagement, Stuttgart 2004, S. 27 ff.
14 *Mantel, S./Meredith, J.*, Project Management – A Managerial Approach, New York 2000, S. 203.
15 Vgl. *Loftus, J. (Hrsg.)*, Project Management of Multiple Projects and Contracts, London 1999.
16 Vgl. Erfolgsfaktoren und Fehler zur Veränderungsfähigkeit bzw. Umsetzungsstärke: *Qi, H.*, Strategy implementation, mir 45/2005, S. 45 ff., *Gibbs-Springer, C.*, Keys to strategy implementation, PA Times, Sept. 2005, S. 9 ff.
17 Malik, F., Management. Das A und O des Handwerks, Frankfurt 2005, S. 158 ff.
18 Leistung als Basis für Sinn findet sich in: *Malik, F.*, malik on management m.o.m.®-letter, Nr. 2006/01, Bauplan für ein Sinn erfülltes Leben, S. 9 ff.
19 Zur Resultatorientierung vgl. *Drucker, P.*, Sinnvoll wirtschaften. Notwendigkeit und Kunst, die Zukunft zu meistern, Düsseldorf 1997, S. 336.
20 Vgl. *Olson, E.*, The importance of structure and process to strategy implementation, in: Business horizons, 48/2005, S. 47 ff.
21 Vgl. *Sirkin, H.*, The hard side of change management, in: Harvard Business Review, Oct. 2005, S. 109 ff. und generell *Kotter, J.*, Leading Change, Boston 1996.

Literaturverzeichnis

Die angegebene Literatur ist im Buch eingearbeitet worden. Die meisten Bücher, Artikel und Internet-Beiträge haben die Strategiedebatten in den letzten Jahren beeinflusst.

Abele, E. et al., Post-Merger-Integration, in: zfw, 5/2004.
Adam, D. (Hrsg.), Komplexitätsmanagement, Wiesbaden 1998.
Adam, D., Komplexitätskosten, in: DBW, 55/1995.
Al-Ani, A., Continuous Improvement als Ergänzung des Business Reengineering, in: zfo, 65/1996.
Al-Laham, A., Strategieprozesse in deutschen Unternehmungen, Wiesbaden 1997.
Ansoff, I., Corporate strategy, New York 1965.
Ansoff, I., Managing surprise and discontinuity, in: zfbf, 28/1976.

Baldoni, J., Steady as you go: Achieving a balanced vision, in: Harvard management update, 8/2006.
Bamberg, G./Coenenberg, A., Betriebswirtschaftliche Entscheidungslehre, München 1991.
Barney, J., Firm Resources and Sustained Competitive Advantage, in: Journal of Management, 17/1991.
Becker, J. et al., Prozessmanagement, Berlin 2003.
Beer, S., Diagnosing the system for organizations, Chichester 1985.
Bellmann, K./Hippe, A., Management von Unternehmensnetzwerken, Wiesbaden 1996.
Bieger, T. et al., Zukünftige Geschäftsmodelle, Berlin 2002.
Bogaschewsky, R./Rollberg, R., Prozessorientiertes Management, Berlin 1998.
Bood R./Postma T., Strategic learning with scenarios, in: European management journal, 6/1997.
Briner, M. et al., Project Leadership, Cambridge 2001.
Bruckner, K. et al., What is the market telling you about your strategy?, in: www.mckinsey-quarterly.com.
Bruhn, M./Strauss, B. (Hrsg.), Dienstleistungsqualität, Wiesbaden 1995.
Bryce, D. et al, Strategies to crack well guarded markets, in: HBM, 5/2007.
Büchel, B. et al., Erfolgsfaktoren von Innovationsteams, in: zfbf, 58/2006.
Buresch, M. et al., Auswahl von Organisations-Engineering-Tools, in: zfo, 66/1997.
Buzzell, R./Gale, B., Das PIMS Programm, Wiesbaden 1989.

Chandler, A., Strategy and structure, Cambridge 1962.
Chicken, J./Posner, T., The Philosophy of Risk, London 1998.
Connor, K., A historical comparison of resource-based theory and five schools of thought within industrial organization economics, in: Journal of Management, 17/1991.
Corboy, M.,/O`Corrbui, D., The seven deadly sins of strategy, in: Management Accounting, 11/1999.

Dammer, H. et al., Qualitätsdimensionen des Multiprojektmanagements, in: zfo, 3/2006.
Davenport, T., The dark side of customer analytics, in: Harvard business review, 5/2007.
Davis, S., Managing corporate culture, Cambridge 1999.
Dinter, S., Netzwerke, Marburg 2001.
Dobni, B., Creating a strategy implementation environment, Business horizons, 3/2003.
Doppler, K./Lautenburg, C., Change management, Frankfurt 2000.
Drucker, P., Die ideale Führungskraft. Die hohe Schule des Managers, Düsseldorf 1995.
Drucker, P., Die Zukunft managen, Düsseldorf 1992.

Drucker, P., Managing the Non-Profit Organization, New York 1990.
Drucker, P., Sinnvoll wirtschaften. Notwendigkeit und Kunst, die Zukunft zu meistern, Düsseldorf 1997.
Drucker, P., The Practice of Management, New York 1955.

Eden, C./Ackermann, F., Making strategy, London 1999.
Eschenbach, R., Strategische Konzepte, Stuttgart 2003.
European Foundation for Quality Management, The EFQM Excellence Model, Brüssel 1999.

Flood, P., Managing strategy implementation, Oxford 2000.
Frei, U., Prozessmanagement als Optimierungs- und Frühwarnsystem, in: io management, 5/2001.
French, W./Bell, C., Organization development, New York 1982.

Gaitanides, M., Prozessorganisation. Entwicklung, Ansätze und Programme prozessorientierter Organisationsentwicklung, München 1983.
Gälweiler, A., Strategische Unternehmensführung, Frankfurt 1990.
Gassmann, O. et al., Open innovation, in: ZFO, 3/2006.
Gebauer, H. et al., Servicestrategien für die Industrie, in: HBM, 5/2006.
Gibbs-Springer, C., Keys to strategy implementation, in. PA Times, 9/2005.
Grant, R., Contemporary strategy analysis, Malden 2002.
Green, P./Rosemann, M., Integrated Process Modelling: An Ontological Evaluation, in: Information Systems, 25/2000.
Greiner, L, Patterns of organization change, in: Harvard Business Review, 50/1967.
Grün, O., Das Management von Großprojekten, in: zfo, 6/2004.
Gutenberg, E., Grundlagen der Betriebswirtschaftslehre, Teil 1, Die Produktion, Berlin/Heidelberg/New York 1976.

Hahn, D., Controllingkonzepte. Planung und Kontrolle, Planungs- und Kontrollsysteme, Planungs- und Kontrollrechnung, Wiesbaden 2001.
Hamel G./Prahalad C., The core competence and the corporation, in: Harvard Business Review, 68/1990.
Hamel, G., Bringing silicon valley inside, in: Harvard Business Review, 77/1999.
Hamel, G., Strategy innovation and the quest for value, in: Sloan Management Review, 39/1998.
Hammer, M./Champy, J., Business Reengineering, Frankfurt 1996.
Hammer, M., Business back to Basics, München 2002.
Hax, A./Majluf, N., Strategisches Management, Frankfurt/New York 1991.
Henderson, B., Construction of a business strategy, in: The Boston Consulting Group, Series on corporate strategy, Boston 1971.
Hinterhuber et al., Kundenzufriedenheit durch Kernkompetenzen, München 1997.
Hinterhuber, H., Strategische Unternehmensführung, Bände 1 und 2, Berlin 2004.
Homburg, C./Rudolph, B., Wie zufrieden sind Ihre Kunden tatsächlich?, in: Harvard Business Manager, 1/1995.

IBM (Hrsg.), Innovation und Kooperationsmanagement im Blick, CEO-Study 2006.
Ishikawa, K., What is Total Quality Control? The Japanese Way, Englewood Cliffs 1985.

Kaplan, R./Cooper, R., Cost and effect. Using integrated cost systems to drive profitability and performance, Boston 1997.
Kaplan, R./Norton, D., Putting the Balanced Scorecard to work, in: Harvard Business Review, 9/1993.
Kaplan, R./Norton, D., Strategien (endlich) umsetzen, Harvard Business Manager, 1/2006.

Karuppusami, G./Gandhinatham, R., Pareto analysis of critical success factors of total quality management, The TQM magazine, 18/2006.
Kiesel, M./Neuser, G./Auerbach, H., Balanced Scorecard als strategisches Steuerungsinstrument im kundenorientierten Veränderungsprozess, in: Informationsmanagement & Consulting, 15/2000.
Kim, W. et al., Die Ozean-Strategie, in: HBM, 9/2005.
Kirsch, W., Wegweiser zur Konstruktion einer evolutionären Theorie der strategischen Führung, München 1997.
Klauser, M./Löw, A., So erhöhen Sie Ihre Produktivität, in: HBM, 6/2006.
Kleiner, A., Our ten most enuring ideas, in: Strategy and business, 41/2007.
Kotler, P. et al., Grundlagen des Marketing, München 2003.
Kotter, J., Leading Change, Boston 1996.
Kreilkamp, E., Strategisches Management und Marketing, Berlin 1987.
Krüger, W. (Hrsg.), Excellence in Change, Wiesbaden 2000.
Kueng, P., Process Performance Management System: a tool to support process-based organizations, in: Total Quality Management, 11/2000.
Kuss, A./Tomczak, T., Marketingplanung, Wiesbaden 1998.

Lanning, M./Michaels, E., A business is a value delivery system, in: www.mckinseyquarterly.com: Delivering value to customers.
Leist, R., Qualitätsmanagement – Methoden und Werkzeuge zur Planung und Sicherung der Qualität, Augsburg 1996.
Levasseur, R., People skills: change management tools - leading teams, in: Interfaces, 35/2005.
Loftus, J. (Hrsg.), Project Management of Multiple Projects and Contracts, London 1999.
Lombriser, R./Abplanalp, P., Strategisches Management, Zürich 1997.
Longman, A./Mullins, J., Project management: key tool for implementing strategy, in: Journal of business stategy, 25/2004.
Luczak, H./Eversheim, W. (Hrsg.), Produktionsplanung und -steuerung, Berlin 1999.
Luhmann, N., Soziale Systeme, Frankfurt 1984.

Malik, F., Das Debakel kommt erst, in: Weltwoche, 45/2008.
Malik, F., Führen Leisten Leben, Frankfurt 2006.
Malik, F., Gefährliche Managementwörter, Frankfurt 2005.
Malik, F., malik on management m.o.m.®-letter.
Malik, F., Management Perspektiven, Bern-Stuttgart-Wien 1994.
Malik, F., Management. Das A und O des Handwerks, Frankfurt 2005.
Malik, F., Strategie des Managements komplexer Systeme, Bern-Stuttgart-Wien 1996.
Malik, F., Systemisches Management, Evolution, Selbstorganisation, Bern-Stuttgart-Wien 1993.
Malik, F., Wirksame Unternehmensaufsicht, Frankfurt 1997.
Mantel, S./Meredith, J., Project Management – A Managerial Approach, New York 2000.
McDonald, M., Marketing plans, Oxford 2002.
McLeod, K./Stuckey, J., MACS - The market-activated corporate strategy framework, in: mckinseyquarterly: Thinking strategically.
Meise, V., Ordnungsrahmen zur prozessorientierten Organisationsgestaltung, Hamburg 2001.
Mintzberg, H., Strategy Safari, Frankfurt 2002.
Mitchell, D., Strategy implementation gets another building block, in: Journal of business strategy, 25/2004.
Müller-Stewens, G./Lechner, C., Strategisches Management, Stuttgart 2003.

Neilson, G. et al., Die vier Bausteine erfolgreicher Umsetzung, in: HBM, 9/2008
Nippa, M./Scharfenberg, H. (Hrsg.), Implementierungsmanagement. Über die Kunst, Reengineeringkonzepte erfolgreich umzusetzen, Wiesbaden 1997.

Olson, E., The importance of structure and process to strategy implementation, in: Business horizons, 48/2005.
Osterloh, M./Frost, J., Prozessmanagement als Kernkompetenz, Wiesbaden 2001.

Peyrefitte, J. et al., A content analysis of mission statements, in: International journal of management, 2/2006.
Porter, M., Competitive advantage, New York 1985.
Porter, M., Wettbewerb und Strategie, München 1999.
Probst, G./Raub, S./Romhardt, K., Wissen managen - Wie Unternehmen ihre wertvollste Ressource optimal nutzen, Wiesbaden 1997.

Qi, H., Strategy implementation, in: mir 45/2005.

Raps, A., Strategy implementation - an insurmountable obstacle?, Handbook of business strategy, 2005.
Rigby, D./Bilodeau, B., The Bain 2005 management tool survey, in: Strategy and leadership, 33/2005.

Sackmann, S., Unternehmenskultur, Neuwied 2002.
Schulte-Zurhausen, M., Organisation, München 2002.
Schwaninger, M. et. al., Systemisches Projektmanagement, in: zfo, 2/2003.
Seghezzi, H., Integriertes Qualitätsmanagement, München/Wien 1996.
Siciliano, J., Governance and strategy implementation, in: Business horizons, 12/2002.
Sirkin, H., The hard side of change management, Harvard Business Review, Oct. 2005.
Spitschka, H., Praktisches Lehrbuch der Organisation, München 1975.
Stadelmann, M./Lux, W., Alles nur neu verpackt?, in: io management, 12/2000.
Stadtler, H./Kilger, C. (Hrsg.), Supply Chain Management and Advanced Planning. Concepts, Models, Software and Case Studies, Berlin 2000.
Staehle, W., Management, München 1999.
Sterling, J., Translating strategy into effective implementation, in: Strategy and leadership, 31/2003.
Stöger, R./Mispagel. J.,/Herse., R., Kundennutzen: richtige Qualität zum richtigen Preis, online-letter des Malik Management Zentrum St. Gallen, Juni 2005.
Stöger, R./Salcher, M., NPOs erfolgreich führen, Stuttgart 2006.
Stöger, R., Balanced scorecard – Eine Bilanz, in: organisationsentwicklung, 4/2007.
Stöger, R., Sieben Faktoren des Strategieerfolgs, in: absatzwirtschaft, 6/2007
Stöger, R., Strategie – Daueraufgabe und Handwerk für Führungskräfte, in: GENO-Magazin, 01/2008.
Stöger, R., Strategiekompetenz heisst Methodenkompetenz, in: GDI-Impuls, 2/2008.
Stöger, R., Wirksames Projektmanagement, Stuttgart 2008.
Stöger, R., Prozessmanagement, Stuttgart 2009.
Stöger, R., Die Funktionalstrategie. Stiefkind des strategischen Managements?, in: organisationsentwicklung, 03/2009.
Stöger, R., Krisen zur Neuorientierung nutzen, in: Harvard Business Manager, 10/2009.
Szymanski, D./Troy, L., Order of entry and business performance, in: Journal of Marketing, 59/1995.

Theuvsen, L., Business Reengineering, in: Zfbf, 48/1996.
Thommen, J., Allgemeine Betriebswirtschaftslehre, Zürich 1991.
Turner, J./Simister, S. (Hrsg.), Gower Handbook of Project Management, Aldershot 2000.

Ulrich, H., Gesammelte Schriften, Bände 1 bis 5, Bern-Stuttgart-Wien 2001.

Van der Aalst et al. (Hrsg.), Business Process Management: Models, Techniques and Empirical Studies, Berlin 2000.
Van der Heijden, K., Scenarios: The art of strategic conversation, New York 1996.
Van Geldern, M., Organisation, Frankfurt/New York 1997.
Van Onna, M., Progress in Changing Environments, in: Proceedings pm, 1998.
Vizjak A./Ringlstetter M. (Hrsg.), Medienmanagement, Wiesbaden 2001.
von Rosenstiel, L,. et al., Führung von Mitarbeitern, Stuttgart 2003.
von Uthmann, C., Geschäftsprozesssimulation von Supply Chains, Erlangen 2001.

Warwood, S./Roberts, P., A survey of TQM success factors in the UK, in: Total quality management, 15/2004.
Weidner, W./Freitag, G., Organisation in der Unternehmung: Aufbau und Ablauforganisation, Frankfurt 1998.
Welge, M./Al-Laham, A., Strategisches Management, Wiesbaden 1999.
Wiese, J., Implementierung der BSC, Wiesbaden 2000.
Willke, H., Systemtheorie I: Eine Einführung in die Grundprobleme der Theorie sozialer Systeme, Stuttgart 1993.
Wirtz, B. et al., Der Ressourcen-Fit bei M&A-Transaktionen, in: dbw, 66/2006.
Wu, W., A study of strategy implementation as expressed through Sun Tzu`s principles of war, in: Industrial management & data systems, 5/2004.

Yusof, S./Aspinwall, E., Critical success factors in small and medium enterprises: results, in: Total quality management, 11/2000.

Stichwortverzeichnis

Mehr Praxiswissen für langfristigen Erfolg

Stöger
Prozessmanagement
Qualität, Produktivität, Konkurrenzfähigkeit
2., überarb. Auflage 2009.
259 S., 16 s/w Abb. Geb. € 39,95
ISBN 978-3-7910-2859-0

„Eine unverzichtbare und immer lesenswerte Informationsquelle."

Erich König, Generalbevollmächtigter für IT und Logistik, REWE Zentral Aktiengesellschaft

Stöger
Wirksames Projektmanagement
Mit Projekten zu Ergebnissen
2., überarb. Auflage 2007.
224 S., 25 s/w Abb., 87 Tab. Geb. € 39,95
ISBN 978-3-7910-2658-9

„Das Buch ist Best Practice im Projektmanagement."

Markus Brönnimann, Verwaltungsdirektor der Universität St.Gallen

SCHÄFFER
POESCHEL

www.schaeffer-poeschel.de